# 枣优质高效栽培与病虫害防治技术

曹尚银　高福玲　编著

中国农业科学技术出版社

**图书在版编目（CIP）数据**

枣优质高效栽培与病虫害防治技术 / 曹尚银，高福玲编著．—北京：中国农业科学技术出版社，2017.3（2025.6 重印）

ISBN 978－7－5116－2867－1

Ⅰ．①枣…　Ⅱ．①曹…②高…　Ⅲ．①枣－果树园艺②枣－病虫害防治方法　Ⅳ．①S665.1②S436.65

中国版本图书馆 CIP 数据核字（2016）第 300003 号

**责任编辑**　白姗姗
**责任校对**　马广洋

**出 版 者**　中国农业科学技术出版社
北京市中关村南大街 12 号　邮编：100081
**电　　话**　（010）82106638（编辑室）　（010）82109702（发行部）
（010）82109709（读者服务部）
**传　　真**　（010）82106650
**网　　址**　http://www.castp.cn
**经 销 者**　各地新华书店
**印 刷 者**　北京捷迅佳彩印刷有限公司
**开　　本**　850mm×1 168mm　1/32
**印　　张**　11.875　　彩插　4 面
**字　　数**　298 千字
**版　　次**　2017 年 3 月第 1 版　2025 年 6 月第 2 次印刷
**定　　价**　50.00 元

# 《枣优质高效栽培与病虫害防治技术》

## 编 著 名 单


| | | | | |
|---|---|---|---|---|
| **主 编 著** | 曹尚银 | 高福玲 | | |
| **副主编著** | 李　翠 | 陈　怡 | 李好先 | |
| **参编人员** | 曹尚银 | 李　翠 | 陈　怡 | 李好先 |
| | 郭会芳 | 薛茂盛 | 郭　磊 | 王文战 |
| | 张　杰 | 郭俊杰 | 赵弟广 | 牛　娟 |
| | 薛　辉 | 张富红 | 倪　勇 | 魏立华 |
| | 辛长勇 | 陈利娜 | 刘贝贝 | 王　企 |

# 内容提要

本书由中国农业科学院郑州果树研究所和国内有关单位的研究人员、专家学者编写。全书共分九章，分别介绍了枣的分布、枣的栽培现状及发展前景、枣树生产上存在的主要问题及解决措施、枣优良品种、枣育苗技术、枣园的建园和规划设计、枣园土肥水管理技术、枣树整形修剪技术、花果管理、病虫害防治技术、枣果采收、贮藏与加工。内容丰富，借助枣栽培加工成功范例，传授枣园管理加工营销最新技术，并配有大量的插图和彩图，通俗易懂。适用于农村基层干部，广大园艺、加工产品开发工作者，果树种植专业户和农林院校师生阅读参考。

# 前　言

枣树是我国最古老的果树之一，至少已有3 000多年栽培历史，而据河南出土的炭化枣核推测我国对枣的利用可追溯到7 700年以前。在我国历史上，枣与桃、杏、李、栗一起被并称为“五果”。长期以来，枣树以其抗逆性强、早果速丰、容易管理、营养丰富、经济和生态效益显著等独特优点，一直兴盛不衰，时至今日仍是我国第一大干果和第七大果树。近年来，在大宗水果效益趋降的情况下，枣树效益稳步提高，正在进入一个前所未有的大发展期。

枣树是我国分布最广的栽培果树之一，目前除黑龙江、西藏自治区（以下简称西藏）以外，北纬19°～43°、东经76°～124°的各个省区均有分布，其垂直分布在华北和西北地区可达1 300～1 800米，在低纬度的云贵高原可达2 000米。据《中国果树志·枣卷》编委会调查统计，全国现有枣树品种700余个，其中制干品种224个，鲜食品种261个，蜜枣品种56个，兼用品种159个，另有龙爪枣、胎里红、茶壶枣等少数观赏品种。从目前各枣区的主栽品种来看，北方绝大多数为制干或制干加工兼用品种（约占总面积的90%），南方则为蜜枣品种（约占总面积的5%）。

枣还是我国传统的罐头出口产品。据有关资料统计，我国枣及其加工品年出口量约占枣果总产量的2%，其中原枣和加工品出口各占一半左右。我国出口枣的省市主要有河北、河南、山东、山西、新疆维吾尔自治区（以下简称新疆）。北京、天津、广州和香港是枣产品的重要转口外销基地。我国出口的主要品种为河北和山东的金丝小枣、河北太行山区的婆枣和赞皇大枣（主要以蜜枣和枣酱形式）、河南新郑的鸡心枣和灰枣以及山西稷山的板枣等。从出口的国家和地区来看，主要为中国香港、中国澳门、日本、韩国、新加坡和马来西亚，占出品总量的80%～90%；其次为英国、法国、意大利、荷兰、美国、加拿大、阿根廷、澳大利亚和新西兰；此外对也门和毛里求斯等也有少量出口。从枣产品的国际贸易来看，除我国外，均为进口国。可见，目前我国占据枣产品国际贸易的接近100%，在世界枣树生产和贸易中占有绝对的主导地位。

十八届三中全会对加快发展现代农业做出了新的战略部署。作为十八届五中全会主要议题的“十三五”规划，明确了中国将加快农业发展方式转变和技术创新的步伐，农业改革的全面深化与实践将成为重头戏。农业早已从传统单一的农产品种植和输出，走向涵盖农、林、牧、副、渔在内的大产业，涉及从原料到深加工的全产业链经营，大农业时代已经到来。农业正在迎来历史性的大变革，强调以市场需求为导向、以战略新品驱动为核心、以现代科技为依托、以创新经营方式为重点的全新农业产业化发展模式——“大农业模式”开始备受瞩目。因此，农业将成为最值得期待、最具有爆发力的板块！

大农业强调充分整合资源，形成集产品生产、深加工、销售为一体的全产业链优势。从我国目前形势来看，以红枣为代表的规模化发展的特色林果业将率先成为颠覆传统农业，实现现代化大农业发展模式的优选项目。

红枣品种资源丰富、营养价值高，生食加工皆宜，可作为滋补药品和木本粮食，故深受我国人民的喜爱。抗逆性强，栽培容易，经济价值高，是农民脱贫致富的一条途径。近年来，红枣产业发展迅速，向着世界枣园迈进。红枣按主要用途，分为制干品种、鲜食品种、蜜枣品种、制干加工兼用品种和观赏品种五大类。黄河中下游的河北、山西、山东、河南和陕西五省，是我国历史上红枣的主产区，代表品种河北省为金丝小枣、婆枣、赞皇大枣、黄骅冬枣；山西省为板枣、相枣、骏枣、壶瓶枣、梨枣、木枣；山东省为圆铃枣、长红枣、沾化冬枣；河南省为灰枣、圆枣、扁核酸、鸡心枣。北方绝大多数为制干或制干加工兼用品种，南方主要为蜜枣品种。近十年来，新疆依靠自已得天独厚的地理优势大力发展红枣产业，种植面积已达 800 万亩，直播建园，嫁接当年就有亩产 100 千克产量，这是其他果树无法相比的。特别应该提出的是，枣果是我国独产果品，国外有 30 多个国家先后引种了我国的枣，但除韩国外均尚未形成规模化商品栽培，迄今 98% 的枣资源和接近 100% 的枣产品国际贸易集中在我国。为了全面普及枣栽培、加工、销售的科学知识，加速新技术、新成果的转化，我们在多年从事枣科学研究和生产实践的基础上，引用大量的、最新的有关资料，编著了此书，期望能给枣栽培者提供参考，也希望能为我国的枣产品更大量地远销世界各地和出口创汇贡献一份力量。

由于编著者水平有限，经验不足，书中内容有疏漏和不妥之处，恳请同行和读者不吝赐教。

本书除邀请有关专家学者参与编写外，还参考和引用了国内外本研究领域的专著、学术论文和科研成果（由于文献多，篇幅所限，除书中和参考文献中注明外，在此不一一列述），在此表示诚挚的感谢。

曹尚银　高福玲

2016 年 7 月 12 日于郑州

# 目　　录

# 第一章　概　述

## 第一节　枣的分布

枣在我国分布广泛，目前除黑龙江、西藏外，北纬19°~43°、东经76°~124°的各个省、自治区均有分布，其垂直分布在华北和西北地区可达1 300~1 800米，在低纬度的云贵高原可达2 000米。中国现有枣面积约46.67公顷，年产鲜枣70万~80万吨，其中，河南、河北、山东、山西、陕西5省的产量约占全国总产量的90%。我国是世界上唯一出口红枣的国家，年出口量约为8 000吨，出口品种有原枣（主要为金丝小枣、鸡心枣、灰枣、婆枣、稷山板枣）、蜜枣、乌枣、贡枣等，出口国家有新加坡、马来西亚、日本、法国、西班牙、荷兰、巴西、墨西哥、美国、加拿大、毛里求斯、南也门等国家和我国港澳地区。

中国枣划分为北枣和南枣两个生态型，地理位置以淮河、秦岭为界：北枣含糖量高、适宜制干枣；南枣含糖量低，适宜制蜜枣。北方栽培区划分为：黄河、淮河中下游冲积土枣区，黄土高原丘陵枣区，甘肃、内蒙古自治区（以下简称内蒙古）、宁夏回族自治区（以下简称宁夏）、青海、新疆干旱地带河谷丘陵枣区；南方栽培区分为江淮河流冲积土枣区、南方丘陵枣区、云贵川枣区。河北、山西、山东、陕西、新疆、河南是我国枣主产区，对全国枣的贡献率达90%以上。其中，山东27%（冬枣占50%）左右；河北26%左右；山西20%左右；陕西5%左右；

新疆6%左右；河南6%左右。

河北省枣树面积达450万亩*，其中，结果面积380万亩，年产枣果92万吨，居全国第一位，平均亩产250千克。除北部少数县、市外，河北全省均有枣树分布，初步形成6个栽培区，即太行山低山丘陵栽培区、冀东南平原子牙河流域栽培区、冀南漳河流域栽培区、冀南滏阳河流域栽培区、冀中南滹沱河流域栽培区和燕山低山丘陵栽培区。其中，大枣面积180多万亩，主要分布在行唐、赞皇、阜平、曲阳、唐县等地；小枣面积170万亩，主要分布在沧县、献县、泊头、盐山、海兴、黄骅、青县、大城等地；冬枣56万亩，主要集中在黄骅、献县、海兴、沧县等地。全省红枣面积超过10万亩的县有14个，其中，沧县达52万亩。

山西省现有红枣面积501万亩，其中，挂果面积347万亩，平均亩产150千克。按照国家枣树丰产林指标要求，北方山地枣粮间作6～10年生树亩产150千克，11～20年生树亩产200～400千克，20年生以上每亩500千克，山西省红枣平均亩产综合估算还不到国家标准的一半。持续干旱是造成产量低的重要原因。山西拥有许多在国内外市场上享有较高声誉的红枣名优品种，如稷山板枣、交城骏枣、太谷壶瓶枣、临猗梨枣等。太谷县经向国家质量总局申请获得太谷壶瓶枣国家地理标志产品认证。

山东省枣栽培面积为270万亩，其中，结果面积240万亩，年产量80万吨，平均亩产300千克。全省枣树栽培主要分为3大区域，分别是鲁北的金丝小枣和冬枣区，鲁西的圆铃枣区和鲁中南的长红枣区。栽培最为集中的是鲁北的金丝小枣和冬枣区，约200万亩，产量为70万吨，滨州市面积最大，为140万亩。枣树栽培面积在10万亩以上的县（市、区）有乐陵市、庆云县、无棣县、沾化县、河口区、宁阳县等。

---

* 1亩≈667平方米，1公顷=15亩。全书同

陕西省枣树栽植面积270万亩，结果面积185万亩，年产量60万吨，平均亩产300千克。枣树在陕西省广泛分布于境内黄河、渭河沿岸的榆林市佳县、清涧，延安市延川，渭南市大荔，咸阳市泾阳，西安市阎良等20个县（区），其中，种植规模达10万亩的县（区）有7个，5万亩以上10万亩以下的县（区）4个。主要有木枣、油枣、团圆枣、狗头枣、骏枣、冬枣、梨枣、水枣等近20个品种。

新疆现栽培面积130万亩，其中，结果面积45万亩，年产量7万吨。平均亩产150千克。枣树主要分布在环塔里木盆地的巴音郭楞蒙古自治州（简称巴州）、和田地区、阿克苏地区以及吐哈盆地，10万亩以上的县（市）有泽普县（约70%为幼树）、阿克苏市、库车县、沙雅县、温宿县、阿瓦提县、巴楚县、岳普湖县和若羌县。

河南省枣树栽培面积达130万亩，年产量28万吨。平均亩产225千克。形成以新郑灰枣、内黄扁核酸、灵宝圆铃枣、桐柏大枣、淇县无核枣、西华大枣、镇平广洋大枣及引进的冬枣、梨枣等优良品种为主，内黄县、新郑市被国家林业局命名为“中国大枣之乡”。逐步形成了以内黄、新郑、西华、灵宝为主的干食枣生产基地，以濮阳县、淇县、桐柏县为主的鲜食枣生产基地，以新郑、内黄为主的干枣加工基地。

此外，安徽、甘肃、湖南、浙江、贵州、福建、广西壮族自治区（以下简称广西）、广东、辽宁、江苏、江西、宁夏、新疆、北京、天津等省（区）、市也有小面积集中栽培。

## 第二节　枣的栽培现状及发展前景

枣树是著名的“铁杆庄稼”，具有抗干旱、抗寒冷、耐瘠薄、耐盐碱、栽培省工、适应性强、结果早、收益快、一年栽植多年受益的特点。

新中国成立以来，全国枣树生产发展很快，产量也逐年上升。20 世纪 50 年代平均年产鲜枣 1.5 亿千克左右；60 年代平均年产 2 亿千克；70 年代平均年产 3.5 亿千克；80 年代平均年产 4 亿千克，较新中国成立初期增加两倍多。1995 年全国鲜枣总产量突破了 7.8 亿千克，枣树栽植面积达到了 100 余万亩，创造了历史最高水平。但从整个枣树的生产发展看，在果树生产中处于较落后的位置。就目前的资料统计来看，全国有枣树两亿多株，但立地条件一般都很差，多分布于沟、坡、梁、滩、盐碱瘠薄之地。由于肥水管理、整形修剪、病虫害防治等措施跟不上，致使效益一直提升不上来。因此我们在今后红枣生产的发展上，首先必须因地制宜，全面推广枣树综合丰产技术。

近年来，从一些丰产枣区的实践看，枣树的一般生产能力，亩产鲜枣可达 500 千克左右。如安徽省寿县呈村的 200 亩坡地枣园 1980 年亩产枣 535 千克，该县邓呈大队的 2 亩枣园亩产达到 1 125 千克；山西省石楼县曹家垣乡有 3 万亩山地枣树，1989 年平均亩产鲜枣 750 千克，这个乡麦长丐村的 2 000 亩枣园，平均亩产 1 090 千克；山西省交城县林业科学研究所对枣树进行了矮化、密植、早实、丰产栽培试验，使 2 年生枣树亩产鲜枣达到 393.7 千克，3 年生亩产达到 1 391.4 千克，获得了显著的增产效益。以上事例充分说明以下几点。

第一，我国现有枣树有很大的增产潜力，只要加强管理，复壮树势，在枣区大面积推广枣树综合丰产技术，枣的产量可望在 7.8 亿千克的基础上，提高到 12 亿千克左右。

第二，要进一步扩大枣树的栽植面积。由于枣树具有适应性强、适栽地域广泛的特点，而我国土地资源丰富，大部分属北暖温带大陆季风气候区，从南到北、从东到西各省区均有枣树栽植。

第三，要拓宽枣产品的市场销路。近年来，我国红枣生产虽然不断上升，但仍不能满足日益发展的国际、国内市场的需求。据有关部门提供的信息，我国红枣需求量每年约达 20 亿千克，而目前全国人均占有量仅为 0.6 千克，这就是说枣产品的市场前景十分广阔。

第四，要抓好枣的深加工开发。随着红枣生产的发展，枣的深加工开发也逐渐发展起来。袋装鲜酒枣、营养红枣干、金丝蜜枣、熏枣等在国际、国内市场供不应求，创造出了比原枣更大的经济效益。今后随着人们生活水平的不断提高，对营养保健的枣加工产品的需求量也将会越来越大，因此大力发展枣树生产，开发枣加工产品具有十分广阔的前景。

## 第三节 枣树生产上存在的主要问题及解决措施

### 一、存在的主要问题

#### 1. 盲目引进品种

一些新植枣区在引进枣树品种时，只重视看品种介绍材料或产地考察，不重视考察果品市场枣果价格及其走向，不考虑原产地生态条件与当地生态条件是否吻合。常常造成品种适应性差，经济效益低下，或者造成品种单一，短时间内局部枣果过剩，价格下降等问题，从而影响枣农的收益，最终挫伤了枣农的积极性。

#### 2. 枣疯病蔓延，为害严重

枣疯病是枣树的一种毁灭性病害。由于在引种时对该病为害的严重性认识不足，加之缺乏严格的苗木检疫环节和措施，在引进枣品种的同时，也引入了枣疯病，结果造成了枣疯病在北方地区的蔓延。特别是在太行山区酸枣资源分布较多且枣疯病严重的地区，引种的外来品种适应性差，枣疯病蔓延速度非常快，每年以20% ~30%的速度发展，许多枣园3 ~5年的时间全部感染枣疯病，教训沉痛。

**3. 选园址不合理，建园效果不佳**

一些新植枣树的地区，在选择建园地址时，没有充分考虑枣树根系对土壤立地条件的要求，选择园地地势低洼，地下水位过高，雨季易积水，严重影响根系的生长和发育，致使新植幼苗死亡或地上部生长不良，发育迟缓，从而影响和挫伤了群众种植枣树的积极性。

**4. 枣树苗木质量差，群体整齐度差**

很多枣园在一开始引进苗木时，对苗木质量把关不严，苗木太小，粗细不均；苗木根系损伤严重或侧根少；有的因长途运输造成苗木失水较多，活性降低，致使树体个体之间差异较大，整齐度较低，也是影响建园效果的主要因素之一。

**5. 环剥技术应用不当，造成树体早衰**

环剥是提高枣树坐果率的主要栽培技术措施之一，简便易行，效果又好，群众乐意接受。但是，很多枣农由于应用环剥技术不当，环剥程度过重或时期不适，造成树体整体或局部早衰，使树体有效结果寿命缩短。

**6. 病虫害控制不力，影响正常生长和结果**

近年来，由于农民用药不科学，加之病虫的抗药性增强和变异，枣树主要病虫害也在发生着变化。如原来为非主要害虫的枣瘿蚊已成为为害枣树正常结果的主要害虫。另外，干腐病、缩果病都对枣树造成较严重的为害。

**7. 重保果轻疏果，结果过多影响果品质量**

有些枣园为了提高产量和效益，只重视采取保花保果措施，致使结果过多，每个枣吊上10多个果，果实偏小，糖分偏低，着色不良，严重影响果品质量，甚至会影响结果的稳定性。

## 二、解决措施

### 1. 科学合理选择枣树品种

枣树品种依据用途可分为两大类，即制干品种和鲜食品种。在大面积规模发展时，应以制干品种为主；小面积发展，可选鲜食品种。在选择品种时应注意考察市场，以市场为导向，选择市场畅销对路与相对稳定的品种，还要参考不同品种对生态环境条件的适应性，选择适应当地环境条件的品种。另外在发展鲜食品种时，还要考虑品种的成熟期，选择搭配成熟期不同的早、中、晚熟品种，以免品种单一，上市过于集中，引起价格下降。

### 2. 严格防控枣疯病

一是在引种时，要认真详细了解引种地的枣疯病发生情况，杜绝从枣疯病疫区引种；二是严格检疫程序，控制枣疯病的传播；三是严格控制在酸枣资源多、枣疯病发生严重的地区大面积种植枣树；四是发现枣园中枣疯病植株应立即根除，并对病株处的土壤进行消毒处理；五是在对树体进行环剥、环割、修剪等外伤处理时，每处理完一株树必须对剪、刀等工具进行消毒处理，以防人为传播枣疯病；六是严格防治害虫，特别是转移性较强的害虫，如叶蝉等，防止昆虫传播病毒。

### 3. 合理建园规划，严把建园质量关

一是选好建园地址。选择地势高、通气性较好的砂土、壤土地建园。对通气性较差的黏重土壤，应增施农家肥，改良土壤；严禁在地下水位过高（距地面 1 米以内）的低洼地种植枣树。二是科学栽植。挖长、宽各 80 厘米、深 60 厘米的定植穴，每穴施 50 千克腐熟农家肥。栽前对苗木合理修剪，根据根系好坏和根量多少对地上部留 80 厘米左右进行短剪，并将剪后的苗木在

清水中浸泡24～48小时，使苗木充分吸水，以增强活性；栽植时，集中栽植，要严格掌握栽植深度，切忌栽植过深或过浅；栽后及时浇透定植水，并采用地膜覆盖，增温保湿，促发新根，以利苗木成活和生长。间作时留80～100厘米的营养带，选择植株低矮的花生、大豆、绿豆等豆科类和蔬菜等间作作物。

**4. 合理应用环剥技术**

所谓合理环剥，要注意以下几个方面：一是环剥时期。一般选择初花期进行环剥，黄河故道地区的5月下旬至6月上旬较适宜。二是注意环剥的宽度和深度。环剥的宽度以环剥部位的粗度而定，一般为粗度（直径）的1/10～1/8，在具体掌握环剥的宽度时，还应考虑树势或枝势；环剥的深度以深达木质部为宜，切忌深入木质部。三是注意环剥的部位。应选择在主枝或大枝基部距分枝20厘米左右处作为环剥部位，一般不提倡在主干上环剥，以免造成愈合不良、整株衰弱或死亡。四是注意环剥的次数。一般要求每年环剥1次，若树势过强也可间隔15天再环剥1次，但是若树势较弱或环剥后有衰弱趋势，应停止采用环剥措施。

**5. 加强病虫害防治**

一是注意在萌芽期和萌芽后及时喷3 000倍吡虫啉或1 000倍乐斯本防治枣瘿蚊，间隔10天左右，连喷2～3次；二是越冬期树干涂抹涂白剂，萌芽前喷3波美度石硫合剂防治干腐病；三是生长季前期（5—7月）喷200倍等量式波尔多液，每间隔15天左右喷1次，预防叶部和果实病害；四是5月下旬至6月上中旬喷杀螨剂防治红蜘蛛。

**6. 合理保花保果，适时疏花疏果**

除采用环剥措施保花保果外，还可采取花期喷水、喷0.3%硼砂或15毫克/升赤霉素等措施保花保果。在坐果过多的情况，按每枣吊留1～3果的标准适时疏果。具体每枣吊的留果数，依枣吊的长势而定，长 30 厘米左右的枣吊留 3 果，20 厘米左右留 2 果，15 厘米左右留 1 果，不足 10 厘米长的枣吊不留果。留果时注意选择枣吊中下部位的果形长、个较大的果保留，疏除畸形、多余的小果。

# 第二章　枣优良品种

## 第一节　枣品种的分类

《中国果树志·枣卷》对已查出的700个品种，按主要用途和有关性状进行分类，分为制干、鲜食、蜜枣品种56个，兼用品种159个。以上4类品种，以制干品种栽培面积最大，产量最多；鲜食品种的品种数量多，但栽培面积小，产量少；蜜枣品种主要分布在南方枣区，在北方枣区也有不少品种适宜加工蜜枣；兼用品种其栽培面积和产量仅次于制干品种，列第2位。20世纪80年代中期以来，特别是近几年来，有的鲜食优良品种，如鲁北冬枣和临猗梨枣有了较快的发展，原有的品种结构发生了变化。

## 第二节　优良枣品种

### 一、鲜食品种

#### 1. 中枣3号

（1）品种来源。中国农业科学院郑州果树研究所与河南省新郑市林业科学研究所合作，从新郑枣区选出。

（2）品种性状。果实长椭圆形，纵径4.9厘米，横径2.8厘米，平均果质量13.6克，最大果15.1克，大小均匀。果皮薄，赭红色，果面平滑。梗洼中等深广。果肩圆，果肉较厚，绿白色或白色，肉质细嫩脆，味甜，汁液多，品质极上，适宜鲜食。可食部分96.6%。鲜枣含可溶性固形物37%。核较小，长纺锤形，纵径3.4厘米，横径0.4厘米，核质量0.45克。核尖短，核纹浅，含仁率中。

树势较强，树体高大，干性强，树姿半开张，树冠呈自然半圆形。枣头红褐色，针刺长1.2厘米，2～3年后脱落。枣股圆柱形，持续结果15年左右。枣股抽生枣吊3～4个，枣吊长20左右，着叶11～13片。花量多，花蕾扁圆，花径6.6毫米。初开时蜜盘黄色。上午蕾裂开，为昼开型。

本品种在4月上中旬萌芽，5月中下旬始花，6月上中旬盛花，8月上旬终花。9月上中旬果实进入白熟期，10月上中旬脆熟，果实生育期120天以上。10月下旬落叶。年生长期190天左右。

（3）适栽地区、地域。中枣3号果实生育期长，成熟晚，适应性广，极抗采前落果，适宜北方年均气温11℃以上的地区种植。

**2. 鲁北冬枣**

鲁北冬枣又名冻枣、苹果枣、冰糖枣、雁过红、沾化冬枣、黄骅冬枣等。

（1）品种来源。鲁北冬枣原产于河北黄骅、海兴、盐山和山东沾化、枣庄等市、县。1985年之前，多为农户房前屋后和庭院内零星栽植，成片栽植的很少。据报道，到20世纪末的不完全统计，在黄骅市齐家务乡东、西巨官等村，有近千株百年生左右的冬枣树，几百年生的树有几十株，树龄最大的有400年生左右，是冬枣的原产区域。山东沾化的冬枣树，主要分布于下洼、大高、古城等乡镇，1984年进行枣树资源普查时，发现百年生左右的冬枣树50余株。

（2）品种性状。树势中等，树体中等大，干性中等强，枝条较密，树姿较开张，树冠呈自然半圆形。枣头紫褐色，针刺基本退化。一般每1个枣头有二次枝4~7个，二次枝自然生长5~8节。枣股较小，抽吊力中等。枣吊中等长，平均长15~20厘米。叶中等大，长卵形或卵状披针形，深绿色，边缘向叶面稍卷曲，叶长4~6厘米，宽2~3厘米，先端渐尖或印尖，叶基圆形，叶缘锯齿中度密而浅。花小，花量多。

鲁北冬枣的花为夜开型。果实中等大，近圆形，纵径2.9厘米，横径3厘米，平均果重质量13克，大小不均匀。果皮薄，赭红色，果面平滑。果点小而圆，浅黄色，分布较密。果梗细而较长，梗洼中等大，较浅。果顶微凹，柱头遗存，不明显。果肉较厚，绿白色，肉质细嫩松脆，味甜，汁液多，品质极上，适宜鲜食。可食部分94.67%。鲜枣含可溶性固形物38%~42%，含维生素C 303毫克/100克。核较小，短纺锤形，纵径1.7厘米，横径0.7厘米，核质量0.7克。核尖短，核纹中度深，含仁率高，种仁较饱满，多为单仁，也有双仁的，可作育种亲本。

本品种植株在原产地4月中旬萌芽，5月下旬始花，6月上中旬盛花，8月上旬终花，花期达80天左右。9月中旬果实进入白熟期，10月上中旬脆熟，果实生育期120天以上。10月下旬落叶。年生长期190天左右。

鲁北冬枣结果较早，在产地嫁接苗栽后一般第2年开始结果，第3年就有一定的产量。产量中等而稳定，盛果期树一般株产鲜枣20~30千克。采用小冠密植栽培，5年后进入盛果期，每公顷枣园产鲜枣7 500~15 000千克。成熟季节产地收购价每千克按10元计，1公顷枣园的经济效益达7.5万~15万元，若进行贮藏，效益一般可提高2倍以上。

实践证明，开发鲁北冬枣这一名贵资源是农村产业结构调整的好项目，其发展前景较好。近几年来，鲁北冬枣是北方地区发展速度最快、发展数量最多、栽培效益较好的鲜食优良品种。据不完全统计，至2001年全国鲜北冬枣已发展到3.5万公顷左右，其中结果面积600公顷，大部分为近年来栽植的小树，总产量7 000吨以上。目前，鲁北冬枣在全国范围内发展很快，栽培面积和产量在迅猛增长。山东沾化县到2001年春已有鲁北冬枣林1.2万公顷以上，产量300万千克左右。该县率先开发冬枣产业的下洼镇，2000年仅在冬枣产业上，全镇人均增收450元左右。目前冬枣生产已成为产枣区农村名副其实的支柱产业，在可持续发展的农业结构中，占有较重要的地位。

（3）适栽地区、地域。鲁北冬枣果实生育期长，成熟晚，适宜北方年均气温11℃以上的地区种植。

**3. 临猗梨枣**

（1）品种来源。临猗梨枣原产于山西临猗、运城等地，栽培数量不多，多为农家庭院零星栽植。据古文献《尔雅》记载，古时称大枣，已有3 000余年的历史。

（2）品种性状。临猗梨枣树势中等，树体较小，干性弱，枝条密，树冠自然圆头形，树姿开张。19年生树干高1.5米，干周50厘米，树高5.9米，冠径东西5.9米，南北5.3米。主干灰褐色，皮裂较深，较易剥落。枣头红褐色，萌发力强，生长势中等或较强，平均生长量40～60厘米，有的可达80厘米以上，节间长7～8厘米，二次枝自然生长6～8节，针刺不发达。皮目小，圆形或卵圆形，分布较密，凸起，开裂，灰白色。枣股小，圆锥形，抽吊力强，每股平均抽生4.4吊。枣吊平均长16.33厘米，叶片厚而较小，卵圆形，深绿色，叶长5.25厘米，宽2.4厘米，先端渐尖，叶基圆形，叶缘锯齿粗而中密。花量少，每吊平均着花28.5朵，每花序平均2.2朵。花中大，零级花径7.2毫米，1级花径7毫米。蜜盘较小，杏黄色，花为昼开型。

临猗梨枣果实特大，长圆形或近圆形，纵径4.2厘米，横径4厘米，果质量30克左右，最大果100克以上，大小不均匀。果梗细而较长，梗洼窄而较深。果顶平，柱头遗存。果皮薄，浅红色，果面欠平滑。果点小而密，圆形，浅黄色，较明显。果肉厚，白色，肉质松脆，较细，味甜，汁液多，品质上等，适宜鲜食和加工蜜枣。

临猗梨枣鲜枣可食部分占96%。含可溶性固形物27.9%，单糖17%，双糖5.25%，总糖22.25%，酸0.33%，糖酸比67.43：1。含维生素C 292.25毫克/100克，含水量69.8%，钙0.304%，镁2.27%，锰7.786毫克/千克，锌8.341毫克/千克，铜2.345毫克/千克，铁58.039毫克/千克。核小，纺锤形，纵径2.05厘米，横径0.85厘米，核质量0.8克，核尖较短，核纹较深，核面粗糙，核内无种仁。

临猗梨枣结果早，嫁接苗部分植株当年可少量结果，第2年可普遍结果，第3年就进入盛果期。早丰性特强。山西省交城县林业科学研究所3年生密植丰产试验园，每公顷产鲜枣20 872.5千克。坐果率高，枣头吊果率117.6%，2年生枝吊果率64.3%，3年生枝吊果率77.56%，最多1个木质化枣吊能结30多个果。坐果部位在2～15节，主要坐果部位在5～13节，占坐果总数的81.54%。特丰产，产量稳定，19年生树，在一般管理条件下，株产50千克以上，管理好的枣园，每公顷可产鲜枣37 500千克以上。山西临猗县庙上乡山东庄村黄小民的0.47公顷密植丰产园，2002年产鲜枣20 000多千克，产值达万元。平均每公顷可产鲜枣45 000千克以上。

该品种植株在山西太原地区4月中旬萌芽，5月下旬始花，9月上旬果实着色，9月下旬至10月上旬成熟，成熟时间不一，10月下旬至11月初落叶。年生长期200天左右，果实生育期110天左右。枣吊生长高峰期在4月25日至5月20日，此时枣吊生长量占总生长量的71%，5月20日后缓慢生长，6月20日前后停止生长。

（3）适栽地区、地域。临猗梨枣适应性较强，在全国宜枣地区均可栽植。北方枣区鲜食和加工蜜枣兼用，南方枣区以加工蜜枣为主。

**4. 永济蛤蟆枣**（图2－1）

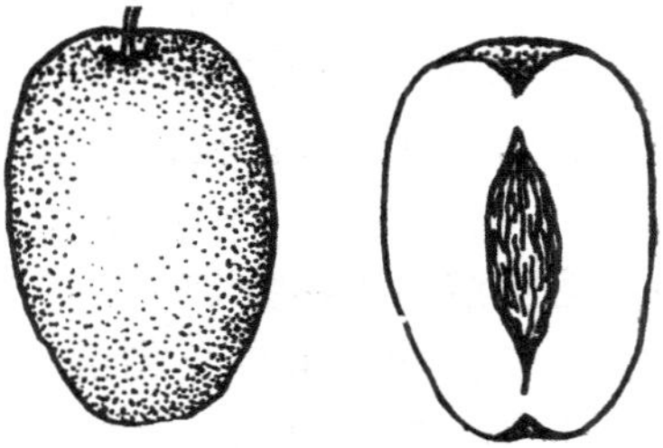

**图2－1　蛤蟆枣**

（1）品种来源。永济蛤蟆枣原产于山西省永济县仁阳、太宁等村，为当地主栽品种。栽培历史不详，现有很多200多年生大树。

（2）品种性状。永济蛤蟆枣树势强健，树体高大，中心干较强，枝条中等密，粗壮，树姿较直立，树冠乱头形。萌蘖力弱，根蘖生长势强。19年生树干高1.55米，干周52.3厘米，树高8.8米，冠径东西4.92米，南北5.26米。主干灰褐色，皮裂较深，较易脱落。枣头萌发力中等，红褐色，生长势强，平均生长量75.86厘米，节间长7.9厘米，二次枝7～9个，二次枝自然生长4～7节，针枣不发达。枣股较大，抽吊力中等，每股平均抽生3.27吊。枣吊平均长17.27厘米，最长31厘米以上。叶片大，长卵形，绿色，叶长5.9厘米，宽3.11厘米，先端渐尖，叶基圆形或偏圆形，叶缘锯齿较细。花量中等多，每吊平均着花57.2朵，每花序平均着花4.11朵。花大，零级花花径8毫米，1级花花径7.5毫米。蜜盘大，橘黄色。花蕾6时左右开裂。

永济蛤蟆枣果实大，鹿茸柱形，纵径5.59厘米，横径3.98厘米，侧径3.57厘米，平均果质量34克，大小不均匀。果皮薄，深红色，果面不平滑，有明显小块瘤状隆起和紫黑色斑点，类似癞蛤蟆瘤状，故称“蛤蟆枣”。果点较大，分布较密，浅黄色。果顶平或微凹，柱头遗存。果梗中等粗，较长，梗洼窄而深。果肉厚，绿白色，肉质细而较松脆，味甜，汁液较多，品质上等，适宜鲜食。

永济蛤蟆枣鲜枣含可溶性固形物28.5%，单糖21.08%，双糖2.73%，总糖23.81%，酸0.43%，糖酸比24.24：1。可食率96.48%。含维生素C 397.46毫克/100克，含水量68.4%，含钙0.485%，镁0.249%，锰4.077毫克/千克，锌10.266毫克/千克，铜2.178毫克/千克，铁27.938毫克/千克。每克鲜质量含环磷酸腺苷7.5纳摩尔。核小，纺锤形，纵径3.62厘米，横径0.96厘米，核质量1.2克。核尖中长，核纹较深，核面粗糙，不含种仁。

永济蛤蟆枣结果较早，根蘖苗一般第2年开始结果，15年后进入盛果期。坐果率中等。当年枣头吊果率50.42%，2年生枝吊果率62.71%，3年生枝吊果率28.85%，坐果部位在1～16节，主要坐果部位在5～10节，占坐果总数的66.9%。产量中等，19年生树，在一般管理条件下，平均株产鲜枣20千克左右。

永济蛤蟆枣在山西太谷4月中旬萌芽，5月下旬始花，6月上中旬盛花，6月28日前后终花，9月下旬脆熟，10月中旬落叶。年生长期178天左右，果实生育期100天左右。枣吊生长高峰期在5月1—20日，占总生长量的77.99%，5月20日后缓慢生长，至6月10日大部分停止生长。枣头生长高峰期在5月1日至6月15日，占总生长量的92.65%，6月15日后缓慢生长，6月30日前后停止生长。

（3）适栽地区、地域。该品种适应性强，成熟期遇雨易裂果，适宜在北方枣区的城郊和工矿区栽植。

**5. 不落酥**

（1）品种来源。不落酥原产于山西平遥县辛村乡赵家庄等地，栽培数量多，栽培历史不详。

（2）品种性状。不落酥树势较弱，树体较小，干性弱，枝条细而较密，树冠圆头形，树姿开张。萌蘖力中等，根蘖苗生长较弱，1年生根蘖苗高50.6厘米，根径0.6厘米。19年生树干高1.08米，干周45厘米，树高7米，冠径东西5.15米，南北5.4米。枣头红褐色，萌发力较强，生长势较弱，平均生长量62.66厘米，二次枝着生部位较高，每枣头平均着生二次枝5～6个，节间长5～6厘米，二次枝自然生长3～6节，针刺不发达，基本退化。枣股小，抽吊力较强，每股平均抽生4吊。枣吊细而长，长20厘米左右。叶片中等大，长卵形，叶长5.1厘米，宽2.6厘米，先端渐尖，叶基偏圆形，叶缘锯齿中度密，较细。花量较小，每吊平均着花44.2朵，每花序平均有花3.03朵。花中等大，花柄长，花径6.5毫米左右。蜜盘较大，橘黄色。花蕾于5～6时开裂。

不落酥果实大，长扁柱形或长圆形，纵径4.45厘米，横径3.22厘米，侧径2.8厘米，平均果质量20.25克，大小不很均匀。果梗细长，梗洼窄深。果顶微凹，柱头遗存。果皮中等厚，紫红色，果面欠平滑。果点小，浅黄色，不明显。果肉厚，绿白色，肉质酥脆而细，甜味浓，汁液中等多，品质特上等，适宜鲜食，口感极好。

不落酥鲜枣含可溶性固形物31.80%，单糖13.87%，双糖

11.25%，总糖25.12%，酸0.42%糖酸比59.95∶1。可食率96.64%。含维生素C 255.52毫克/100克，含水量60.2%，钙0.375%，镁0.204%，锰3.857毫克/千克，锌8.725毫克/千克，铜2.345毫克/千克，铁37.75毫克/千克。核小，纺锤形，纵径2.84厘米，横径0.91厘米，核质量0.68克。核尖较长，核面粗糙，不含种仁。

不落酥结果较早，定植后第2年开始结果，坐果率中等，当年枣头吊果率32.3%，2年生枝吊果率38.46%，3年生枝吊果率28.46%，坐果部位在1~14节，主要坐果部位在3~8节，占坐果总数的97.84%。

不落酥产量中等，较稳定，19年生树，中等管理条件下，平均株产鲜枣17.5千克。在山西太谷4月中旬萌芽，5月下旬始花，6月上旬盛花，6月28日前后终花，8月下旬果实着色，9月20日前后脆熟，10月中旬落叶。年生长期175天左右，果实生育期110天左右。枣吊生长高峰期在4月25日至5月30日，占总生长量的80.28%，5月30日后缓慢生长，6月10日前后停止生长。枣头生长高峰期在4月25日至5月30日，占总生长量的94.36%，5月30日后缓慢生长，6月15日前后停止生长。

（3）适栽地区、地域。该品种适应性较强，适宜在北方宜枣地区的城郊、工矿区和庭院栽植。

**6. 七月鲜枣**

（1）品种来源。七月鲜枣是陕西省果树研究所枣课题组科技人员历经8年选育的极早熟大果型鲜食良种，在陕西的高陵、延川、长安、大荔等地区试表现上市早，果型大，售价高，丰产稳产；甘肃、内蒙古、山西、大连、江苏、四川等地先后引种试栽，反应良好。2003年元月通过陕西省林木良种审定委员会审定。

（2）品种性状。

①主要经济性状。树势强健，树姿开张。果实卵圆形，果面平整，果肩棱起，平均果质量 29.8 克，最大 74.1 克。果实均匀，果皮薄，深红色，表面蜡质较少，可溶性固形物含量 28.9%，可食率 97.8%，味甜，肉质细，极宜鲜食，鲜食品质优于山西梨枣、大雪枣。

陕西关中 5 月下旬进入盛花期，8 月中旬成熟，果实发育期 85 天左右，比山西梨枣早上市 30 天左右（梨枣一般 9 月中下旬成熟），较宁阳六月鲜早上市二周左右，在国家枣资源圃（山西省太谷县北梁村）所收集的 450 个品种中，成熟期为第 2 名。

②产量与经济效益。在株行距为 2 米 ×3 米的情况下，亩栽 110 株，2 年生树平均株产量 1.52 千克，3 年生 3.5 千克，4 年生 15.5 千克，每亩鲜枣产量分别达 167.2 千克，385 千克，1 705千克。一般园地批发价 7 ~10 元/千克（梨枣售价 2 ~3 元/千克），4 年生树亩收入 1.0 万 ~1.5 万元，经济效益显著。

③抗逆性。抗缩果病，经多年观察，该品种未发生缩果病为害；抗旱性强，在陕北海拔 800 米旱地栽培，丰产性强，产量显著高于骏枣、晋枣和狗头枣；较抗裂果，2003 年果实成熟期遭遇连续 10 天连阴雨，降水量在 120 毫米以上，该品种裂果率为 4%，而梨枣在 50% 以上；抗寒性强于山西梨枣、大雪枣，经 2003 年调查，在陕北地区梨枣、大雪枣发生严重冻害，部分树体死亡情况下，而该品种表现结果正常。另外，与山西梨枣比较，该品种无采前落果现象。

④发展前景。在我国 20 世纪 90 年代中期鲜枣产业开始迅速发展，到目前为止，全国鲜食枣面积约 200 万亩，其中中熟品种（山西梨枣、晋枣、金丝小枣、大白玲、大瓜枣）约占 65%，晚熟品种（大雪枣、冬枣）约占 35%，早熟品种因为没有理想品种，种植几乎是空白，因此，该品种的选育成功，将改变我国鲜

枣产业中品种结构不合理，中、晚熟品种偏多，早熟品种奇缺的不利局面。它的规模种植，将大大延长枣果的市场供应期；另外，该品种的选育成功，为无霜期在130～150天，中晚熟品种不能成熟的地区，如宁夏、甘肃的河西走廊、内蒙古、青海的海东地区、辽宁、陕北的榆林等地区栽培枣树成为可能，扩大了枣树的栽培区域；在长江流域种植，可在7月上中旬成熟上市，对于丰富淡季市场鲜枣供应有重要意义；同时，由于其节间短、树体矮小、生育期短，适宜矮化密植和设施栽培，因此，发展前景极为广阔。

**7. 襄汾圆枣**

（1）品种来源。襄汾圆枣原产地山西襄汾，栽培不多，栽培历史不详。

（2）品种性状。襄汾圆枣树势中等，树体中等大，枝条中度密、较细，干性中等强，树冠自然圆头形，树姿半开张。萌蘖力较强，根蘖苗生长旺，1年生根蘖苗高1.74米，根径1厘米左右，二次枝自然生长5～8节，针刺发达。19年生树干高1.25米，干周54厘米，树高7.4米，冠径东西5.59米，南北5.34米。主干灰褐色，皮裂较浅，较易脱落。枣头黄褐色，萌发力较强，生长势中等，平均生长量57.74厘米，着生二次枝5个左右，节间长7.5厘米，二次枝自然生长5～6节，针刺较发达。皮目中等大，分布较密，卵圆形，凸起，开裂，灰白色。枣股小，抽吊力强，每股抽生3～9吊，多为4～6吊。枣吊长20厘米左右，节间长1.65厘米。叶小，长卵形，浅绿色，叶长5.08厘米，宽2.28厘米，先端渐尖，叶基偏圆形，叶缘锯齿中度密，较粗。花量中等多，每吊平均着花62.3朵，每个花序平均4.5朵。花小，零级花花径6.44毫米，1级花花径5.87毫米。蜜盘较小，橘黄色。花蕾在6时左右开裂。

襄汾圆枣果实中等大，卵圆形，纵径3.55厘米，横径2.8

厘米，平均果质量 15.4 克，最大果 18.9 克，大小较均匀。果皮薄，浅红色，果面平滑。果点小而密，圆形，浅黄色。果梗中等长、中等粗，梗洼窄而深。果顶微凹，柱头遗存，不明显。果肉厚，浅绿色，肉质细脆，味甜略酸，汁液多，品质上等，适宜鲜食。

襄汾圆枣鲜果含可溶性固形物 25.8%，单糖 9.58%，双糖 9.44%，总糖 19.02%，酸 0.37%，糖酸比 50.86：1。含维生素 C 340.76 毫克/100 克，含水量 71.2%。每克鲜果肉含环磷酸腺苷 42.5 纳摩尔。干枣含可溶性固形物 68.2%，单糖 53.16%，双糖 4.33%，总糖 57.49%，酸 0.65%，糖酸比 88.73：1。含维生素 C 17.93 毫克/100 克。每克干枣果肉含环磷酸腺苷 132.85 纳摩尔。酒枣含可溶性固形物 32.1%，单糖 25.53%，酸 0.55%，糖酸比 46.42：1。含维生素 C 7.53 毫克/100 克，含水量 61.52%。

襄汾圆枣结果较迟，根蘖苗一般第 3 年开始结果，15 年后进入盛果期。坐果率较高，当年枣头吊果率 37.64%，2 年生枝吊果率 90.98%，3 年生枝吊果率 59.04%，坐果部位在 2～16 节，主要坐果部位在 5～9 节，占坐果总数的 64.09%。

襄汾圆枣结果较迟，根蘖苗一般第 3 年开始结果，15 年后进入盛果期。坐果率较高，当年枣头吊果率 37.64%，2 年生枝吊果率 90.98%，3 年生枝吊果率 59.05%，坐果部位在 2～16 节，主要坐果部位在 5～9 节，占坐果总数的 64.09%。

襄汾圆枣产量较高，19 年生树平均株产鲜枣 37.45 千克，最高株产 45.25 千克。在山西太谷 4 月中旬萌芽，5 月下旬始花，9 月中旬果实着色，9 月底 10 月初脆熟，10 月中旬落叶。年生长期 178 天左右，果实生育期 120 天左右。枣吊生长高峰期在 5 月 1—30 日，占总生长量的 75.9%，5 月 30 日后缓慢生长，7 月 10 日前后停止生长。枣头生长高峰期在 5 月 1 日至 6 月 4

日，占总生长量的83.62%，6月4日后缓慢生长，7月4日前后停止生长。

（3）适栽地区、地域。襄汾圆枣为鲜食优良品种，适应性较强，鲜枣耐贮藏，有开发价值，适宜北方宜枣区种植。

**8. 尖枣**

（1）品种来源。尖枣原产于山西平陆县岳村一带，栽培数量不多，栽培历史不详。

（2）品种性状。尖枣树势中等，树体中等大，干性较强，枝条中度密，树冠乱头形，树姿半开张。萌蘖力弱，根蘖苗生长弱，1年生根蘖苗平均苗高28.6厘米，根径0.39厘米，根系不发达。19年生树干高1.59米，干周43.8厘米，树高8.45米。冠径东西4.75米，南北4.74米。主干灰褐色，皮裂较浅，不易脱落。枣头红褐色，萌发力中等，生长势较弱，平均生长量62.7厘米，着生永久性二次枝5个左右，节间长8.15厘米。二次枝自然生长5~6节，针刺不发达。枣股中等大，抽吊力较强，每股抽生2~5吊，多为3~4吊。枣吊短，长12厘米左右。叶片较小，卵状披针形，绿色，叶长5.98厘米，宽2.83厘米，先端渐尖，叶基圆形，叶缘锯齿细而浅。花量较多，花小，零级花花径6.18毫米，1级花花径5.49毫米。蜜盘较小，杏黄色。花蕾在8时左右开裂。

尖枣的果实较小，长圆形，纵径3.44厘米，横径2.5厘米，平均果质量10.3克，大小较均匀。果皮中等厚，深红色，果面光滑。果点小而密，圆形，浅黄色，较明显。果梗中等粗，较短，梗洼中度广，中等深。果顶稍尖，柱头遗存。果肉厚，绿白色，肉质致密，味甜，汁液多，品质上等，适宜鲜食。鲜枣耐贮藏，半红的鲜枣在气调冷库内可保鲜3~4个月，好果率90%以上，维生素C损失10%以下。

尖枣脆熟期鲜枣可溶性固形物28.8%，单糖11.58%，双糖

9.6%，总糖 21.18%，酸 0.52%，糖酸比 40.57：1。可食率 95.73%。含维生素 C 407.97 毫克/100 克，含水量 68.4%，钙 0.37%，镁 0.074%，锰 3.78 毫克/千克，锌 1.639 毫克/千克，铜 3.152 毫克/千克，铁 8.27 毫克/千克。干枣含可溶性固形物 72%，单糖 62.15%，酸 1.1%，糖酸比 56.43：1。含维生素 C 26.28 毫克/100 克。酒枣含可溶性固形物 40.5%，单糖 31.37%，双糖 0，总糖 31.37%，糖酸比 44.25：1。含维生素 C 9.34 毫克/100 克，含水量 52.25%。核小，纺锤形，纵径 2.08 厘米，横径 0.7 厘米，核质量 0.44 克。核纹浅，含仁率高，种仁较饱满。

尖枣结果早，根蘖苗一般第 2 年开始结果，嫁接苗当年就可结果。在陕西清涧县洲洋公司苗圃，1 年生酸枣实生砧尖枣嫁接苗，结果株率高达 96.67%，平均每株结果 11.46 个，最多单株结果 51 个。中等管理条件下，15 年左右进入盛果期，盛果期长，坐果率高，当年枣头吊果率 116%，2 年生枝吊果率 80.24%，3 年生枝吊果率 57.07%，坐果部位在 1～11 节，主要坐果部位在 1～6 节，占坐果总数的 76.56%。丰产性好，19 年生树，平均株产鲜枣 25.3 千克，最高株产 42 千克。在山西太谷 4 月中旬萌芽，5 月下旬始花，6 月上中旬盛花，7 月上旬终花，9 月中旬果实着色，9 月下旬脆熟。10 月中旬落叶。年生长期 175 天左右，果实生育期 105 天左右。枣吊生长高峰期在 5 月 1—25 日，占总生长量的 68.1%，5 月 25 日后缓慢生长，6 月 20 日前后停止生长。枣头生长高峰期在 5 月 5—25 日，占总生长量的 73.17%，5 月 25 日后缓慢生长，6 月 20 日前后停止生长。

（3）适栽地区、地域。尖枣适应性强，品质好，鲜枣耐贮藏，具有开发价值，适宜北方宜枣区栽植。

**9. 山东梨枣**

（1）品种来源。山东梨枣原产于山东、河北交界处的乐陵、庆云、无棣、盐山、黄骅等地。多为庭院零星栽植。由山东农业科学院果树研究所1990年选定。山东梨枣又名脆枣、钙枣。

（2）品种性状。山东梨枣树势中等，树体中等大，干性较强，树冠自然半圆形，树姿开张。23年生树干高1.3米，干周65厘米，树高6.8米，冠径东西6.6米，南北5.9米。主干灰褐色，树皮不易剥落。枣头萌发力较弱，紫褐色，较粗壮，生长量40~70厘米，节间长7.7厘米，二次枝自然生长5~8节，针刺不发达。皮目中等大，圆形，分布密，凸起，开裂。枣股中等大，圆柱形，5~6年生枣股长1.3厘米，粗1.1厘米，最长达2.1厘米，持续结果10年左右。抽吊力中等，平均每股抽生3~4吊，枣吊粗而长，一般长20~24厘米。叶片中等大，卵状披针形，深绿色，中等厚，先端渐尖，叶基圆形或广楔形，叶缘锯齿细而较密。花量较多，每花序着花8~10朵，最多达15朵以上。花较大，花径7~8毫米，无花粉，为夜开型。蜜盘杏黄色。

山东梨枣果实大，大部分为梨形，大果为倒卵形，纵径3.6~3.9厘米，横径3.1~3.4厘米，平均果质量16.5克，最大果55克，大小不均匀。果皮较薄，赭红色，果面不平滑。果点小，圆形，浅黄色，不明显。果梗粗而短，梗洼窄而深。果顶微凹，柱头遗存。果肉厚，绿白色，肉质细而松脆，味甜微酸，汁液中等多，品质上等，适宜鲜食。

山东梨枣鲜枣含可溶性固形物32.6%。核小，纺锤形，纵径1.8~2厘米，横径0.8~0.9厘米，核质量0.7克。可食率95.8%。核面粗糙，含仁率较高，种仁不饱满。

山东梨枣结果早，用大砧木嫁接，当年即能结果。较丰产，产量稳定，平均株产鲜枣30千克左右。在原产地9月上中旬成熟，一般年份不裂果，果实抗病性强。

（3）适栽地区、地域。山东梨枣适应性强，各宜枣地区均可栽培。

**10. 成武冬枣**

（1）品种来源。成武冬枣起源于山东成武，分布于成武，菏泽、曹县等地。数量不多，多为庭院零星栽植。栽培历史不详。山东农业科学院果树研究所1990年选定。

（2）品种性状。成武冬枣树势中等或较强，树体大小中等，枝条较稀，粗壮，树冠自然圆头形，树姿半开张。35～40年生树干高2.6米，干周62厘米，树高6米，冠径东西4.5米，南北4米。主干灰褐色，皮裂较宽，易剥落。枣头红褐色，生长势中等，一般生长量50厘米左右，节间长6～7厘米，二次枝自然生长5～7节，针刺不发达。枣股较大，圆锥形，最长2厘米以上，持续结果10年左右。抽吊力较强，每股抽生3～5吊。枣吊长23厘米左右，粗0.18厘米。叶片大而厚，深绿色，卵状披针形，叶长7.1厘米，宽3.6厘米，先端渐尖，叶基圆形，叶缘锯齿粗，中度密。花中等大，花量较多，每花序着花3～7朵，花径7毫米左右。蜜盘中等大，浅黄色。

成武冬枣果实大，长卵形，纵径3.5～5厘米，横径2.3～3.3厘米，平均果质量25.8克，最大果32.1克，大小不均匀。果梗短而较粗，梗洼窄而较深。果顶平，柱头遗存。果皮中等厚，深红色，果面欠平滑。果实小而圆，分布密，浅黄色。果肉厚，乳白色，肉质细而松脆，味甜微酸，汁液中等多，品质上等，适宜鲜食（图2－2）。

成武冬枣鲜枣含可溶性固形物35%～37%。可食率97.8%。核小，纺锤形，纵径2.5～3.1厘米，横径0.6～0.9厘米，核质量0.57克，核尖长，核面较粗糙，核纹中度深，少数核内含有仁。

成武冬枣在原产地4月10日前后萌芽，5月下旬始花，果实10月上中旬脆熟，10月底落叶。年生长期200天左右，果实生育期120天左右。结果较早，嫁接苗一般第2年开始结果，早

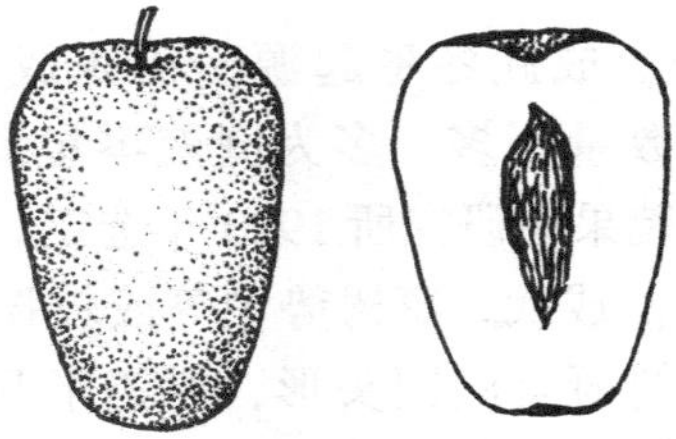

图 2-2　成武冬枣

丰性强，产量较高。枣果抗病性强，一般年份不裂果，在山西南部运城、临猗等地，成熟季节遇雨易裂果。

（3）适栽地区、地域。成武冬枣生长期长，成熟晚，适宜北方枣区年均气温 10℃以上地区种植。

**11. 湖南鸡蛋枣**

（1）品种来源。湖南鸡蛋枣原产于湖南溆浦、麻阳、衡山、祁阳等地。栽培数量不多，栽培历史 200 年以上。

（2）品种性状。湖南鸡蛋枣树势中等，树体较大，枝条较稀，树冠圆头形，树姿开张。20 年生树干高 1.3 米，干周 47 厘米，树高 6.8 米，冠径 6～6.3 米。主干灰褐色，皮裂较深，易剥落。枣头棕红色，萌发力较弱，生长势较强，一般生长量 80 厘米左右，着生二次枝 7～11 个，节间长 5～6 厘米，二次枝自然生长 6～9 节，针刺不很发达。皮目中等大，椭圆形，分布稀，凸起，开裂，灰白色。枣股大，圆柱形，能持续结果 12 年以上，老龄枣股长 3.7 厘米左右。叶片中等大或较小，卵状披针形，深绿色，叶长 5.3 厘米，宽 2.8 厘米，叶柄长 0.3～0.4 厘米，叶先端渐尖，叶基圆形，叶缘锯齿粗而较密。花量少，每花序平均着花 3 朵。花较大，零级花花径 7.5 毫米，1 级花花径 7 毫米。蜜盘较小，杏黄色。

湖南鸡蛋枣果实大，阔卵形，纵径 3.4～4.3 厘米，横径

3.3～4厘米，平均果质量19.4克，最大果33.4克，大小不均匀。果皮薄，紫红色，果面欠光滑。果点大而明显，浅黄色，圆形，分布密。果梗短，中等粗，梗洼窄而深。果顶凹，柱头遗存。果肉厚，绿白色或乳白色，肉质疏松较脆，味甜，汁液中等多，品质上等，适宜鲜食和加工蜜枣（图2－3）。

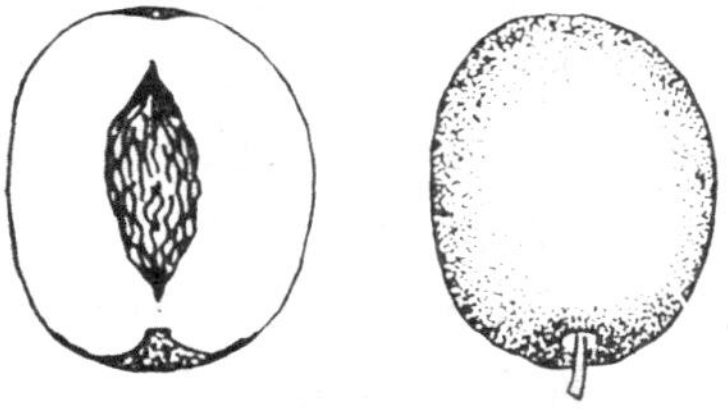

图2－3 湖南鸡蛋枣

湖南鸡蛋枣白熟期含糖11.3%，酸0.19%。可食率94%～96%。含维生素C 333.5毫克/100克。核较小，纺锤形，纵径2～2.5厘米，横径0.9～1.1厘米，核质量0.55克，核尖较短，核纹较深，核面粗糙，含仁率低，种仁不饱满。

湖南鸡蛋枣结果早，根蘖苗一般第2年开始结果。在陕西清涧县洲洋公司苗圃，1999年春季嫁接在1年生酸枣砧木上的枣苗，当年结果株率达69.32%。一般管理条件下，15年左右进入盛果期。坐果率高，丰产，产量稳定，成龄树一般株产鲜枣25千克，最高产150千克。在湖南中部4月初萌芽，5月初始花，8月中旬果实成熟，11月初落叶。年生长期210天左右。在山西太原4月中旬萌芽，5月下旬始花，9月下旬果实成熟，10月中下旬落叶。年生长期190天左右，果实生育期100～110天。

（3）适栽地区、地域。湖南鸡蛋枣适应性强，引进黄河中游黄土丘陵区栽培，表现良好，适宜在宜枣地区的城郊和工矿区栽植。

**12. 大白铃**

（1）品种来源。大白铃起源于山东夏津，分布于山东临清、武城、阳谷和河北献县等地。栽培很少，多为零星栽植。大白铃又名梨枣、鸭蛋枣、鸭枣青。

（2）品种特性。大白铃树势中等，树体较大，干性强，枝条中度密，树冠圆锥形或自然圆头形，树姿较开张。40～50年生树干高1.5米，干周80厘米，树高7.5米，冠径6米。主干灰褐色，皮裂浅，易剥落。枣头红褐色，生长势中等，一般生长量50～60厘米，节间长7～8厘米。皮目大，圆形或长圆形，凸起，开裂。二次枝自然生长5～7节，针刺不发达。枣股中等大，抽吊力中等，平均每股抽生3～4吊。枣吊中等粗，中等长，一般长15.5～18.5厘米。叶中等大，长卵形，深绿色，叶长4.4～5.9厘米，宽2.5～3厘米，先端渐尖，叶基圆形，叶缘锯齿较粗，密度中等。花量多，枣吊中部每个花序着花10～11朵。花小，花径6毫米。蜜盘中等大，浅黄色。

大白铃果实大，近圆形，纵径3.9～4.3厘米，横径3.8～4.1厘米，一般果质量24.5～25.6克，最大果42克，大小不均匀。果梗短而粗，梗洼窄而深。果顶平，柱头遗存。果点小而密，圆形，浅黄色。果皮较薄，紫红色，果面欠平滑。果肉厚，绿白色，肉质松脆，味甜，汁液中等多，品质上等偏下，适宜鲜食（图2－4）。

大白铃鲜枣含可溶性固形物33%左右。可食率96.5%。核小，纺锤形，纵径2.2～2.4厘米，横径1～1.2厘米，核质量0.9克，核尖短，核内大部分无种仁。

大白铃结果早，春季用较大砧木嫁接，当年即可结果。丰产，产量稳定，成龄树平均株产鲜枣60千克。在原产地果实9月上中旬成熟。果实生育期95天左右。果实抗病性强，一般年份极少裂果。

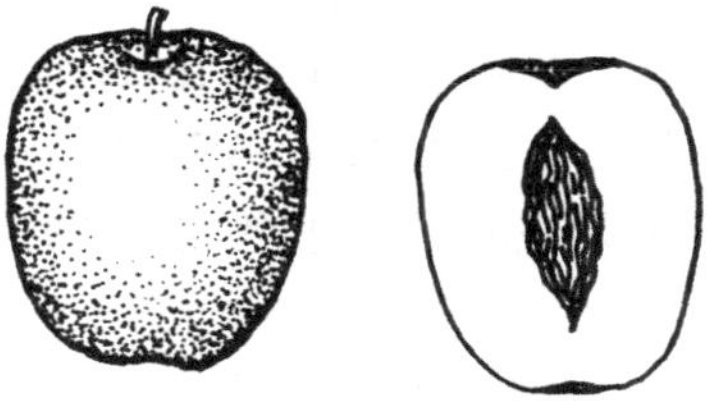

图2－4　大白铃

（3）适栽地区、地域。大白铃适应性强，成熟较早，各宜枣地区均可栽培。

**13. 大瓜枣**

（1）品种来源。大瓜枣原产于山东东明。栽培数量不多，多为农家庭院零星栽植。栽培历史不详。

（2）品种性状。大瓜枣树势较强，树体较大，枝条较稀，树冠多呈主干疏层形。60年生树干高1.5米，干周50厘米，树高7米，冠径5.2米。主干灰褐色，皮较易剥落。枣头萌发力较弱，红褐色，生长势强，生长量65～94厘米，平均79.8厘米，针刺不发达。皮目较小，分布稀疏，圆形，凸起。枣股圆柱形，抽吊力较强，每股抽生3～5吊。枣吊平均长14厘米叶片较小，长卵圆形，深绿色，叶长4.4厘米，宽2.6厘米，先端渐尖，叶基近圆形或广楔形，叶缘锯齿浅而较稀。花量多。蜜盘杏黄色。

大瓜枣果实大，扁圆形，纵径3.6厘米，横径3.85厘米，平均果质量25.7克。梗洼窄而深，果顶平，柱头遗存。果皮薄，鲜红色，果面平滑，果点不明显。果肉厚，乳白色，肉质致密，细脆，甜味浓，汁液中等多，品质上等偏下，适宜鲜食。

大瓜枣果实含可溶性固形物32%～34%。可食率95%。核小，倒卵形，纵径2.4厘米，横径1.4厘米，核质量1.2克，核尖短，核纹较深，核面粗糙，少数核内有种仁。

大瓜枣根蘖苗3～4年开始结果，嫁接苗当年即能结果，早丰性极强，产量较高。在原产地4月10日前后萌芽，5月下旬始花，9月中旬果实成熟，10月下旬落叶。年生长期195天左右，果实生育期100天左右。一般年份裂果极少，果实抗病性极强。

（3）适栽地区、地域。大瓜枣适应性强，一般年份裂果较少，果实抗病性极强，适于宜枣地区栽植。

**14. 孔府酥脆枣**

（1）品种来源。孔府酥脆枣起源于山东曲阜孔府院内。近年来引到山西太原、运城、吕梁等地栽培，均表现良好。孔府酥脆枣又名脆枣、铃枣。

（2）品种性状。孔府酥脆枣树势强健，树体高大，干性高，枝条中度密，树冠自然圆头形，树姿较开张。200余年生树干高4米，干周1.47米，树高12米，冠径9.5米。主干灰褐色，皮裂较浅，易剥落。枣头紫褐色，生长势强，一般生长量80厘米左右，二次枝自然生长5～7节，针刺不发达。皮目较小，圆形，凸起，开裂，分布较密。枣股中等大，圆锥形，5～6年生枣股长1厘米左右，最长1.6厘米，可持续结果6～8年。抽吊力中等，每股抽生3～4吊。枣吊长21～24厘米，叶中等大，长卵形，叶厚，深绿色，先端渐尖，叶基广楔形，叶缘锯齿中度密，中等深。花中等大，花量多，花径6.5毫米左右，昼开型。蜜盘较小，浅黄色。

孔府酥脆枣果实中等大，长圆形或圆柱形，一般果质量13～16克，大小较均匀。果梗短而粗，梗洼中等深。果顶平，柱头遗存。果皮中等厚，深红色，果面不平滑。果点小而密，圆形或椭圆形，浅黄色。果肉中等厚，乳白色，肉质松脆，较细，甜味浓，汁液中等多，品质上等，适宜鲜食。

孔府酥脆枣鲜枣含可溶性固形物35%～36.5%。可食率

92.55%。核较大，纺锤形。据山西农业科学院园艺研究所测定，单果质量16.1克，核质量1.2克，核尖较长，核纹深，核面粗糙，含仁率较高。

孔府酥脆枣树结果早，早丰性强。据陕西清涧县洲洋公司苗圃地调查，1年生酸枣实生丰嫁接苗，当年结果株率达41.67%，单株最多结果27个。坐果率高，丰产，产量稳定。在原产地4月中旬萌芽，5月中旬始花，8月中下旬果实成熟。果实生育期85天左右。果实抗病性强，一般年份裂果极少。

（3）适栽地区、地域。孔府酥脆枣适应性强，果实成熟较早，一般年份裂果极少，适宜北方地区栽培。

**15. 疙瘩脆**

（1）品种来源。疙瘩脆起源于山东中南部的泰安、长清、宁阳、济宁、曲阜、滕县等地。多为庭院零星栽培，也有小片集中栽培的，为原产地的鲜食优良品种。栽培历史悠久。由山东农业科学院果树研究所1990年选定。疙瘩脆又名大铃枣、大脆枣。

（2）品种性状。疙瘩脆树势中等强，树体较大，干性较强，枝条中度密，树冠自然半圆形或圆头形，树姿开张。在立地条件良好的情况下，23年生树干高3米，干周75厘米，树高8米，冠径6~7米。主干灰褐色，树皮粗糙，易剥落。枣头生长势强，紫褐色，一般生长量60厘米以上，二次枝自然生长4~6节，针刺不发达。枣股粗大，最长3厘米左右，持续结果能力达12年之久。抽吊力弱，平均每股抽生2~3吊。枣吊粗而较长，一般长17~32厘米，常有二次生长。叶片大，阔卵形，叶厚，深绿色，叶长5.4~7.5厘米，宽3.2~3.9厘米，先端渐尖，叶基圆形或楔形，叶缘锯齿细而较密。花量多，一般每花序着花7~10朵，最多达20朵。花中等大，花径7毫米左右，昼开型，蜜盘杏黄色。

疙瘩脆果实较大，短椭圆形或倒卵形，纵径3.7~4.6厘米，横径2.9~3.3厘米，一般果重12~15克，大小不均匀。果梗短而粗，梗洼窄而较深。果顶平，柱头遗存。果皮较厚，紫红色，果面不平滑，有块状隆起，呈疙瘩状果点小而密，不明显。果肉厚，白色，肉质松脆，甜味浓，略酸，汁液中等多，品质上等，适宜鲜食。

疙瘩脆鲜果含可溶性固形物33%~36%。可食率96.3%。核小，短纺锤形，核面粗糙，核纹深，含仁率较高。

疙瘩脆树结果较迟，一般栽后3~4年开始结果，早熟丰性较强，10年左右进入盛果期，产量较高而稳定，成龄树株产鲜枣50~60千克。在原产地4月中旬萌芽，5月中旬始花，9月上旬果实成熟。果实生育期90天左右。果实抗病性强，一般年份裂果极少。

（3）适栽地区、地域。疙瘩脆树体抗病性强，适应性广，成熟期早，适宜在北方宜枣地区栽培。

**16. 蜂蜜罐**

（1）品种来源。蜂蜜罐枣原产于陕西大荔县官池、北丁、中草一带，栽培数量不多。

（2）品种性状。蜂蜜罐枣树势较强，树体中等大，干性较强，树冠自然圆头形，树姿半开张。30年生树的树高5~6米，冠径4~5米。主干灰褐色，皮裂中度深，不易脱落。枣头戏红褐色，萌发力中等，生长势中等，平均生长量30~50厘米，节间长5厘米左右，二次枝自然生长3~8节，针刺不发达。皮目中等大，椭圆形，分布中度密，稍凸起。枣股较粗大，圆柱形，能持续结果13年左右。抽吊力较强，一般每股抽生3~5吊。枣吊长11~20厘米。叶片小而较厚，深绿色，卵状披针形，叶长2.5~5厘米，宽1.2~2.6厘米，先端渐尖，叶基圆形或宽楔形，叶缘锯齿较细、较密。花量多，花较小，夜开型。蜜盘小，杏黄色。

蜂蜜罐枣的果实较小，近圆形，纵径2.5厘米，横径2.4厘米，平均果质量7.7克，最大果11克，大小较均匀。果梗短而较细，梗洼中度广、中等深。果顶平或微凹，柱头遗存。果皮薄，鲜红色，果面不平滑，有纵状隆起。果点小而密，圆形，浅黄色。果肉较厚或中等，绿白色，肉质致密，细脆，味甜，汁液较多，品质上等，适宜鲜食。

蜂蜜罐鲜枣含可溶性固形物25%～28%。可食率93.77%。核较大，短倒卵形，纵径1.1厘米，横径0.8厘米，核质量0.5克，核尖短，核纹中深，含仁率高，种仁较饱满。

蜂蜜罐枣树结果早，产量中等。在山西太原地区4月中旬萌芽，5月底始花，9月20日前后果实脆熟，10月中旬落叶。年生长期180天左右，果实生育期100天左右。

（3）适栽地区、地域。蜂蜜罐枣树适应性强，品质优良。20世纪50年代末至80年代初，江苏南京、安徽、山西太谷等地引种栽培，均表现良好，宜枣地区均可栽植。不宜大规模栽培，可作育种亲本材料。

**17. 冷枣**

（1）品种来源。冷枣原产于江苏南京郊区。栽培数量不多，多为零星栽植树。栽培历史不详。

（2）品种性状。冷枣树势较强，树体中等大，枝条细而较软，容易弯曲下垂，树冠自然半圆形，树姿开张。主干灰褐色，皮裂细而深，不易剥落。枣头萌发力强，紫褐色，节间一般长6～7厘米，二次枝自然生长5～6节，针刺不发达。皮目较大，微凸，分布较密。枣股较细而长，圆柱形，抽吊力强，每股抽生4～5吊。枣吊长15.1厘米，在产地易发生二次生长。叶较小，宽披针形，深绿茶色，叶长4.2～5.2厘米，宽2.2～3厘米，先端印尖，叶基圆形，叶缘锯齿细，中度密。花量多，每花序平均着花8.5朵。花小，花径6毫米左右，昼开型。蜜盘小，浅黄色。

冷枣的果实小，柱形，纵径3.4厘米，横径2.2厘米，平均果质量9.2克。果梗强而短，梗洼窄而较深。果顶微凸，柱头遗存。果皮薄，浅红色，果面平滑。果点小而密，圆形，浅黄色，不明显。果肉厚，绿白色，肉质细而脆嫩，甜味浓，汁液多，口感好，品质上等，适宜鲜食。

冷枣果实可食率94.1%。鲜枣含维生素C 364.8毫克/100克。核小，纺锤形，纵径1.8~2.2厘米，横径0.6~0.7厘米，核质量0.55克。另据山西农业科学院园艺研究所枣品种园的调查，冷枣的可食率为96.83%。核纹浅，含仁率高。

冷枣结果早，产量较高而稳定。在原产地4月上旬萌芽，5月中旬始花，9月上旬果实成熟。果实生育期100天左右。在山西太原地区4月中旬萌芽，5月下旬始花，9月中旬果实成熟，10月中旬落叶，年生长期185天左右，果实生育期95天左右。

（3）适栽地区、地域。冷枣树适应性强，品质好，成熟较早，宜枣地区均可栽植树。

**18. 金铃圆枣**

（1）品种来源。金铃圆枣原产于辽宁朝阳市，是1993年9月在资源调查中发现的优良单株。通过10年的观察和无性系繁殖试验，性状稳定，2002年9月通过辽宁省科技成果鉴定，辽宁省林木品种审定委员会审定。

（2）品种性状。金铃圆枣树势强健，树体高大，干性强，枝条密，树冠自然圆头形或半圆形，主枝开张角度60°左右。100年生左右的母树干高1.8米，干周1.45米，树高12.77米，冠幅9.5米×8.2米。主干灰褐色，皮裂粗深，易剥落。枣头红褐色，生长势较强，9年生树的枣头平均生长量82厘米，节间长7.9厘米，针刺较发达。枣股中等大，老龄枣股平均长2.3厘米，粗1厘米，抽吊力较强，每股平均抽生3.8吊。枣吊平均长25.5厘米，叶片较大，长卵形，深绿色，叶长5.1厘米，宽3.1厘米，花量较多，每花序平均着花6.9朵。

金铃圆枣的果实大，近圆形，纵径4.25厘米，横径3.93厘米，平均果质量26克，最大75克。梗洼窄而深，果顶平，柱头遗存。果皮薄，鲜红色。果点小，不明显。果肉厚，绿白色，肉质致密，味甜，汁液多，品质上等，适宜鲜食。

金铃圆枣鲜果含可溶性固形物39.2%，总糖32.32%，总酸0.39%。可食率96.73%。核小，短纺锤形，纵径2.15厘米，横径0.89厘米，核质量0.85克。

金铃圆枣树结果早，定植后第2年开始结果，平均株产鲜枣0.6千克。早丰性强，6~9年即进入盛果期，9年生树平均株产鲜枣21.5千克，最高株产31千克，母树产鲜枣60千克。在原产地5月初萌芽，5月末始花，6月中旬盛花，7月12日左右终花，9月初果实着色，9月下旬脆熟，10月15—25日落叶。年生长期165~170天，果实生育期100天左右。

（3）适栽地区、地域。金铃圆枣为鲜食优良品种，抗寒、抗旱、耐瘠薄。1990年1月31日产地最低气温下降到-34.4℃，2000—2001年边疆出现罕见低温，当地主栽品种大平顶2年生幼树地上部全部冻死，而金铃圆枣母树和嫁接的幼树均未发生冻害。朝阳市年均降水量472毫米，1999—2002年连续4年大旱，2002年农作物几乎绝收，而金铃圆枣在没有灌水的条件下仍生长正常，获得丰收。在辽西丘陵土层薄、肥力差、土壤有机质含量只有0.6%的山坡地栽植，生长结果正常。在北方年均气温8℃以上，绝对最低气温不低于-30℃的地区均宜栽培。

**19. 美蜜枣**

（1）品种来源。美蜜枣原产于山西太谷县里美庄村。栽培不多，栽培历史不详。

（2）品种性状。美蜜枣树势中等，树体较小或中等大，干性强，枝条细而中度密，树冠圆锥形，树姿直立。萌蘖力强，苗木生长中等，1 年生根蘖苗平均苗高 55.2 厘米，根径 0.92 厘米。19 年生树干高 1.1 米，干周 49 厘米，树高 8 米，冠径东西 4.27 米，南北 3.75 米。主干灰褐色，皮裂较浅，较易脱落。枣头红褐色，萌发力较弱，生长势中等，平均生长量 51.19 厘米，着生永久性二次枝 6 个左右，节间长 7.2 厘米，二次枝自然生长 5～6 节，针刺细而发达。皮目小而密，卵圆形，凸起，开裂，灰白色。枣股小，抽吊力较强或中等，每股平均抽生 3.53 吊。枣吊细而中等长，平均长 15.79 厘米。叶处小而薄，卵状披针形，绿色，叶长 5.2 厘米，宽 2 厘米，先端渐尖，叶基圆形，叶缘锯齿密而较粗。花量多，每吊平均着花 70～100 朵，每花序平均 6～7 朵。花小，零级花花径 6.52 毫米，1 级花花径 5.48 毫米。蜜盘小，浅黄色。

美蜜枣的果实较小，柱形，纵径 3.4 厘米，横径 2.4 厘米，平均果质量 10.5 克，大小不均匀。果皮薄，浅红色，果面光滑。果点小而密，浅黄色，不明显。果梗细而长，梗洼中度广、深。果顶尖，柱头遗存。果肉厚，白色，肉质细嫩而脆，味甜微酸，汁液多，品质特上，口感特好，适宜鲜食。

美蜜枣的鲜果含可溶性固形物 30%，单糖 22.88%，双糖 4.14%，总糖 27.02%，酸 0.56%，糖酸比 48.68：1。含维生素 C 336.9 毫克/100 克，钙 0.246%，镁 0.057%，锰 3.85 毫克/千克，锌 5.054 毫克/千克，铜 2.364 毫克/千克，铁 35.579 毫克/千克。酒枣含可溶性固形物 40.2%，单糖 26.68%，双糖 3.78%，总糖 30.46%，酸 0.77%，糖酸比 39.61：1。含维生素 C 8.3 毫克/100 克。核小，纺锤形，核尖较长，核面较粗糙。

美蜜枣树结果较迟，根蘖苗一般第 3 年开始结果，15 年后进入盛果期，坐果率较低，当年枣头吊果率 5.26%，2 年生枝吊果率 27.18%，3 年生枝吊果率 16%，坐果部位为 1～13 节，主要坐果部位在3～6节，占坐果总数的57.94%。产量中等，不够稳定，19年生树平均株产鲜枣7.5～10千克，成龄大树一般株产鲜枣15～20千克。

美蜜枣树在山西太谷4月中旬萌芽，5月下旬始花，6月上中旬盛花，6月底终花，8月底果实着色，9月中旬脆熟，10月中旬落叶。年生长期180天左右，果实生育期95天左右。枣吊生长高峰期在4月25日至5月25日，占总生长量的70.8%，5月25日至6月15日，占总生长量的87.38%，6月15日后缓慢生长，6月下旬停止生长。

（3）适栽地区、地域。美蜜枣适应性较强，成熟期较早，品质特上，适宜北方枣区的城郊和工矿区栽培。

**20. 郎家园枣**

（1）品种来源。郎家园枣原产于北京朝阳区郎家园一带，过去北京东郊栽培较普遍。因产量低，未能规模发展，目前多为庭院零星栽种。

（2）品种性状。郎家园枣树势较强，树体中等大，干性较弱，树姿开张，树冠多呈自然半圆形（引到山西太原后表现干性强、树姿直立）。生长在北京东郊40～50年生树，干高1.8米，干周67厘米，树高5～6米，冠径4.8米左右。主干灰褐色，皮裂中深，不易剥落。枣头红褐色，生长较细，节间长4～7厘米，针刺不发达。皮目中等大，分布较稀，圆形，凸起，开裂。枣股较小，圆柱形，老龄枣股长1.6厘米左右，粗0.9厘米左右，寿命8～10年，抽吊力中等。每股抽生2～4吊。枣吊一般长16～20厘米，节间长1～2厘米。叶中等大，卵状披针形，绿色，叶长5.3～6.3厘米，宽2.6～2.8厘米，先端渐尖或印尖，叶基圆形或阔楔形，叶缘锯齿浅而较密。花量多，花小，花径6毫米左右，花夜间蕾裂。蜜盘浅黄色。

郎家园枣果实小，长圆形，纵径2.82厘米，横径2.09厘米，平均果质量5.63克，最大果7克左右，大小较均匀。果梗中等粗，长4～5毫米，梗洼中度广、中等深。果顶平，柱头遗存。果皮较薄，深红色，果面平滑。果点小，分布中度密，不明显。果肉厚，绿白色，肉质细嫩酥脆，甜味浓，汁液多，品质上等，适宜鲜食。

郎家园枣鲜果含可溶性固形物35%，酸0.66%。可食率95.7%。核小，纺锤形，纵径1.5～1.8厘米，横径0.5～0.6厘米，核质量0.24克，核纹细而浅，含仁率高。

郎家园枣结果早或较早，坐果率低，产量不高，成龄大树平均株产15千克左右。在北京产区果实9月上旬着色采收。果实生育期90～95天。

（3）适栽地区、地域。郎家园枣适应性强，抗裂果，品质好，北方宜枣地区均可栽植。

**21. 槟榔枣**

（1）品种来源。槟榔枣原产于湖南溆浦县双井张新塘、塘湾等村。栽培不多，栽培历史不详。

（2）品种性状。槟榔枣树势强，植株生长迅速，成型较快，树体较大，枝条较稀，树冠自然半圆形，树姿开张。20年生树干高1.1米，干周78厘米，树高7.8米，冠径6.3～7.2米。主干灰褐色，皮裂深，易剥落。枣头生长势强，皮目大，分布稀，二次枝自然生长3～8节，针刺发达。枣股中等大，圆柱形，寿命14年左右。抽吊力弱，平均每股抽生2.4吊。枣吊长17.1厘米，节间长1.4厘米。叶片小，卵圆形，绿色，叶长4～4.9厘米，宽2.4～2.5厘米，先端印尖，叶基阔楔形，叶缘锯齿较细而密。花量多，每花序平均着花7.8朵，最多12朵，夜开型。

槟榔枣果实中等大，短梭形，纵径3.9～5厘米，横径2.8～3.2厘米，平均果质量11.1克，最大果18.9克。果顶微凹，梗洼窄而深。果皮中等厚，紫红色，果肉较厚，绿白色，肉质松脆细嫩，味甜，汁液多，品质上等，适宜鲜食。核中等大或较小，纺锤形，核面粗糙，核尖中长，含仁率低。

槟榔枣结果较迟，根蘖苗栽植后 3 ~4 年开始结果，15 年左右进入盛果期，产量高，20 年生树产鲜枣 75 千克。在产地 4 月中旬萌芽，5 月下旬始花，8 月下旬果实成熟，11 月初落叶。年生长期 195 ~200 天，果实生育期 85 ~90 天。

（3）适栽地区、地域。槟榔枣树适应性强，为湖南地方鲜食优良品种。引进山西中部栽培，生长和结果表现良好。在宜枣地区均可栽植。

**22. 大城苹果枣**

（1）品种来源。大城苹果枣原产于河北大城县。栽培不多，栽培历史不详，尚有 300 多年生大树仍在结果。

（2）品种性状。大城苹果枣树势较强，树体高大，枝条密，树冠圆头形，树姿开张。300 多年生树干周 1.63 米，树高 9.5 米，冠径 9 米。主干灰褐色，皮裂深，易剥落。枣头萌发力强，生长较粗壮，红褐色，针刺较发达。皮目圆形，灰白色，分布均匀。枣股大，圆柱形，老龄枣股长 3.7 厘米。枣吊短，一般长 8.4 ~12.7 厘米，节间长 1 ~1.7 厘米。叶中等大，卵圆形，深绿色，叶长 4.8 厘米，宽 2.6 厘米，先端印尖，叶基圆形，叶缘锯齿粗而中度密。花量多，花小，花径 6.2 毫米。蜜盘较大，浅黄色。

大城苹果枣的果实大，近圆形或扁圆形，纵径 3.7 厘米，横径 3.9 厘米，平均果质量 23.3 克，最大果 33.2 克。果梗长，中等粗，梗洼窄而深。果顶凹，圆锥形，柱头遗存。果皮薄，浅红色，果面较光滑。果点小而圆，浅黄色，分布密。果肉厚，白色，肉质致密、酥脆，味甜，汁液多，品质上等，适宜鲜食（图 2 –5）。

大城苹果枣的鲜果含可溶性固形物 29%。可食率 95.8%。核小，纺锤形，纵径 2.3 厘米，横径 1.3 厘米，核质量 0.97 克，

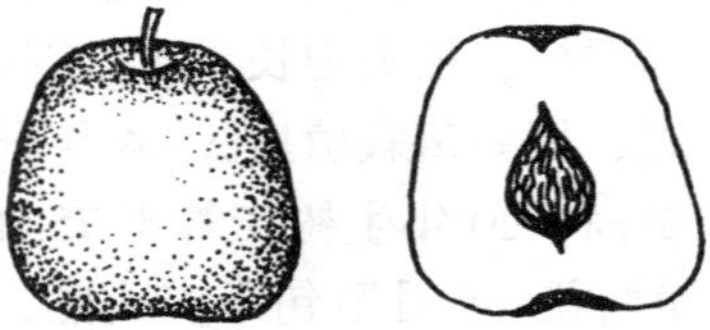

图 2-5　大城苹果枣

核尖较短，核纹中深，核面粗糙，不含种仁。

大城苹果枣树结果较迟，定植后 3～4 年开始结果，产量高而稳定。在原产地 8 月底果实成熟，果实生育期 90 天左右。

（3）适栽地区、地域。大城苹果枣树适应性较强，成熟较早，适于北方宜枣区的城郊、工矿区和庭院栽植。

**23. 鸡心蜜枣**

（1）品种来源。鸡心蜜枣原于山西太谷、临汾等地。栽培不多，栽培历史不详。

（2）品种性状。鸡心蜜枣树势较弱，树体中等，枝条较密，中央主枝生长变曲，树冠乱头形，树姿半开张。根蘖苗生长较强，1 年生苗高 84.8 厘米，根径 1.02 厘米，2 年生苗高 119.8 厘米，根径 1.6 厘米，根系发达，针刺发达。19 年生树干高 1.17 米，干周 56.67 厘米，树高 7 米，冠径东西 5.57 米，南北 5.87 米。枣头萌发力强，黄褐色，生长势中等，平均生长量 67.16 厘米，二次枝自然生长 6～7 节，针刺较发达。皮目小而中度密，圆形，凸起，灰白色。枣股小，圆锥形，抽吊力中等，每股平均抽生 2～4 吊，多为 3 吊。枣吊平均长 19.92 厘米，节间长 1.7 厘米。叶大，长卵形，叶长 7.6 厘米，宽 3.2 厘米，先端渐尖，叶基偏圆形，锯齿细而较密。花量中等多，每吊平均着花 6.7 朵。花小，零级花花径 6.56 毫米，1 级花花径 5.58 毫米。蜜盘较小，浅黄色。果实小，鸡心形，纵径 2.9 厘米，横径 2.7

厘米，平均果质量7克，大小不均匀。果梗细而短，梗洼中等广、中度深。果顶平，柱头遗存。果皮薄，鲜红色，果面光滑。果点中等大，较密，圆形，明显，浅黄色。果肉厚，浅绿色，肉质细脆，味甜略酸，汁液多，品质上等，适宜鲜食。

鸡心蜜枣鲜果含单糖21.08%，双糖7.04%，总糖28.12%，酸0.63%，糖酸比44.92∶1。可食率90%左右。含维生素C 277.31毫克/100克，钙0.524%，镁0.22%，锰4.934毫克/千克，锌9.974毫克/千克，铜2.848毫克/千克，铁23.116毫克/千克。酒枣含可溶性固形物31.2%，单糖22.41%，双糖1.39%，总糖23.8%，酸0.72%，糖酸比32.96∶1。含维生素C 15.56毫克/100克，含水量60%。核中等大或较大，纺锤形，纵径2.9厘米，横径2.7厘米，核质量0.7克，核尖较长，核面粗糙，含仁率90%左右，种仁较饱满。

鸡心蜜枣树结果较早，根蘖苗一般第2、第3年开始结果，15年后进入盛果期。坐果率高，当年枣头吊果率136.31%，2年生枝吊果率171.35%，3年生枝吊果率133.93%，坐果部位在2~14节，主要坐果部位在2~9节，占坐果总数的79.25%。产量中等，较稳定，19年生树平均株产鲜枣30千克左右，最高株产50余千克。在山西太谷4月中下旬萌芽，5月底始花，9月上旬果实着色，9月20日前后脆熟，10月10日前后落叶。年生长期173天左右，果实生育期100天左右。枣吊生长高峰期在5月1—25日，占总生长量的65.76%，5月25日后缓慢生长，7月4日停止生长。枣头生长高峰期在5月5日至6月9日，占总生长量的78%，6月9日后缓慢生长，7月15日前后停止生长。

（3）适栽地区、地域。鸡心蜜枣适应性较强，品质优良，适宜北方宜枣地区的城效、工矿区和庭院少量栽植。

**24. 铃铃枣**

（1）品种来源。铃铃枣原产于山西太谷、清徐及郊区等地。

栽培数量不多，栽培历史不详。

（2）品种性状。铃铃枣树势较强，树体中等大，干性强，枝条中度密，树冠呈圆锥形，树姿直立。萌蘖力较强，1年生根蘖苗平均苗高75.7厘米，根径0.98厘米，着生二次枝11个左右，节间长4.83厘米。19年生树干高81.67厘米，干周52.67厘米，树高7.63米，冠径东西4.6米，南北4.27米。主干灰褐色，皮裂浅，不易脱落。枣头萌发力强，红褐色，平均生长量54厘米，着生永久性二次枝4～7个，二次枝自然生长5～7节，针刺不发达。皮目中等大，分面较密，卵圆形，凸起，开裂，灰白色。枣股较小，抽吊力较强，每股平均抽生3.93吊。枣吊平均长14.75厘米。叶片小，深绿色，卵状披针形，叶长5.34厘米，宽1.7厘米，先端渐尖，叶基楔形，叶缘锯齿细而密。花量多，每吊平均着花60.1朵，每花序平均4.9朵。花小，零级花花径7毫米，1级花花径6.7毫米，花蕾在5时左右开裂。蜜盘中等大，浅黄色。

铃铃枣果实小，圆形，纵径2.3厘米，横径2.33厘米，平均果质量4.9克，大小较均匀。果皮薄，红色，果面光滑。果梗中度长、中等粗，梗洼中度广，较浅。果顶平，柱头遗存，不明显。果肉较厚，白色，肉质细脆而松，味甜，汁液多，品质上等，适宜鲜食。

铃铃枣鲜果含可溶性固形物31.2%，单糖22.88%，双糖6.13%，总糖29.01%，酸0.52%，糖酸比56.22∶1。含钙0.323%，镁0.206%，锰3.802毫克/千克，锌9.737毫克/千克，铜2.345毫克/千克，铁28.437毫克/千克。干枣含单糖73.88%，双糖2.45%，总糖76.33%，酸1.98%，糖酸比38.55∶1。含水量13.9%。核中等大或较小，卵圆形，核纹较浅，含仁率高，种仁较饱满，手握干枣摇动，可听见种仁响声，故名“铃铃枣”。

铃铃枣树结果较早，根蘖苗和嫁接苗一般第2年开始结果，15年左右进入盛果期。坐果率较高，当年枣头吊果率43.59%，2年生枝吊果率48.08%，3年生枝吊果率66.17%，坐果部位在1~11节，主要坐果部位在1~9节，占坐果总数的95.1%。在山西太谷4月中旬萌芽，5月下旬始花，6月上中旬盛花，6月底终花，8月19日前后果实着色，9月中旬脆熟，10月中旬落叶。年生长期178天左右，果实生育期95天左右。枣吊生长高峰期在4月25日至5月25日，占总生长量的84.6%，5月25日后缓慢生长，6月上旬基本停止生长。枣头生长高峰在5月1日至6月4日，占总生长量的85.18%，6月4日后缓慢生长，6月中旬停止生长。

（3）适栽地区、地域。铃铃枣树适应性较强，适宜北方宜枣地区的城郊、工矿区和庭院栽植。

**25. 甜酸枣**

（1）品种来源。甜酸枣原产于山西交城县田家山村。是当地的主栽品种之一。栽培历史不详。

（2）品种性状。甜酸枣树势较强，树体中等大，干性弱，枝条较密，树冠呈半圆形，树姿半开张。萌蘖力特强，根蘖苗生长旺，1年生根蘖苗高97.4厘米，根径0.76厘米，有永久性二次枝10个左右，针刺发达。19年生树干高82.6厘米，干周48.6厘米，树高7.78米，冠径东西5.54米，南北5.25米。主干灰褐色，皮裂较浅，较易脱落。枣头红褐色，萌发力较强，生长中等，平均生长量46厘米，针刺发达。皮目大，分布中度密，圆形，凸起，开裂，灰白色。枣股中等大，抽吊力中等，每股抽生2~5吊，多为3吊，枣吊长15~17厘米。叶片中等大，绿色，长卵形，叶长5.07厘米，宽2.74厘米，叶端渐尖，叶基圆形。花量中等多，每吊平均着花58朵，每花序平均4.8朵。花较大，零级花花径7.8毫米，1级花花径6.55毫米。蜜盘较大，杏黄色，昼开型。

甜酸枣果实较小，椭圆形，纵径3.1厘米，横径2.6厘米，平均果质量8.7克，大小均匀。果皮中等厚，深红色，果面光滑。果顶平，柱头遗存。梗洼中度广、中等深。果肉中等厚或较薄，白色，肉质较松，味甜酸，汁液中等多，品质中等，适宜鲜食。

甜酸枣鲜果含可溶性固形物30%，单糖14.93%，双糖10.43%，总糖25.36%，酸0.87%，糖酸比29.13：1。可食率92.53%。含维生素C 599毫克/100克，含水量63.6%，钙0.479%，镁0.228%，锰4.298毫克/千克，锌9.353毫克/千克，铜2.68毫克/千克，铁25.278毫克/千克，每克鲜枣果肉含环磷酸腺苷11.25纳摩尔。干枣含可溶性固形物71.5%，单糖58.84%，双糖2.26%，总糖61.09%，酸1.88%，糖酸比32.57：1。含维生素C 26.55毫克/100克，钙0.203%，镁0.089%，锰6.589毫克/千克，铜1.021毫克/千克，铁39.962毫克/千克，每克干枣果肉含环磷酸腺苷26.16纳摩尔。核较大，纺锤形，纵径2.11厘米，横径0.87厘米，核质量0.65克。核面较粗糙，含仁率高，种仁较饱满。

甜酸枣树结果较早，根蘖苗一般第2年开始结果，15年后进入盛果期。坐果率高，当年枣头吊果率100.29%，2年生枝吊果率88.68%，3年生枝吊果率86.71%。坐果部位在1～14节，主要坐果部位在2～10节，占坐果总数的81.01%。坐果部位在1～14节，主要坐果部位在2～10节，占坐果总数的81.01%。较丰产，产量稳定，19年生树平均株产鲜枣28.05千克，最高株产34.25千克。在山西太谷4月中旬萌芽，5月下旬始花，6月上旬盛花，6月底终花。8月25日前后果实着色，9月中旬脆熟，10月中旬落叶。年生长期175天左右，果实生育期100天左右。枣吊生长高峰期在4月25日至5月20日，占总生长量的76.83%，5月25日后缓慢生长，6月29日前后停止生长。枣头生长高峰期在5月1—25日，占总生长量的85.15%，5月25日后缓慢生长，6月29日前后停止生长。

（3）适栽地区、地域。甜酸枣树的适应性强，有开发价值，适宜北方宜枣地区栽植。

**26. 榆次牙枣**

（1）品种来源。榆次牙枣原产于山西榆次东赵、西赵、小白、训峪等地。栽培较少，以东赵村栽培较集中。栽培历史不详。

（2）品种性状。榆次牙枣树势较强，树体高大，枝条较密，干性弱，中心主枝自然弯曲生长，树冠乱头形，树姿开张。萌蘖力特强，苗木生长较旺，1年生根蘖苗平均高89厘米，干径1.19厘米，平均着生二次枝9个左右，节间长5.86厘米。19年生树干高1.62米，干周63.17厘米，树高7.38米，冠径东西7.63米，南北7.75米。枣头红褐色，萌发力较强，平均生长量80.58厘米，着生永久性二次枝5～6个，节间长9～10厘米，二次枝自然生长5～6节，针刺细而较长。枣股中等大，圆锥形，抽吊力中等，每股平均抽生3.37吊。枣吊平均长16.67厘米。叶片中等大，长卵形，深绿色，叶长5.4厘米，宽2.85厘米，先端渐尖，叶基圆形。花量中等多或较少，每吊平均着花45.5朵，每花序平均4.3朵。花较大，蜜盘中等大，橘黄色。

榆次牙枣果实较小，柱形，纵径3.2厘米，横径2.1厘米，平均果质量7.8克。果梗短，中等粗，梗洼窄而深。果顶平，柱头遗存，不明显。果皮薄，鲜红色，果面光滑，果点小而密，浅黄色，不明显。果肉中等厚，绿白色，肉质细而松，味甜，汁液中等，品质上等，适宜鲜食。

榆次牙枣鲜果含可溶性固形物36%，单糖13.41%，双糖14.32%，总糖27.7%，酸0.79%，糖酸比35.06：1。可食率90%。含维生素C 358.4毫克/100克，钙0.427%，镁0.232%，锰4.518毫克/千克，锌9.702毫克/千克，铜2.848毫克/千克。

酒枣含可溶性固形物35.1%，单糖26.78%，双糖0.64%，总糖27.42%，酸0.82%，糖酸比33.36：1。含维生素C 7.78毫克/100克，含水量60.63%。核较大，纺锤形，纵径2.4厘米，横径0.8厘米，核质量0.7克，核纹较深，核面较粗糙，含仁率较高，但种仁不饱满。坐果率中等，当年生枣头吊果率25%，2年生枝吊果率57.58%，3年生枝吊果率64.46%，坐果节位在1～13节，占坐果总数的88.39%。

榆次牙枣的产量较高，且稳定，19年生树平均株产鲜枣25.85千克。采前落果较严重，占总产量的33%左右。在山西太谷4月中旬萌芽，5月下旬始花，7月上旬终花，8月下旬果实着色，9月20日左右成熟，10月10日前后落叶。年生长期176天左右。枣吊生长高峰期在4月25日至5月25日，占总生长量的79.78%，5月25日后生长缓慢，6月15日前后停止生长。枣头生长高峰期在5月初至5月25日，占总生长量的82.89%，5月25日后生长缓慢，6月上旬停止生长。

（3）适栽地区、地域。榆次芽枣树适应性较强，产量较高，品质好，适宜北方宜枣地区的城郊和房舍四旁少量栽植。

**27. 桐柏大枣**

（1）品种来源。1982年在河南桐柏县果园乡发现，1983年定名。

（2）品种特性。果实近圆形，特大，纵径5.1厘米，横径5厘米，单果质量30克左右，最大80克。果皮色泽鲜亮，肉厚，质脆而甜，鲜食口感好，鲜枣肉每百克含糖25.8克，维生素C 458.2毫克，有机酸0.32克。核小，鲜核质量3克左右。果实9月下旬成熟，果实发育期110天左右。

该品种对气候、土壤适应性较强，抗旱，抗涝，耐瘠薄，耐盐碱，生长期能耐43℃的高温，休眠期能抵御－32℃的低温，抗风力较弱。进入结果期早，极丰产、稳产。

**28. 无核脆枣**

（1）品种来源。山东省枣庄市薛城区园艺研究所从当地无核的枣树单株中选出的优系。2000 年 9 月通过枣庄市果树专家组验收，为暂定名。

（2）品种特性。树体中等，树姿开张，树冠自然圆形。树势中庸，发枝力强。托叶刺中等，长度 0.4～1.0 厘米。叶椭圆形，浅绿色，中厚。果实长圆形，果面平整，平均单果质量 16.9 克，最大 39 克，大小较整齐。果柄较长，果皮中厚，色泽鲜红，有亮泽，不裂果。果肉黄白色，质地致密，汁液中多，味甜，含可溶性固形物 35.6%、总糖 19.13%、酸 0.21%、维生素 C 486 毫克/100 克，鲜食品质上等。核退化或革质，可食率近 100%。9 月中下旬果实成熟，果实发育期 100 天左右。

该品种耐瘠薄，沙质土、黏质土、低洼盐碱地及山坡、丘陵、平原等均适宜种植，能够在 pH 值为 5.5～8.2 的条件下正常生长，在土壤含盐 0.4% 的条件下仍能忍耐生长。在肥沃土壤中，树冠高大，产量高而稳定。进入结果期较早，果实甜脆可口，无核，宜鲜食，具有较高的开发价值。

**29. 早脆王**

（1）品种来源。河北省沧县在 1988 年枣树资源普查中发现的优良单株，1989 年开始在该县枣良繁基地对其进行保存和栽培研究，后经同行专家鉴定，被命名为早脆王。

（2）品种特性。树体中等，树势中强，树冠自然圆头形，树干黑褐色，当年生枝红褐色，萌芽力中等。幼树和徒长枝有托叶刺，后渐脱落。枣股萌生枣吊能力强，每股平均抽生枣吊可达 7 个，枣吊粗壮，平均长度 25 厘米。枣花一般上午 10 时左右裂蕾。果实卵圆形，平均单果质量 25 克左右，最大 87 克，整齐度高。果皮光洁，鲜红。果肉酥脆，甜酸多汁，脆嫩爽口；有清香味，品质佳。含糖 39% 左右，含维生素 C 可达 497 毫克/100 克，可食率96.7%。9月初前后果实进入脆熟期，果实发育期90～95天。

该品种抗旱耐涝，抗盐碱，耐瘠薄，进入结果期早，丰产，无大小年现象，是优良的早熟鲜食品种。

**30. 莒州贡枣**

(1) 品种来源。原产莒县峤山镇鸡兰村，数量稀少。莒县林业局进行了扩繁推广，1997年通过山东省日照市科学技术委员会鉴定。

(2) 品种特性。树势强，萌芽率高，成枝力强，细弱枝少，发育枝平均长度73.2厘米，二次枝多且粗壮，3年以上的枝条托叶刺退化，部分枣吊分叉生长。叶片披针形，平均叶长6.2厘米、宽2.7厘米。果实扁圆形或圆形，横径微大于纵径，平均单果质量27.6克，最大65克，较均匀整齐，无畸形果。成熟果呈赭红色，富有光泽。果肉淡绿色，致密脆硬，汁液中多，甜脆爽口，可溶性固形物含量31.8%。果核呈三角形，有1枚种子，种子饱满率93%。可食率97%。

该品种对土壤要求不严，在瘠薄山地粗放管理的条件下生长结果正常，采收前遇雨无裂果现象。自花结实率高，枣头枝结果力强，早期丰产性能优良。为晚熟鲜食优良品种。

**31. 六月鲜枣**

(1) 品种来源。山东省宁阳县选育的特早熟枣品种。

(2) 品种性状。果实中大，有长椭圆形、卵圆形、倒卵形等多种，大小较整齐，平均单果质量13克，果面不平，果皮较厚，紫红色，果肉白绿色，汁液中多，甜味浓，具酸味，可食率96%以上。鲜枣含可溶性固形物22.5%～36%，鲜食品质上等。在枣庄果实8月下旬进入脆熟期，9月上中旬完熟。主供中秋节市场。

该品种树体较小，树势偏弱。树冠自然半圆形，发枝力中等。结果较早，嫁接后第2年开始结果，第3年结果枝平均坐果1～1.2个。适应性较差，要求深厚肥沃的土壤条件。坐果要求高温，若日均温低于24℃，坐果不良。成熟期遇雨不裂果。

**32. 红大1号**

（1）品种来源。1997年9月，通过果农报信，在枣庄市市中区光明路街道插柱子山枣园发现1株'泗洪大枣'的变异单株，其与原品种的主要区别是无枝刺、果型较大、果面光滑。1998年确定为优良单株，同时进行品种对比试验。经过5年连续多代高接试验和植苗建园试验，证明其性状遗传稳定，2003年暂定名为'洪大1号'。2004年12月，该品种通过枣庄市科技局组织的鉴定并定名为'红大1号'，获2005年度枣庄市科技进步奖三等奖。后经国内各地引种试栽，该品种均表现出较强的适应性和遗传稳定性。2006年9月，该品种列入国家级星火计划。2007年4月，新疆阿克苏农一师一团陈平华先生将'红大1号''伏脆蜜''长红枣1号'引入新疆栽培。新疆塔里木大学冯一峰先生，在进行"新疆引进优良鲜食枣品种的评价与筛选"研究中，对'京枣39''伏脆蜜''阜香''乐金一号''早脆王''骏枣优系''月光''阜帅''无核丰''红大1号'（'红大一号'）10个枣品种进行多年栽培试验，结果表明，从产量、果实品质以及果树抗性等综合方面来评价，'红大1号'和'伏脆蜜'为新疆近年来引进的枣品种中表现最好的品种。

（2）品种性状。树势强健，干性和发枝力均较强，幼树直立生长性强，中干粗壮，树姿直立，结果以后略开张。树体结构紧凑，成龄树高3.5米以上，冠幅3米左右。树形为自然长圆头形，适合密植。幼树期无针刺，2次枝较为发达，枣吊较长。叶片中大，叶面平整，深绿色，质地革质无毛，多为卵状宽披针形。花量大，花序着花4～7朵，花较大，一般直径6～7毫米，花蕾浅绿色，五棱形，为两性完全花，初开时蜜盘浅黄色，花粉量较大。

幼树结果较晚，一般定植第2年始花，第3年株产1～3千克，第4年株产5～7千克，第5年株产12～22千克。幼树枣头生长势旺，以2年生以上枣股萌发的枣吊开花结果为主。花量较大，花期对温度的需求为普通型，自花结实能力中等，坐果力中等，异花授粉能明显提高坐果率。枣吊通常结枣1～3个，较丰产。采用酸枣砧木嫁接苗建园后不易发生根蘖。

果实大果型，较整齐，果形圆桶形，果肩稍收狭，单果重43～72克。果柄较短，约有2毫米。果顶广圆，顶点凹进，部分凹陷较明显者状如佛手瓜。果皮绿黄色，脆熟期果皮绿白色，阳面着赭红色，着色面55%以上，较美观。成熟期9月中旬，采前裂果轻，肉质松脆无渣，汁液中等，鲜果含可溶性固形物26%～32%，品质上等。适于鲜食和加工。

在山东枣庄4月下旬萌芽，5月下旬始花，6月中旬盛花期，9月中旬成熟，12月上旬落叶。

该品种适应性强，抗旱、耐瘠薄、较抗寒，在肥厚的土壤条件下建园要注意控制早期生长势，以促进其提前结果。病虫为害较少。

**33. 晋园红枣**

（1）品种来源。2000年春，山西省农业科学院园艺研究所枣育种课题组在木枣产区柳林县进行枣资源调查，结果发现了1株100年以上的老树，树高约7米，冠径7米×8米，依然可以结果，所结果实大、晚熟、品质较好，其树体状况、生长结果习性和植物学性状与当地木枣相似，但果实大小、枣果成熟期等部分性状有较大差异，经过多次实地调查和查阅文献资料，初步确认该老树是木枣的1株变异品系。2001年春采集接穗，引入山西省农业科学院园艺研究所枣良种资源圃高接于5年生骏枣树上，2006年分别在山西省方山县布点区试，同年在柳林、陕西吴堡等地扩大试栽，从各地连续几年的观察结果来看，所培育的结果树与变异母树有相同的结果性状和果实性状。突出表现为：结果早、早期丰产、果实大、晚熟抗裂果、品质优良、耐贮运、抗病。其是制干品种中一个有发展前景的变异类型，2014 年 11 月通过了山西省林木品种审定委员会的审定，定名为晋园红（编号：晋 S－SC－ZJ－019－2014）。

（2）品种特性。树体中等大小，树姿半开张，干性较强。多年生树干浅灰褐色、粗糙，主干皮裂为条状纵裂。枣头枝较粗壮，皮色为红褐色，针刺长 0.2 厘米，中等发达或不发达，皮目中密、较小、圆形或椭圆形、突起、开裂、灰白色。当年生枣头枝平均生长量 79 厘米，粗度 1.25 厘米，枣头节间长 7.2 厘米，二次枝数量 8～11 个。二次枝曲折度小，二次枝自然生长节数 6～10 个，结果有效节数 3～7 个。枣股中大、抽吊力中等，1 年生枣股为 1 个枣吊，2～3 年生 2.52 个枣吊，多年生枣股平均抽吊 3.5 个左右。枣吊中长、中粗，平均长 18.5 厘米，着生叶片数 13.8 个，主要结果部位 2～6 节。叶片较大、中厚、长卵形、深绿色。该品种平均叶长 7.1 厘米，叶宽 3.6 厘米，叶尖渐尖，叶基偏圆形，叶缘锯齿浅而较密。每花序着花 5～7 朵，每吊平均着花 54.8 朵，花较大，蜜盘中大、浅黄色，花径 6.1 毫米，雄蕊 5 枚，花瓣和萼片各 5 片，为昼开型。

果实大，长卵形，平均纵径为 4.64 厘米，横径为 3.31 厘米，侧径为 2.97 厘米，平均单果质量为 21.6 克，大小较均匀。果梗短而中粗，梗洼深度中、广度中。果顶平，柱头遗存，不明显。果皮中厚，深红色，果面光滑。果点小而密、圆形、浅黄色。果肉厚，绿白色，肉质较细，致密中等。味甜微酸，汁液较多，品质中上，适宜制干，制干率 73.2%。鲜枣可食率 97.4%，含可溶性固形物 28%，含水量 65.47%，可溶性糖 26.72%，可滴定酸 0.63%，氮 0.999%，磷 0.123%，钾 0.578%，铁 13.7 毫克/千克，锌8.91毫克/千克，钙723毫克/千克，镁422毫克/千克，蛋白质1.06%，维生素C 430.5毫克/100克。干枣含水量40.0%（半干枣），含可溶性总糖46.3%，可滴定酸0.58%，氮0.970%，磷0.123%，钾0.592%，铁10.5毫克/千克，锌4.6毫克/千克，钙1 131毫克/千克，镁600毫克/千克。核小，细长纺锤形，纵径2.92厘米，横径0.74厘米，平均核质量0.75克。核尖长，核纹中深，核面较粗糙，不含种仁。

经多年系统观察，该品种在山西柳林地区4月12日左右萌芽，5月上旬枣头枝进入旺盛生长期，5月下旬为初花期，6月上旬进入盛花期，9月上旬为枣果白熟期，10月上旬进入脆熟期，10月中旬枣果全红完熟，之后枣果果肉开始变软进入完熟后期。落叶期为11月上旬。营养生长天数为195天，果实生育期在120天左右，比木枣成熟期推迟了15天左右。

萌芽力较强，顶端优势明显，发枝力较弱，主要表现为树冠较稀疏，冠径中大。经连续多年调查，其股吊率和果吊率较高，以2～3龄幼龄枝的枣吊中部结果为主，满足了早期结果和丰产的基本条件。自然状态下果吊率为0.5，开花后果吊率可提高到1.5以上。多年的早期丰产性能调查结果表明，该品种定植当年开花株率达31.2%，2年生为62.5%，3年生时93%以上的植株开花并迅速进入结果期，平均株产2千克，最高可达4千克。5年后进入盛果期，开始大量结果，平均株产12.5千克，以后逐年递增，10年生树株产达21.2千克，最高30.5千克。

在山西柳林、方山以及陕西吴堡地区的气候、土壤条件下树体生长发育正常，尤其是树体生长旺盛、早期丰产和果实晚熟抗裂，表现出良好的适应能力。

2007年山西省枣裂果率为90%以上，吕梁市枣裂果率为95%以上，晋园红裂果率为10%～20%。2009年柳林县主栽品种木枣裂果率为40%～50%，对照品种木枣裂果率为61.5%，晋园红裂果率仅为3.4%。2011年试验园内木枣裂果率达到73.3%，晋园红裂果率为23.3%，可见，该品种在自然条件下裂果率较木枣降低50%。另外，课题组还采用清水浸泡诱裂法进行了枣果抗裂性鉴定，室内清水诱裂48小时后，木枣裂果指数为0.547，晋园红裂果指数为0.240，裂果指数降低0.307。

**34. 哈密王枣**

（1）品种来源。对哈密大枣种植区进行品种资源普查，发现1株6年生哈密大枣枣树所结的果实具有果实大、病害轻等特性，认为是哈密大枣变异株，选为优良单株。2004年春，剪取接穗，嫁接在新疆生产建设兵团第十三师农业科学研究所试验站。2003—2007年，经系统调查，初步认为该优良单株具有结果早、果实大、丰产、果实品质优异、抗逆性较强等特性，确定为新优系，定名为哈密王枣。2007年开始在火箭农场区域试验，试栽面积扩大至8公顷，每亩栽植110株，进行适应性和性状稳定性观察，结果表明该新优系具有较强的适应性和抗逆性，尤其表现了良好的抗红蜘蛛、抗病（至目前未发生病害）、抗大风等性能，主要经济性状优异、稳定。2013年4月通过新疆林木品种审定委员会认定。

（2）品种特性。哈密王枣植物学特征与哈密大枣基本相同。成龄叶片倒卵圆形，深绿色，较大；幼叶黄绿色，上表面有光泽。花属两性完全花类型，聚伞花序，着生在叶腋处；花器由雄蕊、雌蕊、花盘（蜜盘）、花瓣、花萼、花柄等组成，花盘很大，为典型的虫媒花。

果实近倒卵圆形，平均纵径4.24厘米、横径4.23厘米。果实较大，平均单果重23.6克，最大单果重34.8克。果皮紫红色，果肩宽、圆或平圆，略耸起，有数条宽深的沟棱。梗洼广或中广，深或中等深，环洼浅而大。果顶稍瘦，平圆或广圆，略向一侧歪斜，顶点凹陷，顶洼中等广深。果肉浅绿色，肉质致密、较硬，汁液少，风味甜，鲜食、制干品质均属中上等。糖含量36.90%，可食率96.80%。鲜枣贮藏性好，在室内自然状态下可存放10天左右。哈密王枣果形与哈密大枣不同；果实比哈密大枣大，平均单果重比哈密大枣重6.5克；可食率比哈密大枣略高，糖含量明显高于哈密大枣。哈密王枣适应性强，抗寒，2012年冬至2013年春哈密王枣冻害率3.60%，对照品种哈密大枣冻害率14.50%。区域试验结果表明，在山南地区的气候条件下哈密王枣可正常生长发育，性状优异而稳定。未发生裂果，较抗裂果。

**35. 灵武长枣2号**

（1）品种来源。2001年我们在宁夏调查枣树资源，9月15日在宁夏灵武市临河镇二道沟村李宝枣园发现有几株8年生灵武长枣树所结果实的果实比灵武长枣大，而且果实的果顶凹入，枝条上的针刺特别长。这些特点与普通灵武长枣显然不同。2002年根据李宝提供的线索，到灵武市磁窑堡黎家新庄考察母树性状，母树性状与李宝家的8年生大树完全一致。2003年再次到灵武市磁窑堡黎家新庄调查栽培历史和分布区域，并确定为优良单株，称长枣2号，同时从母树上剪取接穗，繁育苗木，又挖母树的根蘖苗，建立示范园。2005年示范园枣树结果，多种性状和母树相同，3年生的示范园每亩产鲜果185.9千克，2005—2007年在灵武市大泉林场、白芨滩林场，灵武市马场湖农业示范园区，银川市平吉堡杨勇枣园，灵武狼皮子梁林场建立了示范园，2010年示范园灵武长枣2号全部结果，性状和母树完全一致，遗传性状稳定，DNA鉴定证明灵武长枣2号与普通灵武长枣存在差异，是1个新品种。2013年12月14日通过宁夏林木品种审定委员会审定。

（2）品种特性。灵武长枣2号树姿较直立，主干灰色，树皮粗厚，条块状裂，不易剥离。枣头枝红褐色，皮孔较密、多、椭圆形；针刺长 2.8～4.6 厘米，不易脱落。二次枝呈之字形生长，长29.00 厘米。枣股圆锥形，着生枣吊 1～4 个，枣吊着生叶片 10 片左右。叶片长椭圆形，深绿色，中大，叶片长 4.40 厘米、宽 2.00 厘米（对照品种灵武长枣叶片长 5.60 厘米、宽 2.70 厘米），有光泽，主叶脉明显，侧叶脉不明显。花乳白色，花冠直径 0.65～0.70 厘米（对照品种灵武长枣花冠直径 0.69～0.70 厘米），花药淡黄色，蜜盘0.33 厘米（对照品种灵武长枣蜜盘0.35 厘米），柱头二裂，白昼裂蕾开花。

灵武长枣 2 号果实长椭圆形（略扁），纵径 5.00 厘米，横径 3.10 厘米，侧径 2.60 厘米。果实大，平均单果重 21.0 克，最大单果重 40.0 克，大小均匀。果实紫红色，较艳，有光泽。果顶凹入或微凸（二、三蓬果），果肩圆平。梗洼较深，果梗长 0.45 厘米。果核梭形，长 2.50 厘米，宽 0.70 厘米。果肉淡绿色，肉质脆，核内无仁，汁液较多，味甜微酸，品质上等。可食率 95.00%，果肉硬度 14.05 千克/平方厘米，水分含量 73.58%，可溶性固形物含量26.00%，总糖含量24.30%，总酸含量0.44%，维生素 C 含量 3 804.00毫克/千克。灵武长枣 2 号果形与对照品种灵武长枣不同，果实纵横侧径、果实比灵武长枣大，色泽与灵武长枣同为紫红色，果梗不及灵武长枣长，风味与灵武长枣相近，水分含量、总糖含量、维生素 C 含量比灵武长枣稍高，可溶性固形物含量、总酸含量、果肉硬度与灵武长枣相近。

在宁夏灵武市，灵武长枣 2 号 4 月下旬萌芽，5 月上旬展叶，枣头枝开始生长，6 月上旬开花，花期可延续到 7 月下旬，6 月上中旬开始坐果，果实 9 月上中旬开始着色，9 月下旬全红成熟，果实发育期 90～93 天，成熟期比灵武长枣早 3～5 天。

灵武长枣 2 号抗风力强，遇大风或采摘时落果极少，采前落果率 3%；耐寒性较强，－26℃低温时幼树受冻株率 20%～27%。对照品种灵武长枣采前落果率 10%，－26℃低温时幼树受冻株率50%～90%。灵武长枣2号在宁夏适生的条件是，年平均气温8～10℃，≥10℃年活动积温3 334.8℃，年日照时数3 012.5小时，无霜期154天，土层较深厚，沙壤土，土壤pH值8.0左右，地下水位不高于1.5米，有灌溉条件。可在与宁夏灵武市气候条件相似的地区或灵武长枣栽植地栽培。

**36. 皖枣3号**

（1）品种来源。自1996年开始进行安徽地方枣种质资源调查、收集、整理和利用工作，1999年在阜阳地区农户庭院发现枣优良单株。2005—2012年分别通过嫁接与根蘖繁殖良苗，在安徽长江以南的芜湖繁昌、江淮之间的合肥、淮河以北的宿州等地多点试验，系统观察，性状表现稳定。与河北蚂蚁枣、阜阳蚂蚁枣等品种相比表现早熟，果大，肉质酥脆、细腻、汁多，耐高温高湿。2013年8月通过安徽省林木品种审定委员会审定，命名为“皖枣3号”。

（2）品种特性。树姿较开展，干性中等。树皮裂纹呈条状，且多无横向裂纹，纵向裂纹开裂长度远大于宽度，易剥落。枣头色泽红褐色，蜡层少。针刺发达。成熟叶片卵状披针形，绿色，平展，色泽较光亮。叶尖钝尖，叶基圆形，叶缘钝齿。每花序着生花朵6～8朵，花蕾浅黄绿色，具雄蕊5枚，萼片黄绿色，五棱形。花朵为昼开型，花量中等。结果习性稳定，大小年现象不明显。

果实呈长卵圆形，大小均匀整齐，果实纵径4.28厘米，横径2.68厘米，果形指数1.59。平均单果质量13.48克，最大18.6克。果肩平，果顶平。果实完全成熟呈赭红色，果面光滑，皮薄，果点小，果点密度中等。梗洼浅而广，萼片脱落。果核椭圆形，纵径20.32毫米，横径6.98毫米，核内含有饱满种仁，平均单核质量0.47克。果肉浅绿白色，肉质细而酥脆，汁液中等，味甜略带酸，口感好，宜鲜食，品质上等。果实脆熟期可溶性固形物含量29.4%，可溶性糖21.06%，酸0.22%，维生素C 3.69毫克/克。可食率95.33%。在安徽合肥，3月底至4月初开始萌芽，4月上旬展叶，5月上旬现蕾，5月中旬始花，5月下旬盛花期，6月初终花期，8月中旬进入成熟期，果实发育期80天，10月下旬至11月初落叶。

**37. ‘尖脆’枣**

（1）品种来源。河南枣区为我国著名枣产区，现有枣树面积5万公顷，多为枣农间作类型，重点产区有新郑枣区、内黄枣区、灵宝枣区、西华枣区等，栽培品种主要有灰枣、鸡心枣、扁核酸、灵宝大枣等传统地方枣品种。1998年在新蔡县调查时发现1株果形独特、成熟期早、鲜食品质极佳的母株。经过连续4年的观察，该母株坐果率高，果实整齐，抗病性强，枣果性状稳定，与‘辣椒枣’有较大的区别，通过查对《中国果树志·枣卷》中所记录的早食品种，没有找到与之相似的品种，初步认为该母株属于变异单株。2002年从这株母树上采接穗嫁接到“好想你”红枣示范园内的冬枣树（6～7年生）上，2003—2010年从新郑嫁接的枣树上采集接穗，再嫁接到新郑、濮阳、新疆若羌的‘冬枣’‘扁核酸’‘灰枣’等枣树上，从各地连续几年的观察结果来看，所培育的结果树都表现出与变异母树有相同的结果性状和果实性状。突出表现出的性状特点是：果形独特、长锥形、形似辣椒，紫红色具光泽；成熟期早，果面不平，有凸起，鲜食品质优良，果皮薄，果肉致密，汁液较多，口感很好；丰产稳产、抗病性强，很少发生锈病、枣缩果病等病害。该品种类型是鲜食枣中一个有发展前景的变异类型，2012年12月通过了河南省林木品种审定委员会审定，定名为‘尖脆’枣（证书编号：豫S-SV-ZJ-007-2012）。

（2）品种特性。果实长锥形，果肩平圆，披斜，向一侧歪斜，梗洼、环洼较浅，果顶渐细，顶端尖圆，形似辣椒，具有观赏价值；果面不平，有凸起，紫红色具光泽。平均果径 1.7 厘米，平均果长 5.0 厘米，最大果径 2.2 厘米，最大果长 5.9 厘米，果实大小整齐。成熟期为 8 月下旬至 9 月上旬，为早熟鲜食品种。果实着色从梗洼开始，逐渐向下扩展。果点小，不明显，密度中等。果肉绿白色，质地致密、较脆，汁液较多，可溶性固形物 28.50%，可食率 97.18%，适宜鲜食。果核小，长梭形，顶端尖细瘦长，柄端尖短，纵径 1.83 厘米，横径 0.61 厘米，平均核重 0.15 克，核纹纵条状，核内大多无种子。

树体中等大，树姿半开张，树冠多自然圆头形，主干生长性中强。树干灰褐色，皮状条纵裂。枣头红棕色，皮孔大，椭圆形。枣股圆柱形，抽生枣吊 3~4 个，枝端有木质化枣吊。枝长 1.3~1.9 米。叶片大，长卵形，深绿色，中等厚，有光泽。叶长 7.0 厘米，叶宽 3.2 厘米，叶缘有波褶，叶柄长 0.3~0.4 厘米，中等粗细。花量中多，花蕾扁圆形，花径 6.4~7.5 毫米。

树势中等大，发枝力中等。繁殖多用嫁接法。用大树嫁接，2 年开始挂果，3 年达到盛果期。平均吊果比为 1：2.5，平均单果质量 6.33 克，最大果质量为 15.6 克，平均单株产量 20.21 千克，不易落果，可形成“吊红枣”。

在新郑枣区 4 月初萌芽，5 月中旬始花，6 月上旬进入盛花期。8 月中下旬进入白熟期，9 月初进入完熟期。果实生育期 95~100 天。

‘尖脆’枣对土壤条件要求不高，比较抗干旱、耐瘠薄。对枣缩果病、枣裂果病有一定的抵抗能力，也很少发生枣锈病。在沿黄流域枣区，厚度在 50 厘米以上，pH 值在 5.5~8.5 的土壤上均可栽培。

主要虫害有枣食芽象甲、枣尺蠖、枣瘿蚊、枣龟蜡蚧、枣树红蜘蛛、枣叶壁虱、绿盲蝽；有少量裂果，对枣缩果病、枣裂果病有一定的抵抗能力，也很少发生枣锈病。

‘尖脆’枣是一个早熟的鲜食枣品种，具备优良新品种的一致性、特异性和稳定性特点。从连续多年的试验结果看，所培育的结果树都表现出与初选单株相同的结果性状。‘尖脆’枣品质优良，突出表现为果形独特，果面不平，有隆起，果皮薄，果肉致密，汁液较多，口感好，营养价值高，成熟期早，属于早熟鲜食品种，丰产稳产、抗病性强。适应性强，比较抗干旱、耐瘠薄，对土壤要求不严，在沙壤土中生长良好，沿黄河流域及黄河以北枣区均可栽培。

**38. 鲁枣 13 号**

（1）品种来源。鲁枣 13 号原代号 04 – 13。2000 年，我们在山东省泰安市的山东省果树研究所枣树选种圃内播种金丝小枣自然杂交种核 1 353粒，当年培育实生苗 421 株，出苗率 31.00%。2001 年部分杂交实生苗开始结果，其中 1 株实生苗结果 26 个，经过鉴定这株实生树所结的枣果实大小整齐、鲜食品质优良，当年标记，2002 年在高接选种圃进行高接鉴定，至 2004 年，经 3 年详尽观察鉴定，确认该单株果实鲜食品质优、维生素 C 含量和总酸含量高、果实大小整齐、结果早、极丰产、性状稳定，选为优良单株，2004 年通过复选，编号 04 – 13。2005 年建立良种采穗圃，进行良种繁育。2006 年开始在山东省泰安、无棣、邹城、茌平，河北、山西、新疆等省、自治区进行区域适应性试验及品种比较试验。试验随机区组法设计，10 株树为 1 个小区，重复 3 次，以相同成熟期、鲜食品质优良的枣品种孔府酥脆枣作对照。根据枣良种选育标准和记载方法，随机取样，系统调查了植物学特征、果实经济性状和生长结果特性，调查数据计算平均数，进行统计分析，区域试验结果良好，性状表现稳定，同时进行优质丰产无公害栽培技术研究。2012 年 12 月通过山东省林木品种审定委员会审定，定名为鲁枣 13 号。

（2）品种特性。鲁枣 13 号树姿直立，主干灰褐色，皮粗糙，易剥落。多年生枝灰褐色，较粗糙；2 年生枝紫褐色；枣股圆锥形。枣头枝紫红色，富有光泽；皮孔大，圆形，开裂，突起。针刺发达，针刺长 1.30～1.70 厘米。二次枝自然生长 6～8 节。枣吊长 15.40～25.50 厘米，每个枣吊着生叶片 12～18 片。叶片长披针形，绿色，纵径 4.90 厘米，横径 2.20 厘米，叶尖钝尖，锯齿粗，浅圆，1.00 厘米内有锯齿 3～4 枚。花朵是昼开型，花量多，每个枣吊着生 7～11 个花序，每个花序着花 8～10 朵；蜜盘绿黄色，花朵直径 0.80 厘米，花冠中大。

果实短圆形，两端齐平，平均纵径 2.20 厘米、横径 2.30 厘米。平均单果重 5.8 克，最大单果重 7.5 克，果实大小均匀，极整齐，果实橙红色。果肉绿白色，肉质细、疏松，汁液中多，风味酸甜，鲜食品质优良。可食率 94.20%，鲜枣可溶性固形物含量 40.50%，总酸含量 1.15%，维生素 C 含量 6 640.00毫克/千克。因其枣果维生素 C 含量和总酸含量极高，而且果实大小整齐均匀，鲜枣适宜加工枣汁、枣酱等。裂果轻微。鲁枣 13 号果形与对照品种孔府酥脆枣、金丝小枣不同；平均单果重比金丝小枣稍重，不及孔府酥脆枣；裂果率明显低于 2 个对照品种，对照品种金丝小枣裂果率高达 95.00%；可溶性固形物含量、总酸含量、维生素 C 含量明显高于 2 个对照品种；果实基本上无病害。

鲁枣 13 号生长势中庸，树冠自然圆头形。苗木定植当年（2006 年）树高 0.60 米，枣头枝 1 条，二次枝 4 条，枣股 15 个，果枝比 0.2。定植后第 2 年树高 1.11 米，冠径 0.85 米 × 0.93 米，干径 2.14 厘米，枣头枝 3 条，二次枝 17 条，枣股 109 个，果枝比 1.2。第 3 年树高 2.60 米，冠径 1.70 米 ×1.40 米，干径 3.70 厘米，枣头枝 8 条，二次枝 32 条，枣股 166 个，果枝比 3.0。成枝力中等，枣股长 0.70～0.90 厘米，平均每枣股抽生枣吊 5～7 条，枣吊中长，连续结果能力强，当年生枣头具有较强的结果能力。鲁枣 13 号开始结果早，高接树当年结果，以酸枣作砧木嫁接苗栽植后当年也可结果，定植后 3 ~ 5 年进入丰产期。苗木栽植当年、第 2 年、第 3 年株产分别为 0.20、1.30、3.20 千克，折合每亩产量分别为 22.2、144.3、355.2 千克，株产和折合每亩，产量均高于对照品种孔府酥脆枣、金丝小枣。

在山东省泰安市，鲁枣 13 号 4 月上旬萌芽，5 月上中旬始花，5 月下旬至 6 月上旬盛花，果实 9 月上中旬成熟采收，果实发育期 95 ~ 100 天。11 月上旬落叶。鲁枣 13 号萌芽期、开花期与对照品种孔府酥脆枣、金丝小枣几乎同期，果实成熟期与孔府酥脆枣基本上同期，比金丝小枣早 5 天成熟，与 2 个对照品种同期落叶。

鲁枣 13 号在山东省泰安、无棣、邹城、茌平及河北、山西、新疆等省、自治区试栽，试栽地有山地、丘陵、河滩、平原等不同立地条件，鲁枣 13 号均能正常生长结果，丰产稳产，均表现无果实病害，裂果少，易裂果年份裂果率 5.10%，对照品种孔府酥脆枣为 25.90%，母本品种金丝小枣为 95.00%。抗干旱，耐涝，较耐瘠薄，在山东省中南部等地的山岭薄地生长结果良好。

**39. 鲁枣 14 号**

（1）品种来源。原编号 07 - 11，是金丝小枣自然实生，父本不详。2002 年我们在金丝小枣成熟季节，从栽植于山东省果树研究所枣品种资源圃的 18 年生金丝小枣树上采摘自然授粉、充分成熟枣果，共采摘枣果实 1 967个，取出种核，种核 2003 年播种在山东省果树研究所枣树选种圃内，培育实生苗。2005 年，我们调查发现 1 株实生苗所结的果实大小整齐、风味酸甜可口，入选为优良单株。2006 年春从该优良单株上剪取接穗，嫁接在 2 年生枣实生苗砧木上，此后经过 2 年详细观察鉴定，认为该优良单株所结的枣果鲜食品质优良、维生素 C 含量和总酸含量极高，优良性状稳定，2007 年通过复选，编号为 07 - 11。同年繁育少量苗木，苗木定植于山东省泰安、无棣、邹城等市、县。2008 年又在山东、山西、新疆、河北等省、自治区高接，进行区域适应性试验及品种比较试验，该试验以同期成熟、品质优良的枣鲜食品种孔府酥脆枣作对照。根据枣良种选育标准和记载方法，系统调查了植物学特征、果实主要经济性状、生长结果特性等。结果确认该优良单株在各地不同立地条件下均表现果实鲜食品质优良、维生素 C 含量高、适应性强、综合性状稳定，选为新品系。2012 年 12 月通过山东省林木品种审定委员会审定，命名为鲁枣 14 号。

（2）品种特性。鲁枣 14 号树姿直立。主干灰褐色，多年生枝灰褐色，2 年生枝紫褐色。枣头枝紫红色，富有光泽；皮孔较大，圆形，开裂，突起。二次枝自然生长节数 7 ~ 11 节。针刺较发达，针刺长 1. 30 ~ 1. 70 厘米。枣股圆锥形，枣吊长 17. 40 ~ 26. 00 厘米，枣吊着生叶片 14 ~ 17 片。叶片卵状披针形，绿色，纵径 5. 40 厘米、横径 2. 20 厘米；叶尖钝尖，锯齿粗、浅圆，1 厘米内有锯齿 3 ~ 4 枚。枣吊着生花朵多，每个枣吊着生花朵 70 ~ 104 朵，花朵昼开型，蜜盘绿黄色，花冠中大，花冠直径 0. 60 ~ 0. 80 厘米。

果实短卵圆形，两端齐平，纵径 2. 30 厘米、横径 2. 20 厘米。果实较小，平均单果重 5. 2 克，最大单果重 5. 6 克，果实大小极整齐。果实橙红色。果肉绿白色，肉质细、疏松，汁液中多，酸味较浓，风味独特，鲜食品质上等。可食率 90. 80%，鲜枣可溶性固形物含量 33. 20%，总酸含量 2. 14%，果肉维生素 C 含量 763. 00 毫克/100 克。鉴于鲁枣 14 号维生素 C 含量和总酸含量极高，且果实大小齐匀，裂果率仅 2. 10%，是适宜鲜枣加工（枣汁、枣酱）品种。鲁枣 14 号果形与对照品种孔府酥脆枣、金丝小枣明显不同；平均单果重与金丝小枣基本相同，不及孔府酥脆枣；可溶性固形物含量与这 2 个对照品种相近；总酸含量和维生素 C 含量明显高于这 2 个对照品种；裂果率明显低于这 2 个对照品种。

鲁枣 14 号生长势较强，树冠呈自然圆头形。发枝力中等，苗木定植第 2 年树高 1.11 米，冠径 0.81 米 ×0.83 米，干径 2.21 厘米，枣头枝 3 个，萌发二次枝 17 条，枣股 108 个，果枝比 1.2。第 3 年树高 2.30 米，冠径 1.50 米 ×1.30 米，干径 3.60 厘米，枣头枝 8 个，萌发二次枝 33 条，枣股 166 个，果枝比 2.6。枣股长 0.7 ~0.9 厘米，平均每枣股抽生枣吊 5 ~7 条，枣吊中长。当年生枣头具有较强的结果能力，连续结果能力强，产量高、稳定，酸枣作砧木嫁接苗及高接换头当年可结果，苗木定植后 3 ~5 年进入丰产期，2 年生树株产 1.9 千克，折合每亩产量 210.9 千克；3 年生树株产 3.6 千克，折合每亩产量 399.6 千克，产量明显高于对照品种孔府酥脆枣、金丝小枣。

在山东省泰安市，鲁枣 14 号 4 月 4 日萌芽，5 月 24 日至 6 月 5 日盛花，果实 9 月 5—15 日成熟采收，果实发育期 95 ~ 100 天，主要物候期与对照品种孔府酥脆枣、金丝小枣相同。

鲁枣 14 号果实病害轻。抗干旱，耐涝，在雨季地下水位较高的黏壤和沙壤土上生长结果良好。较耐瘠薄，在鲁中南等地的山岭薄地生长结果良好。

**40. 麻姑 1 号**

（1）品种来源。2004 年，南城县农业局技术人员对全县鲜食枣品种（系）进行了调查、登记，在南城县建昌镇的麻姑山枣园内，发现了 1 株优良的实生变异单株。同年开始，江西农业大学、南城县农业局和南城县麻姑鲜枣研究所将其与冬枣和本地土枣‘半边红’进行品种对比试验。经过连续多年的性状观察，该品种在 7 月 25 日开始进入白熟期，成熟期特早，品质特佳，果肉细嫩、脆爽、多汁，果皮光亮，脆熟期有半边先红。‘麻姑 1 号’与‘半边红’枣分子鉴定结果表明，‘麻姑 1 号’鲜枣的 DNA 谱带出现了特异带，与‘半边红’鲜枣品种在遗传上有显著不同，为一新种质。2011 年 12 月通过江西省农作物品种审定委员会认定（编号：赣认枣 2011001），并成为江西省第 1 个通过审定的枣类品种。

（2）品种特性。在南城县地区，3 月中旬根系开始活动，3 月下旬开始萌芽，4 月中旬根系活动进入一个高峰期，5 月上旬始花，5 月中下旬盛花期，6 月上旬幼果期，7 月下旬进入脆熟期。果实发育期为 80～85 天。

自然生长的树形为圆锥形，树势中等，树姿较直立，树体结构较为紧凑，主干灰褐色，皮孔圆形，较密，突起，开裂，灰色；枣股较中大，5 年左右的树枣股长约 1 厘米，径粗为 0.6 厘米，抽生枣吊为 3～5 个，枣吊较中等，叶为纺锤形，叶缘有齿，深绿色，叶背面有蜡质，无茸毛，光泽，叶脉明显，并有孔；枣头的生长力比较旺盛；幼树期枝头的针刺不发。花量大，花序着花 3～7，花朵中等，花盘为黄绿色，五角星形，两性完全花，一雌五雄，花粉多。

生长量中等，萌芽力及成枝能力较一般。幼树枣头的生长势头旺，当年萌芽的二次枝可形成花芽结果。花量大，花期一般在每年的 4 月底到 5 月上旬，自花结实率较低，需配植授粉树。栽后第 2 年结果，第 5 年后进入盛果期。幼苗采用酸枣为砧木嫁接，播种后第 2 年秋出圃，成品苗在 1.2 米以上，管理得当，定植当年亦能结果，栽后第 2 年平均可结果 0.5 千克左右。

果实近圆形，大小整齐，果实中等平均单果质量为 11.66 克，最大果质量为 17.8 克。果实纵径为 3.1 厘米，横径为 3.0 厘米，果形指数为 1.03。果顶平圆，略有凹陷，梗洼浅小，果柄短，脆熟期果皮光亮，白熟期转脆熟期时有阳面转鲜红色，果肉脆、爽口，水分充足，成熟后，果为鲜红色，果面光洁。果核小呈纺锤形，纵径 1.6 厘米，横径 0.75 厘米。可食率 95.6%。进入脆熟期的可溶性固形物为 25%，维生素 C 含量为 470 毫克/

100 克。

‘麻姑 1 号’适应性强，抗寒、抗旱、抗风，耐涝、耐瘠薄、耐肥。在南城地区，‘麻姑 1 号’与冬枣相比，丰产、稳产、高产；抗裂果；炭疽病、轮纹病、缩果病发病率低。

## 二、制干品种

### 1. 中枣 2 号

（1）品种来源。中国农业科学院郑州果树研究所与河南省新郑市林业科学研究所合作，从新郑枣区选出。

（2）品种性状。果实大小整齐，果实小，鸡心形，纵径 2.5～2.7 厘米，横径 1.6～1.7 厘米，平均果质量 5.4 克，最大 6.2 克。果梗中等长、中等粗，梗洼广而较深。果顶凸，柱头遗存。果皮较薄，紫红色，果面平滑，果点小，不明显。果肉中等厚，绿白色，肉质致密，略脆，味甘甜，汁液较少，适宜制干，品质上等，制干率 50.9%。鸡心枣鲜果含可溶性固形物 34%，可食率91.8%。干枣含糖60.9%，酸0.25%。肉质较紧密，耐挤压，耐贮运。核较大，纺锤形，纵径 1.5 厘米，横径 0.65 厘米，核质量 0.4 克，核尖短，核纹较浅，含仁率 75% 左右，种仁较饱满。在原产地 4 月下旬萌芽，6 月初始花，9 月下旬果实成熟。果实生育期 100 天左右。

树势中强，树体中等大，树冠圆锥形，树姿直立。大树树高 5.9 米，冠径东西 3.6 米。主干灰褐色，皮裂较浅。枣头黄褐色，萌发力较弱，平均生长量 36～55 厘米。皮目较大，长圆形，分布密。针刺较发达，刺长 1.2 厘米左右。枣股小，圆柱形，老龄枣股长 1.6 厘米左右，能持续结果 8～10 年。抽吊力中强，枣吊平均长 16.8 厘米。叶中等大，长卵形。花量多，花较大，花径 7.5 毫米，昼开型。蜜盘杏黄色。

（3）适栽地区、地域。该品种结果较早，产量高而稳定，极抗缩果病，不裂果。干枣果肉富弹性，耐挤压，耐贮运。适应性较强，宜在北方枣区适量发展。

**2. 相枣**

（1）品种来源。相枣原产于山西运城市（原安邑县）北相镇一带，故名“相枣”。据说，古时普作贡品，因而也称“贡枣”。为当地主栽品种，也是一个古老的品种。据《安邑县志》记载，相枣已有3 000余年的历史了。

（2）品种性状。相枣树势中等或较强，树体较大，干性较强，枝条较密，树冠军多呈自然半圆形，树姿半开张。19年生树干高1.26米，干周46.83厘米，树高9.17米，冠径东西5.3米，南北5.42米。枣头红褐色，萌发力中等，生长势中等，节间长9~10厘米，二次枝自然生长6~8节，针刺较发达。皮目小，较密，圆形或椭圆形，凸起，开裂，灰白色。枣股中等大，圆柱形，抽吊力中等，每股抽生2~5吊，多为3~4吊。枣吊一般长16厘米左右。叶小，长卵形，深绿色，叶长6.21厘米，宽3厘米，先端渐尖，叶基圆形，叶缘锯齿浅。花量中等多，每吊平均着花48.1朵，每花序平均3.8朵。花小，零级花花径6.84毫米，1级花花径6.46毫米，夜开型。蜜盘较小巧玲珑，橘黄色。

相枣果实大，卵圆形，纵径4.46厘米，横径3.7厘米，平均果质量22.9克，大小不均匀。果梗中等长，较粗，梗洼窄而深。果顶平，柱头遗存。果皮厚，紫红色，果面光滑。果点较小，分布中等密，浅黄色。果肉厚，绿白色，肉质致密，较硬，味甜，汁液少，适宜制干。干枣品质上等，制干率53%。

相枣鲜果含可溶性固形物28.5%，单糖13.45%，双糖12.06%，总糖25.51%，酸0.34%，糖酸比74.89：1。可食率97.56%。含维生素C 474毫克/100克，含水量59.4%，钙0.466%，镁0.246%，锰3.361毫克/千克，锌9.493毫克/千克，铜2.125毫克/千克，铁16.63毫克/千克，每克鲜枣果肉含环磷酸腺苷 43.75 纳摩尔。干枣含单糖 63.61%，双糖 9.85%，总糖 73.46%，酸 0.84%，糖酸比 87.45：1。含维生素 C 23.6 毫克/100 克，含水量 17.39%，钙 0.2%，镁 0.075%，锰 4.09 毫克/千克，铜 2.245 毫克/千克，铁 29.51 毫克/千克，每克干枣果肉含环磷酸腺苷 121.53 纳摩尔。酒枣含可溶性固形物 36.6%，单糖 27.45%，双糖 0，总糖 27.45%，酸 2.07%，糖酸比 59.31：1。含维生素 C 6.95 毫克/100 克，含水量 59.13%。干枣果肉富有弹性，耐掠挤压。核小，纺锤形，纵径 2.55 厘米，横径 0.83 厘米，核质量 0.56 克。干枣可食率 94%。核纹较深，核面较粗糙，大果内含有种仁，但种仁不饱满，小果内核退化呈膜状。

相枣树结果早，根蘖苗一般第 2 年开始结果。陕西清涧县洲洋公司苗圃，1 年生酸枣实生砧嫁接苗，当年结果株率达 83.33%，平均单株结果 11.25 个，单株最高结果 34 个。15 年左右进入盛果期，盛果期长，坐果率高。当年枣头吊果率 59.26%，2 年生枝吊果率 46.43%，3 年生枝吊果率 31.39%，坐果部位在 1～14 节，主要坐果部位在 2～7 节，占坐果总数的 68.7%。较丰产，产量较稳定。19 年生树在中等管理条件下，平均株产鲜枣 20.45 千克，最高株产 32 千克。在山西太谷 4 月 19 日前后萌芽，5 月下旬始花，6 月上中旬盛花，6 月底终花，9 月上旬果实着色，9 月下旬果实脆熟，10 月中下旬落叶。年生长期 175 天左右，果实生育期 110 天左右。枣吊生长高峰期在 5 月 1—25 日，占总生长量的 67.1%，5 月 25 日后生长缓慢，6 月 29 日前后停止生长。枣头生长高峰期在 5 月 1—25 日，占总生长量的 83.1%，5 月 25 日后生长缓慢，6 月 14 日前后停止生长。

（3）适栽地区、地域。相枣树适应性强，历史上是山西的四大名枣之一。果肉富弱性，耐挤压，耐贮运，成熟期遇雨裂果轻，是山西最著名的制干优良品种，具有开发价值，可在北方宜枣地区重点推广种植。

**3. 圆铃枣**

圆铃枣又名紫铃、圆红、紫枣等。

(1) 品种来源。圆铃枣原产于山东聊城、德州等地。以茌平，东阿、聊城、齐河、济阳栽培较集中，河北西南部、河南东部以及山东泰安、潍坊、济宁、惠民等地也有栽培。是山东的重要制干品种，也是栽培数量最多的品种，为全国主要品种之一。

(2) 品种性状。圆铃枣树势强，树体较大，枝条较密，树冠自然半圆形，树姿开张。20 年生树干高 1.45 米，干周 78 厘米，树高 8~9 米，冠径 6.2 米。主干灰褐色，皮裂细，不易剥落。枣头红棕色或棕褐色，萌发力较强，二次枝自然生长 6~8 节，针刺较发达。皮目大，黄褐色，分布密。枣股中等大，短柱形，4~5 年生枣股长 0.8~1 厘米，老龄枣股长 1.8 厘米，可持续结果 6~8 年。抽吊力中等，每股平均抽生 3~4 吊。枣吊长 14~20 厘米。叶片中等大，卵圆形或宽披针形，深绿色，叶长 4.1~5.1 厘米，宽 2.2~2.6 厘米，先端渐尖，叶基圆形，叶缘锯齿细，中等密。花量中等，每花序平均着花 3~7 朵。花较大，花径 7~7.5 毫米，7 时半左右蕾裂。蜜盘中等大，浅黄色。

圆铃枣果实大或中等大，近圆形或长圆形，大小不均匀。大果纵径 4~4.2 厘米，横径 2.7~3.3 厘米，最大达 30 克，中小果纵径 2.8~3.5 厘米，横径 2.7~3.3 厘米，平均果质量 12.5 克。果梗细而短，梗洼中度广、中等深。果顶微凹，柱头遗存。果皮较厚，紫红色，果面不平滑，有紫黑色点。果点小而密，圆形，不明显。果肉厚，绿白色，肉质较粗，味甜，汁液少，适宜制干。干枣品质上等，制干率 60%~62%。

圆铃枣鲜果含可溶性固形物 31%~35.6%。可食率 94%。干枣含糖量为 74%~76%，酸 0.8%~1.4%。核小，纺锤形，纵径 1.6~1.9 厘米，横径 0.6~0.9 厘米，核质量 0.37 克，核尖短，核纹深，多不含种仁。

圆铃枣树的根蘖苗结果晚，一般栽后4~5年开始结果。嫁接苗结果较早，陕西清涧县洲洋公司苗圃中栽植的1年生酸枣实生砧嫁接苗，当年结果株率达50%以上，单株最高结果13个。坐果率高，较丰产，盛果期平均株产鲜枣35千克。在产地4月中旬萌芽，5月下旬始花，9月上中旬果实成熟。果实生育期95天左右。

（3）适栽地区、地域。圆铃枣树适应性强，可在宜枣地区栽培。山东农业科学院果树研究所已从圆铃枣中选出圆铃新1号和圆铃新2号，综合性状优于圆铃枣，可作为圆铃枣的替代品种。

**4. 圆铃新1号**

（1）品种来源。圆铃新1号起源于山东东阿。由山东农业科学院果树研究所于1984年从圆铃枣中选出，2001年通过山东农作物品种审定委员会审定。

（2）品种性状。圆铃新1号枣树的果实较大，一般单果质量16~18克，最大21.5克，果实大小均匀，含可溶性固形物33%，可食率97.2%，制干率60%，优质果率70%，品质极上，适宜制干和加工乌枣、南枣。

圆铃新1号枣树结果早，定植第2年开始结果，早丰性较强，产量高而稳定。采前落果很少。在山东泰安9月中旬成熟，成熟期遇雨不裂果。适应性强，耐瘠薄，抗盐碱，在黏壤土、砂质土上都能正常结果。

（3）适栽地区、地域。圆铃新1号枣树综合性状优于圆铃枣，适于北方平原和丘陵山区种植，可作为北方枣区主要制干良种推广。

**5. 圆铃新2号**

（1）品种来源。圆铃新2号起源于山东枣庄。山东农业科学院果树研究所1988年从圆铃枣中选出。

（2）品种性状。圆铃新1号枣树的果实大或较大，一般果质量14～16克，鲜果含可溶性固形物34%，可食率96.6%，制干率60%，品质极上，适宜制干和加工乌枣、南枣。

圆铃新1号枣树结果早，早丰性强，当年生枣头结实能力较强，丰产，产量比普通圆铃枣高30%～50%。抗病能力强，一般年份不裂果，综合性状优于普通圆铃枣，是目前更新替代普通圆铃枣的理想品种。

（3）适栽地区、地域。圆铃新2号枣树的适栽地区同圆铃新1号。

**6. 中阳木枣**

中阳木枣又名吕梁木枣、绥德木枣。

（1）品种来源。中阳木枣主要分布于山西吕梁地区的临县、柳林、石楼和陕西榆林地区的佳县、清涧等黄河中游沿岸，为当地主栽品种，也是山西、陕西的主栽品种，为全国仅次于金丝小枣的第二主要品种。栽培历史悠久，陕西清涧县王宿村和绥德县鱼湾村等地至今尚有千年生以上的古老枣树林。由于栽培历史久，分布地域广，已分化出果形、果实大小、果实品质等有明显差异的多种类型。

（2）品种性状。中阳木枣的树势较强，树体较大，干性中等强，枝条中度密，树冠半圆形或乱头形，树姿开张。19年生树干高1.51米，干周45厘米，树高8.13米，冠径东西5.1米，南北4.87米。枣头红褐色，萌发力中等，生长势较强，一般生长量50厘米左右，节间长8～9厘米，着生永性二次枝4～6个，二次枝自然生长6～8节。针刺较发达，一般长1.2厘米。枣股较大，圆柱形，最长达4厘米以上。抽吊力中等，每股抽生2～5吊，多为3～4吊。枣吊平均长18.6厘米左右。叶中等大，长卵形或卵状披针形，叶长6.8厘米，宽3.2厘米，中较厚，深绿色，先端渐尖或钝尖，叶基近圆形，叶缘锯齿粗，中度密。花量多，每吊平均着花 71.7 朵，每花序平均 6 朵。花较大，花径 7.26 毫米，12 时左右蕾裂。蜜盘较大，浅黄色。

中阳木枣果实中等大，圆柱形，纵径 4.22 厘米，横径 2.84 厘米，平均果质量 14.1 克，大小较均匀。果皮厚，深红色，果面光滑。果点小而密，圆形，浅黄色。果梗中等长、中等粗，梗洼较广，中等深。果顶平，柱头遗存。果肉厚，绿白色，肉质较硬，味酸甜，汁液中等多，品质中上等，适宜制干，也可鲜食和加工。

中阳木枣鲜枣含可溶性固形物 28.5%，单糖 16.73%，双糖 4.97%，总糖 21.7%，酸 0.79%，糖酸比 27.36：1。含维生素 C 461.7 毫克/100 克，含水量 68%，钙 0.356%，镁 0.245%，锰 4.298 毫克/千克，锌 9.144 毫克/千克，铜 3.183 毫克/千克，铁 21.453 毫克/千克，每克鲜枣果肉含环磷酸腺苷 302.5 纳摩尔。干枣含单糖 68.64%，双糖 3.26%，总糖 72%，酸 1.34%，糖酸比 53.73：1。可食率 92.5%。含维生素 C 8.25 毫克/100 克，含水量 20.35%，钙 0.15%，镁 0.09%，锰 5.33 毫克/千克，铜 2.04 毫克/千克，铁 28.33 毫克/千克，维生素 E 0.26 毫克/100 克，维生素 $B_1$ 0.05 毫克/100 克，维生素 $B_2$ 0.22 毫克/100 克，维生素 $B_6$ 0.13 毫克/100 克，每克干枣果肉含环磷酸腺苷 672.22 纳摩尔，每百克干枣果肉含氨基酸总量 2.74 克，其中天门冬氨酸 0.591 克，苏氨酸 0.096 克，丝氨酸 0.119 克，谷氨酸 0.202 克，甘氨酸 0.068 克，丙氨酸 0.077 克，缬氨酸 0.093 克，蛋氨酸 0.017 克，异亮氨酸 0.145 克，亮氨酸 0.069 克，酪氨酸 0.027 克，苯丙氨酸 0.054 克，组氨酸 0.115 克，赖氨酸 0.126 克，精氨酸 0.049 克，色氨酸 0.024 克，脯氨酸 0.844 克，胱氨酸 0.024 克。酒枣含可溶性固形物 35.1%，单糖 32.87%，双糖 1.42%，总糖 34.29%，酸 1.01%，糖酸比 34.05：1。含维生素 C 7.33 毫克/100 克，含水量 58.5%。核小，纺锤形，纵径 2.75 厘米，横径

0.82 厘米，核质量 0.54 克，含仁率低，种仁不饱满。

中阳木枣树结果较早，根蘖苗一般第 2、3 年开始结果。陕西清涧县洲洋公司苗圃 1 年生酸枣实生砧嫁接苗，当年结果株率达 64.52%，平均单株结果 5.29 个，单株最高结果 73 个。一般栽植 15 年后进入盛果期。坐果率较高，当年枣头吊果率 41.57%，2 年生枝吊果率 69.23%，3 年生枝吊果率 57.84%。坐果部位在 1～15 节，主要坐果部位在 3～11 节，占坐果总数的 80.52%。较丰产，产量稳定，在中等管理条件下，19 年生树平均株产鲜枣 20.7 千克，最高株产 26.8 千克。盛果期长，盛果期大树株产可达 50～100 千克。山西柳林县前小成村有 1 株大中阳木枣树，年产鲜枣 362 千克。在山西太谷 4 月中旬萌芽，5 月下旬始花，6 月上中旬盛花，7 月上旬终花，9 月上旬果实开始着色，9 月下旬脆熟，10 月 10 日后完熟，10 月下旬落叶。年生长期 190 天以上，果实生育期 110 天左右。枣吊生长高峰期在 4 月 25 日至 5 月 25 日，占总生长量的 76.7%，5 月 25 日后生长缓慢，6 月 29 日前后停止生长。枣头生长高峰期在 5 月 5 日至 6 月 4 日，占总生长量的 77.16%，6 月 4 日后生长缓慢，7 月 4 日前后停止生长。

（3）适栽地区、地域。中阳木枣树抗逆性强，适应性广。1997—2001 年黄河中游连续 5 年大旱，旱地粮食作物严重减产，中阳木枣虽然也受到一定的影响，但仍获得较高产量，具有较好的开发前景。适宜于北方黄河流域黄土丘陵区栽植。

**7. 官滩枣**

（1）品种来源。官滩枣原产于山西襄汾县官滩村，由此而得名“官滩枣”。为官滩村的主栽品种，占栽培总数的 90% 以上，年产鲜枣 20 余万千克。现已成为襄汾县的主要开发品种。

（2）品种性状。官滩枣树势中等，树体较大，枝条细而较密，干性较弱，树冠自然半圆形，树姿半开张。19 年生树干高

1.22 米，干周 47.5 厘米，树高 7.63 米，冠径东西 5.18 米，南北 5.76 米。枣头红褐色，萌发力较弱，生长势中等，平均生长量 60.03 厘米，着生二次枝 5 个左右，节间长 7～8 厘米，二次枝自然生长 5～7 节，针刺较发达。皮目小而稀，圆形，凸起，灰白色。枣股较小，抽吊力强，每股平均抽生 4～5 吊，枣吊一般长 15 厘米左右。叶小，长卵形，深绿色，叶长 4.05 厘米，宽 1.96 厘米，先端渐尖，叶基圆形，叶缘锯齿细。花量中等多，每吊平均着花 50.5 朵，每花序平均 4.72 朵。花小，零级花花径 6.21 毫米，1 级花花径 5.59 毫米，5 时半左右蕾裂。蜜盘小，橘黄色。

官滩枣果实中等大，长圆形，纵径 3.9 厘米，横径 2.5 厘米，平均果质量 11 克，大小较均匀。果梗长 3～4 毫米，不易与果肉分离，采下的枣果都带有果梗。梗洼中度广而深。果顶平，柱头遗存。果皮厚，紫红色，果面欠光滑。果点小而密，浅黄色。果肉厚，绿白色，肉质细而致密，味甜，汁液少，适宜制干，干枣品质上等，制干率 52%。

官滩枣鲜果含可溶性固形物 34.5%，单糖 11.36%，双糖 13.36%，总糖 24.72%，酸 0.39%，糖酸比 62.68：1。可食率 96.52%。含维生素 C 445.9 毫克/100 克，含水量 58.2%，每克鲜枣果肉含环磷酸腺苷 2.15 纳摩尔。干枣含单糖 55.74%，双糖 9.33%，总糖 65.07%，酸 0.94%，糖酸比 69.22：1。可食率 91.5%。含维生素 C 39.8 毫克/100 克，含水量 19.29%，钙 0.22%，镁 0.09%，锰 5.34 毫克/千克，铜 2.65 毫克/千克，铁 45.5 毫克/千克，每克干枣果肉含环磷酸腺苷 15.61 纳摩尔。酒枣含可溶性固形物 42%，糖 31.37%，酸 0.85%，糖酸比 36.99：1。含维生素 C 6.05 毫克/100 克，含水量 51%。核小，纺锤形，纵径 2 厘米，横径 0.6 厘米，核质量 0.45 克，大部分核内仅有种皮。

官滩枣树结果较迟，根蘖苗一般第3年开始结果，15年后进入盛果期。坐果率高，当年枣头吊果率123.21%，2年生枝吊果率81.94%，3年生枝吊果率37.1%，坐果部位在1～12节，主要坐果部位在1～7节，占坐果总数的73.2%。丰产，产量稳定。在中等管理条件下，19年生树平均株产鲜枣26.75千克，最高株产48.75千克。在产地中等管理条件下，水浇地枣园，一般每公顷产鲜枣7 500～9 000千克，单株最高产鲜枣180千克。在山西太谷4月中旬萌芽，5月下旬始花，6月下旬终花，9月上旬果实着色，9月下旬脆熟，10月中旬落叶。年生长期175～180天，果实生育期105天左右。枣吊生长高峰期在5月1—25日，占总生长量的75.41%，5月25日后生长缓慢，6月29日前后停止生长。枣头生长高峰期在5月1—25日，占总生长量的73.48%，5月25日后生长缓慢，7月4日前后停止生长。

（3）适栽地区、地域。官滩枣树适应性较强，丰产，产量稳定，干枣品质上等。维生素C含量高，是山西仅次于相枣的制干优良品种。1997年10月山西首届干果评比中被评为省内十大名枣的第八名。适宜北方大部分宜枣地区栽培。

**8. 灵宝大枣**

灵宝大枣又名灵宝圆枣、屯屯枣、疙瘩枣。

（1）品种来源。灵宝大枣原产于山西南部和河南西部交界处黄河两岸，以山西芮城、平陆，河南灵宝、陕县栽培较集中，为当地主栽品种，也是全国主要品种之一。据《灵宝县志》记载，灵宝大枣的栽培历史始于明代之前，距今已有600多年。

（2）品种性状。灵宝大枣树势强健，树体高大，干性较强，枝条粗壮，树冠呈自然半圆形，树姿直立或半开张。萌蘖力较弱，苗木生长中等，一年生根蘖苗高63.6厘米，根径0.76厘米，节间长6厘米左右，二次枝自然生长7～8节，针刺较发达。80

年生大树干高1.18米，干周1.49米，树高10.5米，冠径7.6米。山西农业科学院果树研究所国家枣圃19年生树干高79厘米，干周50厘米，树高8.49米，冠径东西5.05米，南北4.7米。主干灰褐色，皮裂中深，较易脱落。枣头萌发力强，紫褐色，生长势较强，平均生长量36厘米，节间长7~9厘米，着生永久性二次枝3~5个，二次枝自然生长5~6节，针刺较发达。皮目较大，分布较稀，圆形，灰白色。枣股中等大，抽吊力中等，每股平均抽生3.4吊。枣吊一般长15厘米左右。叶小，卵圆形，深绿色，叶长4.84厘米，宽2.6厘米，先端渐尖，叶基圆形，叶较厚，叶缘锯齿中度密。花量少，每吊平均着花23.8朵，每花序平均1.85朵，有间断着花习性。花小，零级花花径6.45毫米，1级花花径5.37毫米，6时半左右蕾裂。蜜盘小，杏黄色。

灵宝大枣果实大，扁圆形，纵径3.3~3.8厘米，横径3.4~4.4厘米，平均果质量22.3克，最大果34克，大小较均匀。果梗较短，梗洼广而浅。果顶微凹，柱头遗存。果皮较厚，深红色或紫红色，果面有明显的五棱突起，并有不规则的黑斑。果点中等大，分布密，圆形，浅黄色，明显（图2-6）。果肉厚，绿白色，肉质致密，较硬，味甜略酸，汁液较少，品质中上等，适宜制干和加工无核糖枣，制干率51%。

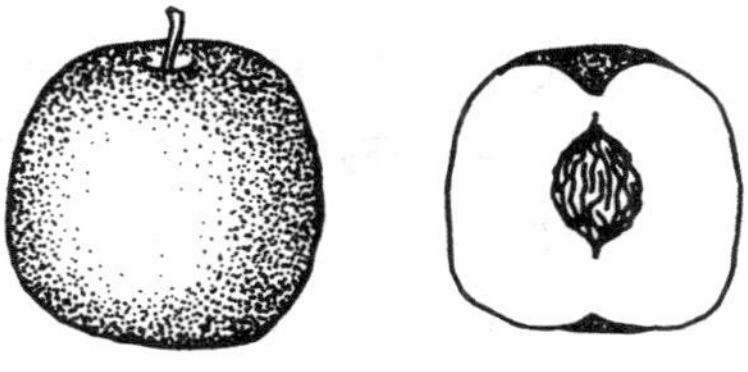

**图2-6　灵宝大枣**

灵宝大枣鲜果含可溶性固形物32.4%，单糖19.17%，双糖3.21%，总糖22.95%，酸0.5%，糖酸比46.18：1。可食率

96.81%。含维生素 C 359.47 毫克/100 克，含水量 63%，钙 0.485%，镁 0.199%，锰 3.857 毫克/千克，锌 8.411 毫克/千克，铜 2.01 毫克/千克，铁 14.136 毫克/千克，每克鲜枣果肉含环磷酸腺苷 47.5 纳摩尔。干枣含单糖 64.8%，双糖 5.27%，总糖 70.17%，酸 1.11%，糖酸比 63.22 : 1。含水量 17.6%，钙 0.21%，镁 0.11%，锰 4.89 毫克/千克，铜 2.04 毫克/千克，铁 53.49 毫克/千克，每克干枣果肉含环磷酸腺苷 22.73 纳摩尔。核小，椭圆形，纵径 1.56 厘米，横径 0.9 厘米，核质量 0.53 克，核尖短，核纹深，核面粗糙，含仁率 70% 左右，种仁较饱满。

灵宝大枣树结果迟，根蘖苗一般 3～4 年开始结果，15 年后进入盛果期，盛果期长。坐果率中等，当年枣头吊果率 43.33%，2 年生枝吊果率 33.45%，3 年生枝吊果率 12%，坐果部位在 1～10 节，主要坐果部位在 1～7 节，占坐果总数的 91.3%。产量较高，不够稳定，19 年生树在中等管理条件下，平均株产鲜枣 25.8 千克，最高株产 34.8 千克，盛果期大树在产地最高株产达 150 千克。在山西太谷 4 月 20 日前后萌芽，5 月 27 日前后始花，6 月上中旬盛花，7 月上旬终花，9 月上旬果实着色，9 月 20 日前后成熟，10 月中下旬落叶。年生长期 170～175 天左右，果实生育期 110 天左右。枣吊生长高峰期在 5 月 1—25 日，占总生长量的 61.29%，5 月 25 日后缓慢生长，7 月 10 日前后停止生长。枣头生长高峰期在 5 月 1—30 日，占总生长量的 62.18%，6 月 30 日后缓慢生长，7 月 9 日前后停止生长。

（3）适栽地区、地域。灵宝大枣在原产地生长、结果和果实品质表现良好。20 世纪 80 年代，山西芮城县用灵宝大枣加工的无核糖枣远销日本、马来西亚、新加坡、朝鲜等国家。1997 年 10 月山西首届干果评比中被评为省内十大名枣第九名。灵宝大枣在异地栽培产量较低，适宜于原产区和相类似生态区栽培。

### 9. 婆枣

婆枣又名串干枣、阜平大枣、新乐大枣。

（1）品种来源。婆枣主要产于河北西部的阜平、曲阳、唐县、新乐、行唐等太行山中段丘陵地带，为当地主栽品种，也是全国主要品种之一。栽培历史在千年以上。目前阜平县北水峪村尚有近千年生的古老枣树。此外，在河北衡水及山东夏津等地也有栽培。

（2）品种性状。婆枣树势强健，树体较高大，干性强，枝条中度密，树冠自然圆头形或乱头形，树姿半开张。20 年生树干高 95 厘米，干周 65 厘米，树高 7 米，冠径 6 米。成龄大树，树高 8.5～10 米，冠径 7.8～8.5 米。主干灰褐色，皮裂浅，易剥落。枣头紫褐色，生长势较强，二次枝自然生长 5～8 节，针刺发达。皮目大而稀，圆形，灰白色。枣股中等大，圆柱形，5 年生枣股长 1 厘米左右，直径 0.7～0.8 厘米，老龄枣股长 1.5～1.9 厘米。抽吊力中等，每股平均抽生 3～4 吊。枣吊长 12～18 厘米。叶片中等大。卵圆形，深绿色，叶长 4.8～5.1 厘米，宽 2.5～3.1 厘米，先端钝尖，叶缘锯齿浅，较稀。花量较少，每花序平均着花 3～5 朵。花中等大，花径 7 毫米，昼开型。蜜盘中等大，橘黄色。

婆枣的果实中等大，长圆形，纵径 3.4～3.8 厘米，横径 2.7～3.2 厘米，平均果质量 11.5 克，最大果 34 克，大小较均匀。果梗较细，梗洼中等广、中度深。果顶平或微凹，柱头遗存，不明显。果皮较薄，紫红色，果面平滑。果点大而中等密，圆形，浅黄色。果肉厚，乳白色，肉质较粗松，味甜，汁液少，品质中等，适宜制干，制干率 53.1%（图 2－7）。

婆枣鲜果含可溶性固形物 26% 左右，可食率 96.81%。核小，纺锤形，纵径 2.1 厘米，横径 0.8 厘米，核质量 0.53 克，核尖短，核纹浅，含仁率低。

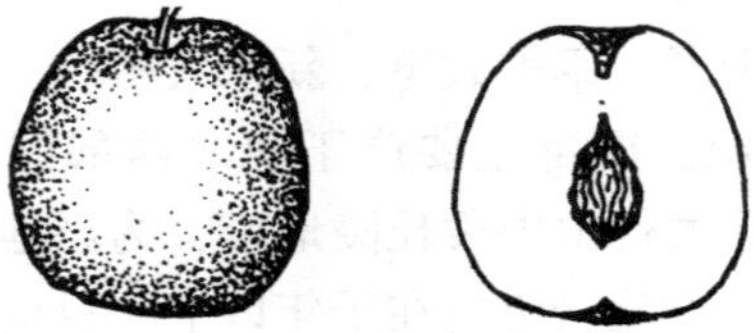

图 2-7　婆枣

婆枣树结果迟，根蘖苗一般 3～4 年开始结果，15 年后进入盛果期。坐果稳定，坐果部位在 4～8 节，占坐果总数的 70.43%。产量高而稳定。在产地 9 月下旬果实成熟。果实生育期 105 天左右。在山西太谷 4 月中旬萌芽，5 月下旬始花，9 月下旬果实成熟，10 月中旬落叶。年生长期 175～180 天，果实生育期 100～110 天。

（3）适栽地区、地域。婆枣树适应性强，品质中等，宜在原产地栽培。

**10. 扁核酸**

扁核酸又名酸铃、铃枣、鞭干等。

（1）品种来源。扁核酸主要产于河南黄河故道的内黄、濮阳、浚县、滑县、清丰、汤阴，河北邯郸地区和山东东明等地也有栽培，为河南栽培面积最大、产量最多的品种，也是全国主要品种之一。栽培历史已有 2 000多年。

（2）品种性状。扁核酸树势强健，树体较大，枝条中度密，树冠自然半圆形，树姿开张。40 余年生树干高 1.6 米，干周 78 厘米，树高 7.2 米，冠径 6.5～7 米。主干灰褐色，皮裂较浅，较易剥落。枣头红褐色，生长势较强，生长量 40～70 厘米，节间长 6～7 厘米，二次枝自然生长 4～7 节，针刺较发达。皮目小而较稀，圆形，凸起，灰白色。枣股小，圆锥形或圆柱形，一般长 1.2～1.4 厘米，最长 2 厘米左右，粗 1～1.2 厘米，抽吊力较强，每股一般抽生3～4吊。枣吊较粗，平均长15.6厘米。叶较大，卵圆形，深绿色，叶长5.7～7厘米，宽3～3.2厘米，先端渐尖，叶基圆形或亚心形，叶缘锯齿粗，中度密。花量中等，每吊着花40～50朵，枣吊中部每花离着花5～7朵。花较小，花径6～7毫米，花为昼开型。蜜盘橘黄色。

扁核酸枣果实中等大，椭圆形，侧面略扁，纵径2.9～3.3厘米，横径2.5～2.7厘米，平均果重质量10克，大小不很均匀。果梗中等长，较粗，梗洼中度广、中等深。果顶平，柱头遗存，不明显。果皮较厚，深红色，果面平滑。果点小，近圆形，分布较稀，不明显。果肉厚，绿白色，肉质粗松，稍脆，味甜酸，汁液少，适宜制干和加工枣汁，制干率56.2%。

扁核酸枣鲜果含可溶性固形物27%～30%，可食率96%。干枣含糖69.8%，维生素C 22毫克/100克。核小，纺锤形，纵径1.9～2.1厘米，横径0.9～1厘米，核质量0.4克，核尖较短，核纹较深，核面粗糙，多无种仁。

扁核酸枣树结果较迟，定植后一般第3、4年开始结果。当年生枣头结实力强，丰产，产量稳定，成龄树株产鲜枣40～50千克。在山西太原地区4月中旬萌芽，5月末始花，9月下旬果实脆熟，10月中旬落叶。年生长期180天左右，果实生育期100天左右。

（3）适栽地区、地域。扁核酸枣树适应性强，北方宜枣地区均可栽植。品质中等，可在产地适当发展。

**11. 郎枣**

（1）品种来源。郎枣主要分布在山西中部太谷、祁县、平遥等县，为当地主栽品种之一。是一个古老的地方栽培品种，各地数百年生老枣树分布很多。

（2）品种性状。郎枣树势强，树体高大，干性较强，枝条较密，树冠自然圆头形，树姿半开张。萌蘖力中等，苗木生长中等，根系不发达。19年生树干高1.54米，干周46.33厘米，树高9.36米，冠径东西4.83米，南北5.5米。枣头红褐色，萌发力中生长势较强，平均生长量73.35厘米，着生二次枝6个左右，节间长8~9厘米，二次枝自然生长5~6节，针刺较发达。皮目中等大，分布较密，圆形，凸起，开裂，灰白色。枣股中等大，圆柱形，抽吊力中等，每股一般抽生3~4吊。枣吊长16厘米左右。叶片中大。长卵形，绿色，叶长6.82厘米，宽3.21厘米，先端渐尖，叶基圆形，叶缘锯齿细而密。花量中等多，每吊平均着花61.6朵，每花序平均4.8朵。花较大，零级花花径7.6毫米，1级花花径6.99毫米，花为昼开型。蜜盘大，杏黄色。

郎枣果实中等大，圆柱形，纵径3.9厘米，横径3.01厘米，平均果质量14.9克，大小较均匀。梗洼中等广、深，果顶平，柱头遗存。果皮较薄，深红色，果面平滑，果点中等大，较密。果肉厚，绿白色，肉质致密，味甜略酸，汁液中等多，品质中上等，适宜制干，也可加工蜜枣，制干率55.56%（图2-8）。

郎枣鲜果含可溶性固形物36.9%，单糖23.74%，双糖8.74%，总糖32.48%，酸0.85%，糖酸比38.35∶1。可食率98.32%。含维生素C 388.69毫克/100克，含水量58%，钙0.349%，镁0.228%，锰4.133毫克/千克，锌9.493毫克/千克，铜3.35毫克/千克，铁30.932毫克/千克。干枣含单糖52.75%，双糖7.74%，总糖60.22%，酸1.37%，糖酸比45.76∶1。含维生素C 29毫克/100克。酒枣含可溶性固形物48%，含单糖39.78%，双糖1.42%，总糖41.2%，酸1.01%，糖酸比37.22∶1。含维生素C 6.68毫克/100克，含水量47%。核小，纺锤形，纵径2.23厘米，横径0.67厘米，核质量0.25克，核尖较长，核纹较深，核面较粗糙，核内不含种仁。

郎枣树结果较早，根蘖苗一般第2年开始结果，15年后进入盛果期。盛果期长，坐果率高，当年枣头吊果率121.05%，

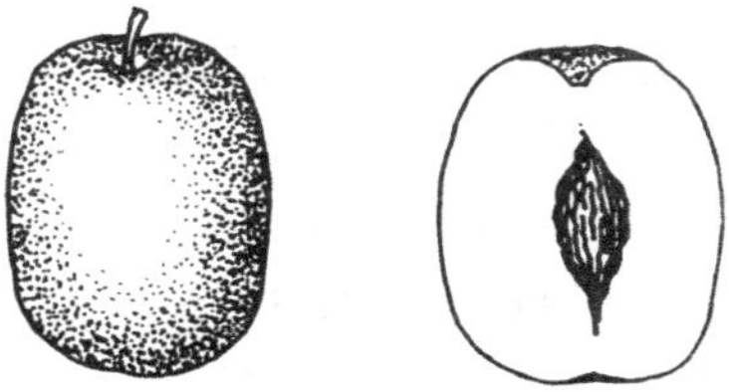

图 2－8 郎枣

2 年生枝吊果率 90.55%，3 年生枝吊果率 40.85%，坐果部位在 1～14 节，主要坐果部位在 8～12 节，占坐果总数的 60%。丰产，产量稳定，19 年生树在中等管理条件下，平均株产鲜枣 23.3 千克，最高株产 30.5 千克。在原产地 4 月 19 日前后萌芽，5 月下旬始花，6 月 28 日前后终花，8 月下旬果实开始着色，9 月中旬果实脆熟，10 月中旬落叶。年生长期 175 天左右，果实生育期 100 天左右。枣吊生长高峰期在 4 月 25 日至 5 月 25 日，占总生长量的 73.11%，5 月 25 日后缓慢生长，7 月 5 日前后停止生长。枣头生长高峰期在 5 月 1 日至 6 月 4 日，占总生长量的 85.46%，6 月 4 日后缓慢生长，6 月 29 日前后停止生长。

(3) 适栽地区、地域。郎枣树适应性强，品质中上等，原产地可适量发展。

**12. 大荔圆枣**

大荔圆枣又名铃铃枣。

(1) 品种来源。大荔圆枣主产于陕西大荔县石槽、官池、功村、八渔等地，为当地主栽品种。起源不详。

(2) 品种性状。大荔圆枣树势较强，树体高大，干性强，树冠自然圆头形，树姿较直立或半开张。成龄树树高 8～10 米，冠径 6～8 米。主干灰褐色，皮裂深，不易剥落。枣头红褐色，生长势强，平均生长量75厘米，节间长6.8厘米。皮目小，圆形，凸起，开裂、灰白色。二次枝自然生长3～9节，针刺较发达。枣股大，圆柱形，长2厘米左右，直径1.5厘米，抽吊力中等，每股抽生2～4吊。枣吊长16～20厘米，节间长1.1～1.7厘米。叶小，卵圆形，绿色，叶长3～5厘米，宽1.5～3厘米，先端渐尖，叶基圆形，叶缘锯齿浅而密。花小，花量较少，花径6～6.5毫米。蜜盘杏黄色。

大荔圆枣果实大，近圆形，纵径3.7～4.1厘米，横径3.6～3.9厘米，平均果质量18.2克，最大果25.4克，大小较均匀。果梗中等长而细，梗洼中度广而较浅。果顶凹，柱头遗存。果皮薄，紫红色，果面平滑。果点小而稀，圆形，较明显。果肉厚，绿白色，肉质致密，细脆，味甜，汁液中等多，品质中上等，适宜制干。

大荔圆枣鲜果含溶性固形物25%～28%，总糖19.2%，酸0.24%，可食率97.4%。干枣含总糖70.3%，酸0.69%。核小，长倒卵形，纵径1.5～2.1厘米，横径0.6～0.8厘米，核尖短，核纹浅，含仁率30%左右。

大荔圆枣树结果早，定植后一般第2年开始结果，产量高而稳定，成龄大树株产鲜枣75千克左右，最高株产120千克以上。

大荔圆枣在原产地4月中旬萌芽，5月中旬始花，9月中旬果实脆熟。果实生育期110天左右。

（3）适栽地区、地域。大荔圆枣树适应性强，耐瘠薄，在沙土地栽培表现良好。品质中上，主要用于制干和加工蜜枣，宜在北方平原沙土地区和蜜枣加工区适量栽植，也宜在南方蜜枣加工地区种植。

**13. 鸡心枣**

（1）品种来源。鸡心枣主产于河南新郑、中牟、西华等地，以新郑栽培较多，为当地次主栽品种。起源不详。目前尚有400

多年生的老枣树。

（2）品种性状。鸡心枣树势中等或较强，树体中等大，树冠圆锥形，树姿直立。80 年生大树干高 1.2 米，干周 1.1 米，树高 5.9 米，冠径东西 3.6 米。主干灰褐色，皮裂较浅。枣头黄褐色，萌发力较弱，平均生长量 36～55 厘米。皮目较大，长圆形，分布密。针刺较发达，刺长 1.2 厘米左右。枣股小，圆柱形，老龄枣股长 1.6 厘米左右，能持续结果 8～10 年。抽吊力中等或较强，枣吊平均长 16.8 厘米。叶中等大，长卵形，绿色或浅绿色，叶长 5.1 厘米，宽 2.6 厘米，先端渐尖，叶基近圆形，叶缘锯齿较细而整齐。花量多，花较大，花径 7.6 毫米，昼开型。蜜盘杏黄色。果实小，鸡心形，纵径 2.5～2.7 厘米，横径 1.6～1.7 厘米，平均果质量 4.9 克，最大果 5.3 克，大小较均匀。果梗中等长、中等粗，梗洼广而较深。果顶凸，柱头遗存。果皮较薄，紫红色，果面平滑，果点小，不明显。果肉中等厚，绿白色，肉质致密，略脆，味甘甜，汁液较少，适宜制干，品质上等，制干率 49.9%。

鸡心枣鲜果含可溶性固形物 31%，可食率 91.8%。干枣含糖 59.9%，酸 0.25%。肉质较紧密，耐挤压，耐贮运。核较大，纺锤形，纵径 1.5 厘米，横径 0.6 厘米，核质量 0.4 克，核尖短，核纹较浅，含仁率 75%左右，种仁较饱满。

鸡心枣树结果较早，根蘖苗一般第 2、第 3 年开始结果，15 年左右进入盛果期，盛果期长，产量较高而稳定。

鸡心枣树在原产地 4 月下旬萌芽，6 月初始花，9 月下旬果实成熟。果实生育期 100 天左右。

（3）适栽地区、地域。鸡心枣树适应性较强，结果较早，产量高而稳定，果实较小而均匀，为河南新郑枣区著名的制干优良品种。干枣果肉富弹性，耐挤压，耐贮运。果实成熟期遇雨裂果轻。鸡心枣主要出口日本，深受日本消费者欢迎，有开发前景，宜在原产区适量栽培。

**14. 无核小枣**

无核小枣又名虚心枣、空心枣。

（1）品种来源。无核小枣原产于山东乐陵、庆云、无棣及河北盐山、沧县、交河、献县、青县等地，以乐陵栽培较多。无核小枣栽培历史悠久，在成书于公元533—544年间的古农书《齐民要术》中，就有无核小枣的记载，是一个古老的地方名优品种，目前乐陵市郭家乡宁文海村还有500多年生的老龄枣树。

（2）品种性状。无核小枣树势中等或较弱，树体中等大，树冠自然半圆形，树姿开张。23年生大树干高1.5米，干周58厘米，树高5～6米，冠径5.2米，树体中等大，树冠圆锥形，树姿直立。80年生大树干高1.2米，干周1.1米，树高5.9米，冠径5.5米，枝条中度密，干性较强。不开甲（环剥）的成龄树，树高可达7米左右。主干灰褐色，树皮粗糙。枣头红褐色，幼树生长势强，逐渐转中等，生长量40～80厘米，节间长10.6厘米，二次枝自然生长5～7节。针刺中等发达，长1.2厘米左右。皮目中等大，圆形，凸起，分布稀。枣股中等大，圆柱形，5～6年生枣股长1.2厘米左右，老龄枣股长2.2～2.6厘米，持续结果12年左右，抽吊力较强，每股抽生3～5吊。枣吊长13～18厘米。叶中等大，卵状披针形，绿色，叶长5.5～6.3厘米，宽2.9～3.1厘米，先端渐尖，叶基圆形，叶缘锯齿细，中度密。花量多，枣吊中部每花序着花7～11朵。花小，花径5.8～6.2毫米，昼开型。蜜盘杏黄色。

无核小枣果实小，圆柱形或长椭圆形，纵径2.3～3厘米，横径1.2～1.8厘米，平均果重3.9克，最大10克，大小不均匀。果梗细而长，梗洼中度广、深。果顶平或微凹，柱头遗存。果皮薄，鲜红色，果面平滑，果点而稀，圆形，不太明显。果肉厚，白色或乳白色，肉质细而稍脆，味甚甜，汁液较少，适宜制干，品质上等，制干率53.8%（图2－9）。

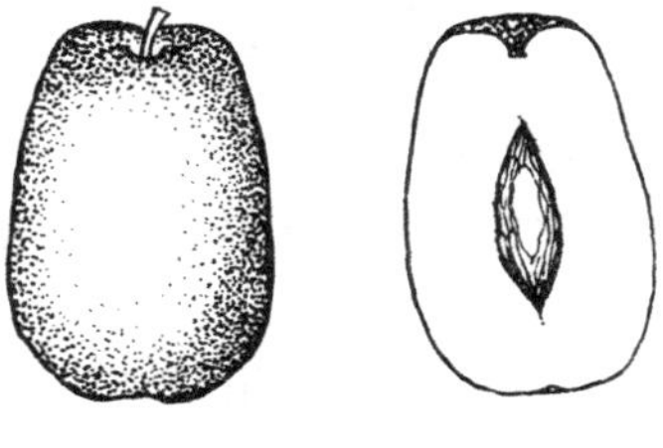

图2－9　无核小枣

无核小枣鲜果含可溶性固形物33.3%，干枣含糖75%～78%，酸10.8%。可食率98%～100%。核小，中、小果核大部退化为膜状软核，少数大果核发育正常，核较大，长纺锤形，纵径1.8～2.2厘米，横径0.5～0.7厘米，核质量0.3～0.4克，核尖短，核纹较浅，含仁率高。无核小枣结果迟，产量较低。在原产地9月上旬果实着色，9月中旬成熟。果实生育期95天左右。

（3）适栽地区、地域。无核小枣是原产区制干优良品种。植株适应性较差，对土壤要求较严，产量较低，果实小，大小不均匀，适宜原产地适量栽植。今后应从无核小枣中选出优良植株，经过鉴定和审定，培育新的优良品系（品种）。无核小枣一般不宜大量发展。

**15. 沧无3号**

（1）品种来源。沧无3号原产于河北泊头市。由河北沧州市林业科学研究所、中国科学院南皮试验站从无核小枣中选育的优良株系，2001年2月已通过河北林木审定委员会认定，并命名为‘沧无3号’。

（2）品种性状。沧无3号枣的70年生母树，干高1.5米，干周82厘米，树高5.5米，冠径东西4米，南北6.1米。树势中等，树体较小，干性较弱，发枝力中等，树姿开张。枣头黄褐色，二次枝自然生长4~9节，针刺不发达。

沧无3号果实小，圆柱形，平均果质量3.34克，大小均匀。果皮薄，鲜红色，果面光滑。果肉乳白色，质地致密，味极甜，适宜制干，制干率62.8%。干枣含糖77%，酸0.31%，品质极上。干果的果肉富弹性，耐贮运。

沧无3号植株在原产地4月中旬萌芽，5月底始花，6月上中旬盛花，9月中下旬果实成熟。

（3）适栽地区、地域。沧无3号树体较小，适宜密植栽培。主要用于制干，应在完熟期采收。采前有落果现象，应注意预防。其他栽培技术可按常规管理。

**16. 临泽小枣**

（1）品种来源。临泽小枣原分布于甘肃临泽、张掖、高台、酒泉、金塔等地，为当地原有的主栽品种。栽培历史悠久，至今尚有300多年生的老枣树。

（2）品种性状。临泽小枣树势中等，树体较大，干性较强。枝条较密，树冠自然圆头形，树姿开张。80年生大树干高1.5米，干周82厘米，树高7~9米，冠径6米。主干灰褐色，皮裂较浅，不易剥落。枣头红褐色，萌发力较强，平均生长量35~58厘米，二次枝自然生长3~8节，针刺发达。皮目小而密，圆形，凸起，开裂。枣股较大，圆柱形，老龄枣股长2.5厘米左右，能持续结果10~14年。抽吊力较强，每股抽生3~4吊，多的达5吊。枣吊长14~17厘米，节间长1.3厘米左右。叶片中等大，长卵形，浅绿色，较薄，叶长4.9~5.5厘米，宽2.6~3厘米，先端渐尖，叶基圆形或宽楔形，叶缘锯齿中度密，较粗。花量多，枣吊中部每花序着花7~9朵。花中等大，花径7毫米左右，昼开型。蜜盘橘黄色。

临泽小枣果实小，椭圆形，纵径2.5厘米，横径2.2厘米，平均果质量6.1克，最大9.5克，大小较均匀。梗洼窄而中等深广，果顶凹，柱头遗存。果点小，分布中度密。果皮较薄，紫红色。果肉较厚，绿白色，肉质致密，较细脆，味甜略酸，汁液中等多，适宜制干，干枣品质上等，制干率50%以上。

临泽小枣鲜果含可溶性固形物35%～38%，糖32.8%，酸0.78%。可食率94.9%。含维生素C 66.28毫克/100克。干枣含糖72.8%～80.2%，核较小，纺锤形或倒卵形，纵径1.6厘米，横径0.72厘米，核质量0.31克，核尖短，核纹较深，含仁率10%左右。

临泽小枣树结果较早，根蘖苗栽后一般第2、第3年开始结果，10年后进入盛果期。产量高，成龄树株产鲜枣25～40千克，最高株产60千克以上。盛果期长，百年生树仍可正常结果。在原产地5月初萌芽，6月上旬始花，9月下旬果实脆熟，10月中旬落叶。果实生育期100天左右。

（3）适栽地区、地域。临泽小枣树适应性强，结果较早，丰产，果实大小较均匀，成熟期遇雨很少裂果，为西北地区制干优良品种，适宜西北地区栽植。

**17. 大平顶**

大平顶又名平顶枣。

（1）品种来源。大平顶枣分布于辽西部的朝阳、凌源、建昌等地，为当地主栽品种。栽培历史较长，清朝末年已在当地广泛栽培。

（2）品种性状。大平顶枣树势强健，树体高大，树冠多呈自然半圆形，树姿态开张。100年生大树干高1.8米，干周1.54米，树高8米，冠径东西9.5米，南北8.5米。主干灰褐色，皮易剥落。枣头萌发力强，红褐色，平均生长量65厘米，节间长5.5厘米，二次枝自然生长7～10节，多者达13节，针刺较发达。皮目中等大，圆形，凸起，不开裂，灰白色。枣股粗大，圆柱形，最长3.1厘米，寿命长，能持续结果20年左右。抽吊力强，一般抽生4~5吊，多者达8吊。枣吊长18~25厘米，节间长1.2~1.5厘米。叶片中等大，卵状披针形，深绿色，叶长5.5~6.5厘米，宽2.2~2.5厘米，先端渐尖，叶基宽楔形，叶缘锯齿细而密。花量多，昼开型，花小，花径6毫米左右。蜜盘浅黄色。

大平顶果实中等大，圆柱形或长椭圆形，纵径3~3.4厘米，横径2~2.3厘米，平均果质量12克，最大果14克，大小较均匀。果梗短而粗，梗洼中等广深。果顶圆，柱头遗存。

大平顶枣果皮薄，鲜红色，果面较光滑。果点较大，分布中度密。果肉中等厚或较厚，乳黄色，肉质致密较细，甜味浓，略有酸味，汁液中等多，适宜制干，也可鲜食。

大平顶枣完熟期含可溶性固形物42.2%，酸0.68%。可食率90%。核大，纺锤形，纵径2.5~2.7厘米，横径0.8~1厘米，核质量1.2克，核面粗糙，核尖细长，含仁率50%左右，种仁较饱满。

大平顶枣树结果早，根蘖苗栽后1~2年开始结果，产量高而稳定，管理条件较好的成龄树，平均株产鲜枣50千克左右，100年生左右的高产树株产鲜枣达200千克。在原产地4月中下旬萌芽，5月底6月初始花，9月底至10月初果实成熟。果实生育期110~115天。

（3）适栽地区、地域。大平顶枣树适应性强，为辽宁朝阳、凌源等地原有主栽品种。其结果早，产量高而稳定，成熟期较晚，可食率低，成熟期遇雨易裂果。宜在东北年均气温8℃以上地区栽植。

**18. 婆婆枣**

（1）品种来源。婆婆枣分布于山西运城市盐湖区西曲马、乔阳等村，与相枣为同一产区。是当地原来次主栽品种。

（2）品种性状。婆婆树势强健，树体较大，干性较强，枝条中度密，粗壮，树冠自然圆头形，树姿开张。萌蘖力中等，根蘖苗根系发达，生长势强，1 年生根蘖苗平均高 98 厘米，根径 1.19 厘米。19 年生树干高 1.24 米，干周 53.67 厘米，树高 7.79 米，冠径东西 6.28 米，南北 6.57 米。主干灰褐色，皮裂中等深，不易脱落。枣头萌发力强，红褐色，生长旺，平均生长量 79.78 厘米，着生永久性二次枝 6 个左右，节间长 8 ~ 9 厘米，二次枝自然生长 5 ~ 7 节，针刺中等长，较发达。皮目小，较密，圆形，凸起，灰白色。枣股较大，抽吊力中等，每股平均抽生 3.47 吊。枣吊一般长 20 厘米左右，节间长 1.75 厘米。叶片中等大，长卵形，绿色，叶长 6.11 厘米，宽 2.94 厘米，先端渐尖，叶基圆形，叶缘锯齿中度密，较细。花量多，每吊平均着花 69.5 朵，每花序平均 5.57 朵。花中等大，零级花花径 7.37 毫米，1 级花花径 6.28 毫米，昼开型。蜜盘较大，杏黄色。

婆婆枣果实中等大，长圆形或葫芦形，纵径 3.3 厘米，横径 2.8 厘米，平均果质量 14.3 克，大小较均匀。梗洼广而浅，果顶平，柱头遗存。果皮厚，深红色，果面不平。果点小而密。果肉厚，浅绿色，肉质硬而较粗，味甜，汁液中等多，适宜制干，品质中等，制干率 47.5%（图 2 – 10）。

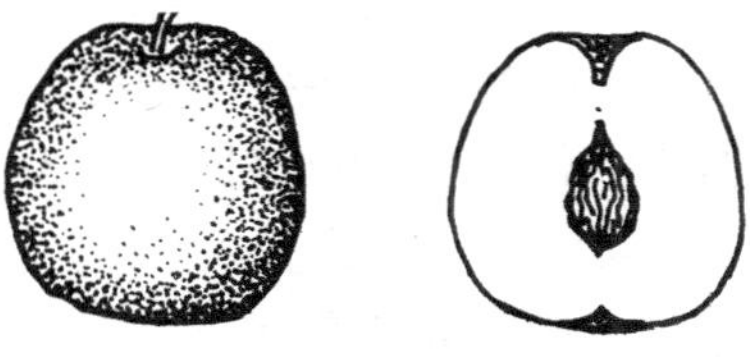

**图 2 – 10　婆婆枣**

婆婆枣鲜果含单糖 14.5%，双糖 14.86%，总糖 29.36%，酸 0.37%，糖酸比 78：1。可食率 96.5%。含维生素 C 489.4 毫克/

100克，含水量58.7%，镁0.217%，锰3.747毫克/千克，锌7.364毫克/千克，铜3.35毫克/千克，铁18.127毫克/千克，每克鲜枣果肉含环磷酸腺苷26.75纳摩尔。干枣含单糖51.29%，双糖10.48%，总糖66.77%，酸1.41%，糖酸比43.81：1。可食率91%。含维生素C 17.37毫克/100克，含水量16.15%，钙0.67%，镁0.17%，锰5.91毫克/千克，铜2.65毫克/千克，铁35.04毫克/千克，每克干枣果肉含环磷酸腺苷72.3纳摩尔。核小，纺锤形，纵径2.2厘米，横径0.9厘米，重核大，纺锤形，纵径2.5~2.7厘米，横径0.8~1厘米，核质量0.5克，核面较粗糙，种仁半饱满，含仁率60%左右，种仁播种后能出苗，实生后代变异性状稳定。

婆婆枣树结果较早，根蘖苗一般第2年开始结果，15年后进入盛果期。盛果期长，坐果率高，枣头吊果率70.19%，2年生枝吊果率60.87%，3年生枝吊果率57%，坐果部位在1~14节，主要坐果部位在3~8节，占坐果总数的72.86%。丰产，产量不很稳定。19年生树，中等管理条件下，平均株产鲜枣39.3千克，最高株产53千克。在山西太谷4月下旬萌芽，5月下旬始花，7月上旬终花。9月中旬果实着色，10月上旬脆熟，10月中旬落叶。年生长期170~175天，果实生育期115~120天。枣吊生长高峰期在5月5—30日，占总生长量的79.79%，5月30日后缓慢生长，6月29日前后停止生长。枣头生长高峰期在5月10日至6月14日，占总生长量的85.38%，6月14日后缓慢生长，6月29日前后停止生长。

（3）适栽地区、地域。婆婆枣树适应性强，结果早，抗裂果，抗枣疯病采前落果极少。种仁半饱满，播种可出苗。实生苗变异性状稳定，可作抗枣疯病、抗裂育种亲本材料。果实成熟晚，品质中等，适宜北方年均温10℃以上地区栽植，不宜多栽培。

**19. 柳罐枣**

(1) 品种来源。柳罐枣分布于山西稷山县南阳村一带，与板枣为同一产区。栽培数量不多。

(2) 品种性状。柳罐枣树势较弱，树体小，枝条细而较密，树冠自然圆头形，干性弱，树姿半开张。19 年生树干高 1.42 米，干周 42 厘米，树高 5.38 米，冠径东西 4.57 米，南北 5.14 米。枣头萌发力弱，黄褐色，平均生长量 45.29 厘米，二次自然生长枝 3～4 节，针刺较发达。皮目中等大，分布较稀，卵圆形，灰白色。枣股中等大，抽吊力强，每股平均抽生 4.1 吊。枣吊平均长 15.17 厘米。叶片中大，长卵形，绿色，叶长 5.72 厘米，宽 2.57 厘米，先端渐尖，叶片中大，长卵形，绿色，叶长 5.72 厘米，宽 2.57 厘米，先端渐尖，叶基圆形，叶缘锯齿粗，中等密。花量中等多，每吊平均着花 55.4 朵，每花序平均 5.3 朵。花中等大，零级花花径 6.57 毫米，1 级花花径 6.01 毫米，6～7 时蕾裂。蜜盘中等大，橘黄色。

柳罐枣果实大，长卵形，侧面扁，纵径 4.34 厘米，横径 3.31 厘米，侧径 2.95 厘米，平均果质量 19 克。梗洼较广，中等深，果顶微凹，柱头遗存。果皮厚，深红色，果面不平滑。果肉厚，绿白色，肉质硬，味甜，汁液较少，适宜制干，品质中上，制干率 56.02%。

柳罐枣鲜果含可溶性固形物 33%，单糖 17.28%，双糖 7.65%，总糖 24.33%，酸 0.6%，糖酸比 24.83：1。可食率 96.32%。含维生素 C 410.61 毫克/100 克，含水量 61.6%，钙 0.235%，镁 0.073%，锰 3.64 毫克/千克，铜 3.125 毫克/千克，铁 22.477 毫克/千克，每克鲜枣果肉含环磷酸腺苷 21.25 纳摩尔。干枣含单糖 60.39%，双糖 4.12%，总糖 64.51%，酸 0.94%，糖酸比 41.55：1，含水量 15.25%，每克干枣果肉含环磷酸腺苷 62.5 纳摩尔。核小，纺锤形，纵径 2.66 厘米，横径 0.93 厘米，核质量0.7克，核面粗糙，含仁率20%左右，种仁不饱满。

柳罐枣树结果较迟，根蘖苗一般第3年开始结果，15年后进入盛果期。坐果率较低，当年枣头吊果率39.39%，2年生枝吊果率21.29%，3年生枝吊果率14.15%，坐果部位在1~12节，主要坐果部位在1~9节，占坐果总数的92.31%。产量较低，19年生树，中等管理条件下，平均株产鲜枣7.15千克。在山西太谷4月19日前后萌芽，5月下旬始花，9月下旬果实脆熟，10月中旬落叶。年生长期170~175天，果实生育期110天左右。枣吊生长高峰期在5月1—25日，占总生长量的77.38%，5月25日后缓慢生长，6月24日前后停止生长。枣头生长高峰期在5月5日至6月4日，占总生长量的70%左右，6月4日后缓慢生长，6月19日前后停止生长。

（3）适栽地区、地域。柳罐枣树适应性较强，果实品质中上等，制干率高，抗裂果。适宜在北方枣地区种植。

**20. 紫圆**

（1）品种来源。紫圆原产于山西夏县。栽培数量不多，栽培历史不详。

（2）品种性状。紫圆枣树势较强，树体较小，干性强，枝条少而粗壮，树冠圆锥形，树姿直立。萌蘖力中等，苗木长势强，1年生根蘖苗平均高66厘米，干径1.18厘米，着生永久性二次枝10个左右，节间长5.15厘米。二次枝着生部位低，生长半，自然生长6~9节，针刺较发达。19年生树干高1.45米，干周47厘米，树高7.6米，冠径东西3.3米，南北2.4米。枣头萌发力弱，红褐色，生长势较强，平均生长量64厘米，节间长7~8厘米，二次枝自然生长6~8节。皮目中等大，分布较稀，圆形，凸起，开裂。枣股大，圆锥形，抽吊力较强，每股抽生3~5吊。枣吊平均长1.92厘米，最长达28厘米。叶中等大，长卵形，深绿色，叶长4.81厘米，宽2.2厘米，先端渐尖，叶基畸形。花量中等多，每吊平均着花69朵，每花序平均4朵。花中等大，花径7.2毫米，夜开型。蜜盘中等大，橘黄色。

紫圆果实中等大，扁圆形，纵径3.19厘米，横径3.32厘米，平均果质量15.2克，最大果21克，大小较均匀。果梗中等长或较短，梗洼广而浅。果顶凹，柱头遗存。果皮中等厚，紫红色，果面光滑。果点中等大，分布中度密。果肉厚，白绿色，肉质较松，味甜，汁液中等多，适宜制干，制干率56%，干枣品质中上等。枣果自然晾晒后，色泽紫红，果皮光滑不皱，外观光洁诱人。

紫圆鲜枣含可溶性固形物34.8%，单糖16.07%，双糖14.18%，总糖30.26%，酸0.62%，糖酸比48.87：1。可食率95.66%。含维生素C 341.93毫克/100克，含水量60.4%，钙0.485%，镁0.259%，锰4.849毫克/千克，锌11.517毫克/千克，铜2.125毫克/千克，铁25.111毫克/千克。干枣含可溶性固形物77%，单糖63.79%，双糖3.01%，总糖66.8%，酸1.2%，糖酸比55.73：1，可食率90%。含维生素C 27.51毫克/100克，含水量19.3%。核小，椭圆形，纵径1.74厘米，横径0.94厘米，核质量0.66克，核纹浅，含仁率高，种仁较饱满，多为单仁，偶有双仁。

紫圆枣植株坐果率较高，当年枣头吊果率130.9%，2年生枝吊果率77.36%，3年生枝吊果率47.83%，坐果部位在1~17节，主要坐果部位在3~9节，占坐果总数的71%。丰产，产量稳定。19年生树，中等管理条件下，株产鲜枣22.5千克。在山西太谷4月15日前后萌芽，5月27日始花，9月15日果实脆熟。10月13日前后开始落叶。年生长期175~180天，果实生育期100天左右。枣吊生长高峰期在4月底至5月25日，占总生长量的75%，5月25日后缓慢生长，6月20日前后停止生长。枣头生长高峰期在5月初至6月20日，6月20日后缓慢生长，7月初停止生长。

（3）适栽地区、地域。紫圆枣树适应性强，对栽培条件要求不严，结果较早，丰产，产量稳定，采前落果少，成熟遇雨裂果很轻，果实大小较均匀，自然晒干的枣果，果皮光亮不皱，色泽紫红，外观美丽诱人，可作育种亲本材料。树姿直立，枣吊长，叶色深绿，有较高观赏价值，适合北方宜枣区栽植。

**21. 稷山圆枣**

（1）品种来源。稷山圆枣原产于山西汾河下游稷山县南阳村一带。栽培不多，栽培历史不详。

（2）品种性状。稷山圆枣树势中等，树体较小，干性弱，枝条细，较密，树冠呈自然圆头形，树姿开张。萌蘖力弱，根蘖苗生长中等，1 年生根蘖苗高 74. 8 厘米，根径 1. 01 厘米，着生永久性二次枝 11 个左右，节间长 5. 44 厘米。二次枝自然生长 6 ~ 7 节，针刺不发达。19 年生树干高 1. 35 米，干周 47. 33 厘米，树高 6. 64 米，冠径东西 5. 35 米，南北 5. 41 米。主干灰褐色，皮裂粗而深，较易脱落。枣头萌发力较强，生长较弱，平均生长量 34 厘米，着生永久性二次枝少。二次枝自然生长 4 ~ 5 节，针刺不发达。皮目小而稀，椭圆形，凸起，灰白色，枣股中等大，抽吊力较强，每股平均抽生 3. 9 吊。枣吊一般长 18 厘米左右。叶片较小，长卵形，绿色，叶长 5. 72 厘米，宽 2. 57 厘米，先端渐尖，叶基楔形或偏圆形，叶缘锯齿中度密，较粗。花量较多，每吊平均着花 70. 7 朵，每花序平均 4. 6 朵。花中等大，零级花花径 7. 34 毫米，1 级花花径 6. 48 毫米，花昼开型，11 ~ 12 时蕾裂。蜜盘中大，杏黄色。

稷山圆枣果实大，近圆形，纵径 3. 85 厘米，横径 4 厘米，平均果质量 20. 9 克，最大果 31 克以上，大小不均匀。果梗较短，梗洼广而浅。果顶微凹，柱头遗存。果皮中度厚，紫红色，果面平滑。果肉厚，绿白色，肉质较致密，味甜，汁液中等多，品质中上等，适宜制干和酒枣，制干率 51. 43%。

稷山圆枣鲜果含可溶性固形物33%，单糖24.17%，双糖5.65%，总糖29.82%，酸0.66%，糖酸比44.91：1。可食率96.5%。含维生素C 321.48毫克/100克，含水量62.2%，钙0.274%，镁0.08%，锰4.41毫克/千克，铜3.152毫克/千克，铁41.229毫克/千克，每克鲜枣果肉含环磷酸腺苷31.38纳摩尔。干枣含单糖47.96%，双糖16.69%，总糖64.65%，酸1.54%，糖酸比41.48：1，含水量10.8%，每克干枣果肉含环磷酸腺苷98.06纳摩尔。酒枣中含可溶性固形物34.2%，单糖30.5%，双糖0.28%，总糖31.28%，酸0.77%，糖酸比40.68：1。含维生素C 6.68毫克/100克，含水量62.25%。核小，纺锤形，纵径2.3厘米，横径0.88厘米，核质量0.74克，核尖短，核纹较粗糙，含仁率50%左右，种仁较饱满。

稷山圆枣树结果较迟，根蘖苗一般第3年开始结果，15年后进入盛果期，盛果期长，坐果率中等，当年枣头吊果率43.75%，2年生枝吊果率48.85%，3年生枝吊果率28.98%，坐果部位在1～15节，主要坐果部位在1～8节，占坐果总数的76.33%。产量中等，一般管理条件下，19年生树株产鲜枣15千克左右，最高株产21千克以上。在山西太谷4月19日前后萌芽，6月初始花，6月中旬盛花，6月底终花，8月25日前后果实开始着色，9月下旬成熟，10月中旬落叶。年生长期170～175天，果实生育期110天左右。枣吊生长高峰期在5月1—25日，占总生长量的73.22%，5月25日后缓慢生长，7月4日前后停止生长。枣头生长高峰期在5月5—25日，占总生长量的73.4%，5月25日后缓慢生长，6月24日前后停止生长。

（3）适栽地区、地域。稷山圆枣树适应性较强，产量中等，品质中上等，果实大，果形美观。适于北方年均温9℃以上丘陵山区栽植。

**22. 永和条枣**

（1）品种来源。永和条枣分布于山西永和县，是当地古老品种，栽培历史悠久。为当地主栽品种之一，全县11个乡镇80个村庄都有栽培，其中以阁底、南庄、打石腰3个乡栽培集中，为主产区。

（2）品种性状。永和条枣树势强健，树体较大，干性较强，树冠半圆形或圆锥形，树姿开张。枣头红褐色，生长势中等，平均生长量33厘米左右，针刺发达。枣股较小，圆柱形，5~6年生枣股平均长1.1厘米左右，叶片较大，长卵形，一般叶长7.4厘米左右。

永和条枣果实中等大，柱形，纵径4.2厘米，横径2.5厘米，平均果质量14克。果皮较厚，紫红色，果面光滑，果肉厚，浅绿色，肉质致密，味甘甜，汁液较少，适宜制干。干枣品质上等。

永和冬枣干枣糖71.4%，酸0.88%。含维生素C 14.33毫克/100克，粗蛋白3.62%，粗纤维3.82%，脂肪0.31%，钙598.42毫克/千克，铁6.86毫克/千克，锌4.47毫克/千克，钾0.54%，磷608.71毫克/千克。

永和条枣树结果较早，丰产，产量稳定。在原产地9月下旬成熟，成熟期遇雨较抗裂果。

（3）适栽地区、地域。永和条枣树适应性强，抗旱，抗桃小食心虫，较抗裂果，丰产、稳产，干枣品质优良，适于北方丘陵山区栽植。

**23. 胜利枣**

（1）品种来源。胜利枣（87-1-9）是山西省农业科学院果树研究所选育的枣矮化新品系。

（2）品种性状。树体紧凑健壮，树姿直立，成龄树高2.7~3.2米。枝条节间短，枣吊粗壮，有的达半木质化。新生枣头及

2、第3年生幼龄枝结果能力强、结果量占总产量85%以上，3年生幼树株产鲜枣可达11.7千克。果实大，平均单果质量19.7克，圆柱形，果肉致密，汁液少，干制率高达60%以上。果实10月中离，无裂果腐烂之忧。

该品种矮化，早果速丰，制干率高且制干容易，干枣品质中上，无雨裂，果实属后发育型，可躲过桃小食心虫果期，为很有发展前途的晚熟制干矮化品种。该品种果实发育需要较高积温，适合在年均温10℃以上地区及土层深厚，肥沃、平坦的水浇地上栽植。

**24. 根德大枣**

（1）品种来源。别名二十家大枣、大家枣。分布于辽宁西部朝阳的小凌河流域，以根德、二十家子等地栽培最为集中，来源不详。

（2）品种性状。树体较大，树姿开张，树冠疏层形或自然圆头形。叶片中大，披针形。花量多、花小、白天开放。果实中大，长柱形或长卵圆形。纵径3.0～3.4厘米，横径2.0～2.5厘米，平均果质量10克，大小较整齐。果柄较粗，长0.3～0.4厘米。胴部一侧平直，一侧略鼓起。果面平滑，富光泽，个别果有小块凸凹不平。果皮中厚，紫红色。果肉绿白色，质细酥脆，汁液中多，甜酸适口，可食率96%左右，适宜制干。干枣含总糖67.5%，酸1.23%，维生素C 15.2毫克/100克，品质上等。果实9月中下旬成熟。核内多含1粒不饱满的种子。

该品种适应性强，抗寒、耐旱瘠。树体强健，易管理。结果早，产量高而稳定。果实中等大，裂果轻，干枣品质优良，是适宜气温较低的北方山区推广栽培的优良制干品种。

**25. 赞新大枣**

（1）品种来源。产于新疆阿克苏地区。为阿拉尔农业科学研究所从1975年引入的赞皇大枣苗中选一个优良株系，1985年命名。已在当地繁殖推广。

（2）品种性状。树势强健，树姿较直立，干性强，树冠自然半圆形。托叶刺不发达。叶片大而厚，卵圆形。花量多，花大。果实大，倒卵圆形，纵径4.1厘米、横径3.6厘米，平均果质量24.4克，最大果30.1克，大小不很均匀。果柄粗长，果面平整，有粗糙感，光泽一般。果皮较薄，棕红色。果肉绿白色，质致密，细脆，汁液中多，叶甜，略酸，含总糖27%上下，酸0.42%，可食率96.8%，宜制干，制干率48.8%，品质上等。干枣含总糖72.9%。果核大，核内无种子。在当地9月底至10月上旬完熟。

该品种适应性强，较抗病虫，结果早，产量高而稳定，管理简便。果实大，糖分和制干率较高，为优良的制干品种，适宜秋雨少的地区大面积栽培。

**26. 金丝蜜**

（1）品种来源。河北省沧县金丝小枣良繁基地从金丝小枣中选优而来。1997年通过河北省林木良种审定委员会审定。

（2）品种性状。树冠自然圆头型。幼树生长旺盛，结果后树势渐弱。萌芽力强、成枝力中等。当年生枣头黄棕色，幼树和徒长枝有托叶刺，后逐渐脱落。叶片卵状披针形。果实长圆形，平均单果质量4.52克，最大果6克，纵横径2.55厘米×1.87厘米。果皮薄韧，紫红色，果点圆形锈色，果顶圆形，顶点微凹。果肉绿白色，还原糖15.54%~17.59%，有机酸0.39%~0.49%，维生素C 309.05~439.42毫克/100克。核小，纺锤形，土黄色，很少有核仁。可食率96.76%，制干率64.5%。干枣皮纹细浅，果肉金黄色，味甜，品质极上。9月12日左右全红，果实发育期约102天。

该品种对土壤适应性强，但以中壤性黏质潮土最为适宜，抗盐碱、抗旱涝能力强，裂果极轻。进入经济结果期较早，自花结实能力强，生理落果、裂果轻，结果后丰产、稳产，无明显大小年现象。

**27. 无核红**

（1）品种来源。河北省沧县金丝小枣良繁基地从无核小枣中选优而来。1997 年通过河北省科学技术委员会组织的技术鉴定，1998 年通过河北省林木良种审定委员会审定。

（2）品种性状。树冠呈自然圆头型。树势中庸，萌芽力强，成枝力中等。当年生枣头黄棕色，幼树和徒长枝有托叶刺，后逐渐脱落。叶卵状披针形。果实圆柱形，果实中等，平均单果质量 3.13 克，最大果 8 克，平均纵横径 2.36 厘米 ×1.57 厘米。果皮薄富有韧性，鲜红色，果顶微凹。果肉细腻，味甜无杂味，还原糖 14.5%，有机酸 0.483%，维生素 C 306.12 毫克/100 克。核退化，只剩不完全的膜片，种仁多不发育，果心形成一个无核的空腔，稀有大果形成一枚种子。可食率 100%，制干率 61.1%。干枣果纹细浅，品质好。9 月 19 日左右果实全红，果实发育期约 98 天。

该品种对土壤适应性强，但以中壤性黏质潮土最为适宜。抗盐碱、抗旱涝能力强，无裂果或裂果极轻。与普通无核小枣比较，结果早、产量高，结果稳定，无大小年现象，生理落果轻，无落果现象。

## 三、兼用品种

**1. 中枣 1 号**

（1）品种来源。中国农业科学院郑州果树研究所与河南省新郑市林业科学研究所合作，从新郑灰枣中选出。

（2）品种性状。果实中等大，果长椭圆形，纵径 3.2～3.7 厘米，横径 2.1～2.6 厘米，平均果质量 14.1 克，大小均匀。果梗中等粗长，梗洼窄，中度深。果顶平，柱头遗存。果皮中等厚，橙红色，果面较平滑。果点小，分布中度密，圆形，浅黄色，不明显。果肉厚，绿白色，肉质致密，较脆，味甜，汁液量中多，品质上等，鲜枣可溶性固形物含量为32%，核小，纺锤形，纵径1.8厘米，横径0.5厘米，核质量0.31克，核尖短，核纹较浅，含仁率高，种仁较饱满。可食率97.5%，制干率55%，离核，干枣含糖量65%。干枣肉质致密，有弹性，耐贮运。适宜制干、鲜食和蜜枣加工。

树势中等，树体中等大，树冠呈自然圆头形，干性中等强，枝条中等密，树姿半开张。成龄树树高6.5米，冠径6米左右。主干灰褐色，皮裂中度深，不易脱落。枣头红褐色，生长势中等，平均生长量40~70厘米。皮目中等大，椭圆形，分布较密，凸起，灰白色，开裂。着生永久性二次枝4~9个，节间长7.7厘米。二次枝自然生长5~7节，针刺较发达。枣股中等大，圆柱形，抽吊力较强，每股平均抽生3~4吊。枣吊长13~22.5厘米。叶中等大，长卵形，深绿色，较厚，叶长4.2~5.4厘米，宽2~2.6厘米，先端渐尖，叶基圆形，叶缘锯齿浅，分布稀。花量多，花中等大，零级花花径7毫米左右，1级花花径6.5毫米左右，昼开型。蜜盘小，浅黄色。

4月中旬萌芽，5月下旬始花，9月中旬脆熟。果实生育期100天左右。

（3）适栽地区、地域。特抗裂果、缩果病、连年丰产，适应性较强，品质好，用途好，用途广，适于黄河故道地区和新疆南部栽培。

**2. 金丝小枣**

（1）品种来源。金丝小枣广泛分布于山东乐陵、无棣、庆云、阳信、沾化、寿光和河北沧县、献县、泊头、南皮、盐山、青县等地，为当地主栽品种，也是全国栽培最多的主要品种。栽培历史悠久，据乐陵、无棣县志记载，在400年前的明代已有在规模栽培。清代乾隆年间，乐陵金丝小枣普作为贡品，被乾隆皇帝封为‘枣王’，并赐予枣王匾。该品种果实晒至半干，掰开果肉，可拉出6~7厘米长的金色细丝，故名“金丝小枣”。

（2）品种性状。金丝小枣树势中等，树体中等大，干性中等强，枝条中度密，树冠易形成多主枝疏层形，树姿大部分半开张，有少数植株树姿开张。生长于土壤条件较好的30年生成龄大树，并施行环剥的植株，干高1.12米，干周70厘米，树高5.5~6.5米，冠径5米左右。不施行环剥的植株，树高7~8米，冠径6~7米。主干灰褐色，皮粗糙，易剥落。枣头黄褐色，萌发力中等强，一般生长量60厘米左右，着生永久性二次枝5个左右，节间长4~6厘米。二次枝自然生长5~8节，针刺较发达。皮目小而中度密，圆形，突起，开裂，灰白色。枣股中等大，圆柱形或圆锥形，抽吊力较强，一般每股抽生3~5吊。枣吊长13~20厘米。叶片较大，长卵形或卵状披针形，深绿色，叶长4.9~6.5厘米，宽1.9~2.7厘米，先端渐尖，叶基圆形，叶缘锯齿浅，中度密。花量多，每花序着花3~9朵。花中等大，零级花花径7毫米左右，1级花花径6.8毫米，昼开型。蜜盘中大，杏黄色。

金丝小枣果实小，平均果质量5克，果形因株系而异，有椭圆形、长圆形、鸡心形、倒卵形等。果梗细，中等长，梗洼中度深，较窄。果顶平，柱头遗存。果皮薄，鲜红色，果面光滑。果肉厚，乳白色，质地致密，细脆，味甘甜微酸，汁液中等多，品质上等，适宜制干和鲜食，制干率55%~58%（图2-11）。

金丝小枣鲜果含可溶性固形物34%~38%，维生素C 560毫克/100克。干枣果形饱满，肉质细，富弹性，耐贮运，味清甜。

金丝小枣干果含糖74%~80%，酸1%~1.5%。可食率95%~97%。核小，纺锤形，核质量0.25克，核纹浅，核尖中等长，含仁率较高，种仁较饱满。

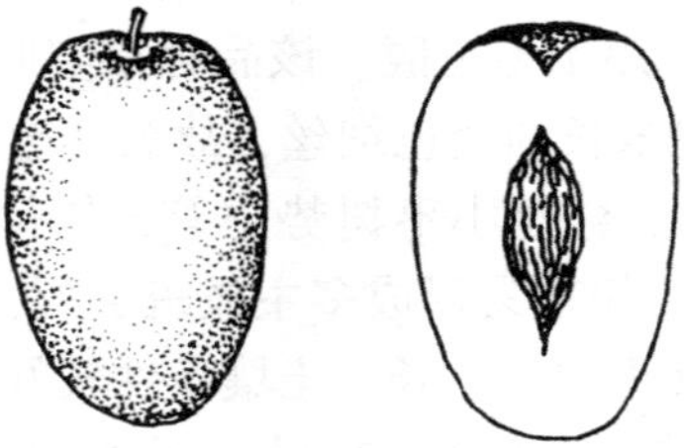

图 2-11　金丝小枣

金丝小枣树结果较迟，根蘖苗一般第 3 年开始结果，10 年后进入盛果期。坐果率高，坐果部位在 1～9 节，主要坐果部位在 3～7 节，占坐果总数的 82.3%。较丰产，产量较稳定，一般管理下，20 年生树平均株产鲜枣 40～60 千克，最高株产 90 千克以上。在原产地 4 月中旬萌芽，5 月底始花，9 月上旬果实开始着色，9 月下旬完熟。果实生育期 100 天左右。

（3）适栽地区、地域。金丝小枣树的适应性较强，鲜食和制干兼用，多用于制干、成熟期较晚，适于北方年平均气温 9℃以上地区栽培。年平均气温 9℃以下地区栽植，果实成熟度差，影响干枣品质。

**3. 赞皇大枣**

赞皇大枣又名赞皇长枣、赞皇金丝大枣。

（1）品种来源。赞皇大枣原产于河北赞皇县。为当地主栽品种，在赞皇已有 400 多年的栽培历史，是目前发现的唯一三倍体品种，细胞染色体为 $2n=3x=36$。20 世纪 60 年代引至山西太谷，生长、结果和品质综合性状表现良好，80 年代以来已成为山西全省范围内重点推广品种之一。70 年代引至新疆阿克苏地区栽种，表现甚佳，产量、品质优于原产地。该品质是近年来我国北方地区发展最多的品种之一，将成为北方的主要品种之一。

（2）品种性状。赞皇大枣树势强，树体较高大，干性中等强，枝条较稀，粗壮，树冠多呈自然圆头形，树姿半开张。主干灰褐色，皮裂较深，不易剥落。枣头生长势强，红褐色，一般生长量60厘米左右，节间长6.8厘米，二次枝着生7~10个。二次枝自然生长5~9节，针刺较发达。皮目小，较稀，畸形，凸起，开裂，灰白色。枣股较大，圆柱形，老龄枣股长2.7厘米，能持续结果10年左右，抽吊力中等，每股一般抽生3~4吊。枣吊长12~22厘米，节间长1.5~2厘米。叶片厚而宽大，深绿色，叶长5.5~7厘米，宽3.6~4.5厘米，先端钝圆渐尖，叶基心形或圆形，叶缘锯齿粗，中度密。花量较多，每吊一般着花50朵，每花序平均着花4.1朵。花大，花径8~9毫米，昼开型。蜜盘中等大，杏黄色。

赞皇大枣果实长，长圆形或倒卵形，纵径4.1厘米，横径3.1厘米，平均果质量17.3克，最大果29克，大小较均匀。果梗中等长、中等粗，梗洼窄中等深。果顶微凹，柱头不明显。果皮中度厚，深红色，果面光滑。果点小而圆，分布中度密，不明显。果肉厚，近白色，肉质致密细脆，味甜略酸，汁液中等多，品质上等，适宜鲜食、制干和蜜枣加工，制干率47.8%（图2－12）。

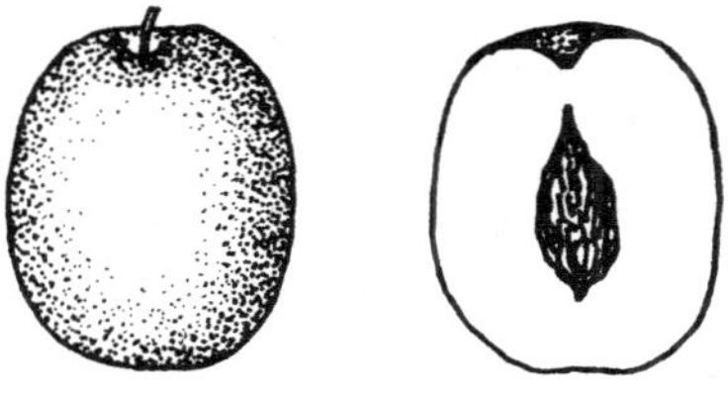

**图2－12　赞皇大枣**

赞皇大枣鲜果含可溶性固形物30.5%。核小，纺锤形，核尖短，核纹中度深，核面较粗糙，核内无种仁。

赞皇大枣树结果较早。陕西清涧县洲洋公司以赞皇大枣接穗嫁接在1年生酸枣实生苗砧木上，当年结果株率达48.57%，单株平均结果3.69个，单株最高结果13个。坐果率高，坐果部位在1~14节，主要坐果总段3~9节，占坐果总数的88.49%。产量高而稳定，成龄树每公顷可产鲜枣15 000~75 000千克。在原产地4月上旬萌芽，9月下旬果实成熟，果实生育期110天左右。在山西太原4月中旬萌芽，5月下旬始花，6月上中旬盛花，9月下旬果实成熟，10月中旬落叶。年生长期175~180天，果实生育期100~110天。

（3）适栽地区、地域。赞皇大枣树适应性强，适于北方大部分地区特别是丘陵山区栽培。

**4. 板枣**

（1）品种来源。板枣原产于山西稷山县，主要分布于城关镇姚村、陶梁、南阳、下迪等村。为当地主栽品种，年产鲜1 500枣余万千克。据《稷山县志》记载，栽培历史始于明代之前。

（2）品种性状。板枣树势较强，树体较大，枝条较密，干性较弱，树冠自然半圆形或开心形，树姿半开张。萌蘖力强，根蘖苗根系发达，生长较强，1年生根蘖苗平均高78.6厘米，根径1.03厘米，着生永久性二次枝10个左右，节间长6厘米。19年生树，干高99厘米，干周53厘米，树高8.2米，冠径东西5.34米，南北4.99米。枣头红褐色，萌发力较强，生长中等，平均生长量40左右，着生永久性二次枝4~5个，节间长8~9厘米。二次枝自然生长6~7节，针刺较发达。枣股中等大，抽吊力强，每股一般抽生4~5吊。枣吊一般长15厘米左右，节间长1.2~1.5厘米。叶片小，卵圆形，深绿色，叶长4.78厘米，宽2.39厘米，先端渐尖，叶基圆形，叶缘锯齿浅，中度密。花量中等多，每吊着花 52.5 朵，每花序平均 3.8 朵。花小，零级花花径 6.13 毫米，1 级花花径 5.34 毫米，尽是昼开型，13 时左右蕾裂。蜜盘小，杏黄色。果实中等大，扁倒卵形，纵径 3.23 厘米，横径 2.73 厘米，侧径 2.38 厘米，平均果质量 11.2 克，大小较均匀。果梗细，中等长，梗洼中度广，较深。果顶微凹，柱头遗存。果皮中厚，紫红色，果面光滑。果点小而密，圆形，浅黄色，不明显。果肉厚，绿白色，肉质致密，较脆，甜味浓，汁液较少，鲜食，制干和加工蜜枣兼用，多以制干为主，制干率 57%。

板枣鲜果含可溶性固形物 41%，单糖 14.29%，双糖 19.38%，总糖 33.67%，酸 0.36%，糖酸比 90：1。可食率 96.25%。含维生素 C 499.7 毫克/100 克，含水量 50.4%，钙 0.472%，镁 0.242%，锰 4.684 毫克/千克，铜 3.015 毫克/千克，铁 31.431 毫克/千克，每克鲜枣果肉含环磷酸腺苷 5.13 纳摩尔。干枣含单糖 66.76%，双糖 7.74%，总糖 74.5%，酸 2.41%，糖酸比 30.91：1，可食率 92.8%。含维生素 C 10.93 毫克/100 克，含水量 25.12%，每克干枣果肉含环磷酸腺苷 15.09 纳摩尔。酒枣中含可溶性固形物 48.6%，单糖 32.39%，双糖 5.29%，总糖 37.58%，酸 0.914%，糖酸比 41.12：1。含维生素 C 7.13 毫克/100 克，含水量 45.5%，钙 0.203%，镁 0.09%，锰 4.658 毫克/千克，铜 2.449 毫克/千克，铁 34.429 毫克/千克。核小，纺锤形，纵径 1.97 厘米，横径 0.73 厘米，核质量 0.42 克，核尖较短，核纹浅，含仁率 20% 左右。

板枣树结果早，根蘖苗一般第 2 年开始结果，15 年后进入盛果期，盛果期长。坐果率高，当年枣头吊果率 115.75%，2 年生枝吊果率 51.28%，3 年生枝吊果率 48.52%，坐果部位在 2～13 节，主要坐果部位在 3～9 节，占坐果总数的 86.4%。丰产，产量较稳定，在中等管理条件下，19 年生树平均株产鲜枣 28.35

千克，最高株产37.25千克，盛果期大树最高株产达200千克，300余年生老龄枣树仍可产鲜枣50余千克。在山西太谷4月中旬萌芽，5月20日前后始花，7月5日前后终花，9月上旬果实着色，9月20日前后脆熟，10月中旬落叶，年生长期175天左右，果实生育期100天左右。枣吊生长高峰期在5月1—20日，占总生长量的61.37%，5月20日后缓慢生长，6月24日前后停止生长。枣头生长高峰期在5月5日至6月14日，占总生长量的74.17%，6月14日后缓慢生长，7月9日前后停止生长。

该品种结果早，产量高而稳定，品质好，用途广，市场竞争力强，经济效益高，受国内外消费者的欢迎。1973年以来远销日本、北美和东南亚，1993年获得山西省首届博览会金奖，1994年获全国林业博览会金奖，1997年获山西省首届干果评比省内十大名枣第一名，2000年9月在山东乐陵举行的全国红枣品种评比中获得金奖。在产地1级干枣收购价每千克15~20元，特级干枣收购价每千克30~40元，而且供不应求，是一个有开发前景的优良品种。

（3）适栽地区、地域。板枣树适应性较强，山东、河南、河北、新疆阿克苏等地引种栽培，均表现良好，但对湿度条件要求较高，适于北方年均气温10℃以下地区栽植，平均气温10℃以下地区栽培，较丰产。

**5. 骏枣**

（1）品种来源。骏枣原产于山西交城县边山一带。以瓦窑、磁窑、坡底、广兴等村栽培较集中，为当地主栽品种。栽培历史已有1 000余年，是当地一个古老的名优品种，历史上是山西四大名枣之一。

（2）品种性状。骏枣树势强健，树体高大，树冠呈自然圆头形，枝条粗壮，中度密，干性强，树姿半开张。萌蘖力中等，根蘖苗根系发达，生长势较强。19年生树干高94厘米，干周

58.16厘米，树高8.2米，冠径东西5.63米，南北6.2米。主干灰褐色，皮裂中等深，不易脱落。枣头红褐色，萌发力中等，生长势较强，平均生长量54.82厘米，着生永久性二次枝6～7个，节间长8～9厘米。二次枝自然生长5～7节，针刺较发达。皮目中等大，圆形或椭圆形，分布中度密，凸起，开裂，灰白色。枣股肥大，圆锥形，寿命较长，抽吊力中等，每股平均抽生3～4吊。枣吊长16厘米左右。叶片中等大，长卵形，深绿色，叶长6.6厘米，宽3厘米，先端渐尖，叶基圆形，叶缘锯齿中度密，较粗。花量中等多，每吊平均着花54.2朵，每花序平均4.5朵。花较大，零级花花径7.59毫米，1级花花径7.25毫米，6时左右蕾裂。蜜盘较大，橘黄色。

骏枣果实大，柱形或长倒卵形，纵径4.7厘米，横径3.3厘米，平均果质量22.9克，最大果50克以上，大小不均。果皮薄，深红色，果面光滑。果梗长0.5厘米左右，粗0.15～0.2厘米，梗洼中度广，较深。果顶平，柱头遗存。果点大而圆，分布中度密，浅黄色明显。果肉厚，白色或绿白色，质地细，较松脆，味甜，汁液中等多，品质上等，鲜食、制干、加工蜜枣、酒枣兼用，为山西加工酒枣最好的品种之一。

骏枣鲜果含可溶性固形物33%，单糖21.57%，双糖7.11%，总糖28.68%，酸0.45%，糖酸比63.12∶1。可食率96.29%。含维生素C 430.2毫克/100克，含水量63.3%，钙0.298%，镁0.227%，锰4.002毫克/千克，锌9.493毫克/千克，铜3.015毫克/千克，铁16.464毫克/千克，每克鲜枣果肉含环磷酸腺苷41.25纳摩尔。干枣含单糖65.12%，双糖6.65%，总糖71.77%，酸1.58%，糖酸比45.3∶1，可食率93.7%。含维生素C 16毫克/100克，含水量23.2%，钙0.102%，镁0.084%，锰6.134毫克/千克，铜2.653毫克/千克，铁33.199毫克/千克，每克干枣果肉含环磷酸腺苷121.32纳摩尔。酒枣含可溶性固形物 36.3%，单糖 30.5%，双糖 0.33%，总糖 30.83%，酸 0.83%，糖酸比 32.19∶1。含维生素 C 6.81 毫克/100 克，含水量55.69%。核小，纺锤形，纵径3.23 厘米，横径0.9 厘米，核质量0.85 克，核尖长，核纹较深，核面较粗糙，小果核壁薄而软，有退化现象。柱形果实核较大，长倒卵开果实核较小，大果形含仁率30%左右，种仁不饱满。

骏枣根蘖苗结果稍迟，一般第 3 年结果。嫁接苗结果早，1 年生酸枣实生砧嫁接苗，当年结果株率达40%以上。盛果期长，坐果率较高，当年枣头吊果率 61.95%，2 年生枝吊果率 58.51%，3 年生枝吊果率 61.7%。坐果部位在 1 ~ 14 节，主要坐果部位在 3 ~ 9 节，占坐果总数的 78.7%。丰产，产量不够稳定。在中等管理条件下，19 年生树平均株产鲜枣 34.1 千克，最高株产 46.35 千克，成龄大树单株最高可产鲜枣 240 千克。盛果期和寿命长，200 ~ 300 年生老龄枣树仍能维持一定产量。在山西太谷 4 月中旬萌芽，5 月下旬始花，8 月 15 日前后果实开始着色，9 月中旬脆熟。9 月下旬完熟，10 月中旬落叶。年生长期 180 天左右，果实生育期 100 天左右。枣吊生长高峰期在 4 月 25 日至 5 月 20 日，占总生长量的 74.9%，5 月 20 日后缓慢生长，6 月 24 日前后停止生长。枣头生长高峰期在 5 月 1—30 日，占总生长量的 69.28%，5 月 30 日后缓慢生长，7 月 4 日前后停止生长。

（3）适栽地区、地域。骏枣树抗逆性强，适应性广，丰产，品质好，用途广。1962 年曾参加在巴黎举行的西欧 12 国果品展览。1990 年北京第十一届亚运会定为特供品种。1997 年 10 月山西省首届干果评比中被评为省内十大名枣第 3 名。抗枣疯病力强，原产地历史上未发生过枣疯病。不抗裂果，成熟期遇雨裂果严重。果实成熟期较早，适于北方年均气温 8 ~ 11℃ 的地区栽植。骏枣在新疆阿克苏地区表现良好，可作为新疆重点发展品种之一。在河南新郑、河北沧县等地表现不良。

**6. 壶瓶枣**

（1）品种来源。壶瓶枣是古老的地方名优品种，与骏枣齐名，历史上是山西四大名枣之一。分布于山西太谷县、清徐县、祁县、榆次区及太原市郊区等地。以太谷和清徐栽培较多，太谷里美庄出产的壶瓶枣最著名。栽培历史不详，各产区数百年生老龄枣树很多。

（2）品种性状。壶瓶枣树势强健，树体高大，树冠呈自然圆头形，干性中等强，枝条粗壮，中度密，树姿半开张。萌蘖力较强，根蘖苗根系发达，生长势较强。19 年生树干高 1.07 米，干周 58.5 厘米，树高 8.43 米，冠径东西 5.43 米，南北 5.56 米。枣头红褐色，生长势较强，平均生长量 50 厘米，节间长 7～9 厘米，二次枝自然生长 6～7 节。皮目较大，分布较密圆形，凸起，开裂，灰白色。枣股大，抽吊力中等，每股抽生 2～5 吊，多为 3～4 吊。枣吊平均长 14 厘米左右。叶片中等大，长卵形，深绿色，叶长 5.99 厘米，宽 3.14 厘米，先端渐尖，叶基偏圆形，叶缘锯齿中度密，较粗。花量中等多，每吊平均着花 52.1 朵，每花序平均 4.1 朵。花较大，零级花花径 7.68 毫米，1 级花花径 6.57 毫米，蕾裂时间 5 时半左右。蜜盘较大，橘黄色。

壶瓶枣果实大，倒卵形或圆柱形，纵径 4.7 厘米，横径 3.13 厘米，平均果质量 19.7 克，大小不均匀。果梗较短，中等粗，梗洼中度广、深。果顶平，柱头遗存。果皮薄，深红色，果面光滑。果点小而密，圆形，浅黄色。果肉厚，绿白色，肉质较松脆，味甜，汁液中等多，品质上等，鲜食、制干、加工蜜枣、酒枣、兼用，是加工酒枣最好的品种之一。

壶瓶枣鲜果含可溶性固形物 37.8%，单糖 19.63%，双糖 10.72%，总糖 30.35%，酸 0.57%，糖酸比 52.92：1。可食率 96.9%。含维生素 C 493.1 毫克/100 克，含水量 58.6%，钙

0.201%，镁0.228%，锰3.967毫克/千克，锌9.493毫克/千克，铜3.183毫克/千克，铁19.457毫克/千克，每克鲜枣果肉含环磷酸腺苷127.5纳摩尔。干枣含单糖56.14%，双糖15.24%，总糖71.38%，酸3.15%，糖酸比22.66∶1，可食率93.5%。含维生素C 30.13毫克/100克，钙0.191%，镁0.078%，锰6.134毫克/千克，铜2.653毫克/千克，铁51.643毫克/千克，每克干枣果肉含环磷酸腺苷289.77纳摩尔。核小，纺锤形，纵径3.16厘米，横径0.74厘米，核质量0.61克，核尖长，核纹较深，核尖长，核面粗糙，不含种仁，小枣核退化成软壁。

壶瓶枣树结果较早，根蘖苗一般第2、第3年开始结果，15年后进入盛果期，盛果期长。坐果率较高，当年枣头吊果率54.17%，2年生枝吊果率69.85%，3年生枝吊果率54.09%，坐果部位在2～12节，主要坐果部位在3～9节，占坐果总数的79.5%。丰产，产量较稳定，盛果期，大树单株最高产鲜枣200千克以上。在山西太谷4月中旬萌芽，5月下旬初花，6月上中旬盛花，6月28日前后终花。9月中旬果实脆熟，10月中旬落叶。年生长期175天左右，果实生育期100左右。枣吊生长高峰期在4月25日至5月20日，占总生长量的67.68%，5月20日后缓慢生长，7月4日前后停止生长。枣头生长高峰期在5月1日至6月9日，占总生长量的90.68%，6月9日后缓慢生长，6月24日前后停止生长。

（3）适栽地区、地域。壶瓶枣树适应性较强，丰产，产量较稳定，品质好，用途广，历史上是山西四大名枣之一。1997年10月山西省首届干果评比中评为省内十大名枣第4名，有开发前景。果实成熟期较早，适于北方年均气温8℃以上、成熟期少雨的地区栽植。

**7. 灰枣**

灰枣又名大枣。

（1）品种来源。灰枣分布于河南新郑市、中圣贤牟县、西华县和郑州市郊区。为当地主栽品种。起源于新郑，已有 2 700 多年的栽培历史，至今尚有 500 多年生的老龄枣树。

（2）品种性状。灰枣树势中等，树体中等大或较大，树冠呈自然圆头形，干性中等强，枝条中等密，树姿半开张。成龄树树高 6.5 米，冠径 6 米左右。主干灰褐色，皮裂中度深，不易脱落。枣头红褐色，生长势中等，平均生长量 40～70 厘米。皮目中等大，椭圆形，分布较密，凸起，灰白色，开裂。着生永久性二次枝 4～9 个，节间长 7.7 厘米。二次枝自然生长 5～7 节，针刺较发达。枣股中等大，圆柱形，抽吊力较强，每股平均抽生 3～4 吊。枣吊长 13～22.5 厘米。叶中等大，长卵形，深绿色，较厚，叶长 4.2～5.4 厘米，宽 2～2.6 厘米，叶端渐尖，叶基圆形，叶缘锯齿浅，分布稀。花量多，花中等大，零级花花径 7 毫米左右，1 级花花径 6.5 毫米左右，昼开型。蜜盘小，浅黄色。

灰枣果实中等大，长卵形或短柱形，纵径 3.2～3.4 厘米，横径 2.1～2.3 厘米，平均果质量 12.3 克，大小较均匀。果梗中等粗长，梗洼窄，中度深。果顶平，柱头遗存。果皮中等厚，橙红色，果面较平滑。果点小，分布中度密，圆形，浅黄色，不明显。果肉厚，绿白色，肉质致密，较脆，味甜，汁液量中多，品质上等，适宜制干、鲜食和蜜枣加工，制干率 50% 左右。干枣肉质致密，有弹性，耐贮运（图 2－13）。

灰枣可食率 97.3%。核小，纺锤形，纵径 1.8 厘米，横径 0.5 厘米，核质量 0.31 克，核尖短，核纹较浅，含仁率高，种仁较饱满。

灰枣结果较迟，根蘖苗一般第 3 年开始结果，15 年左右进入盛果期，产量较高。在原产地 4 月中旬萌芽，5 月下旬始花，9 月中旬脆熟。果实生育期 100 天左右。

（3）适栽地区、地域。灰枣树适应性较强，品质好，用途

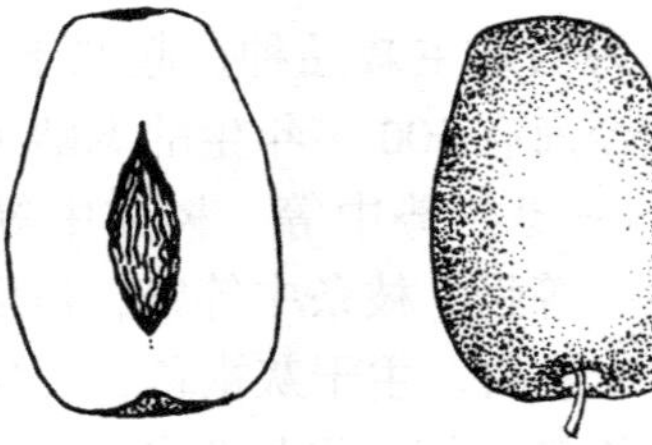

图2－13　灰枣

好，用途广，引进新疆阿克苏地区，表现良好，引进山西中部和南部以及吕梁山区，表现树势弱，树体小，产量低。适于产地和新疆南部栽培。

**8. 晋枣**

晋枣又名枣、长枣。

（1）品种来源。晋枣分布于陕西和甘肃交界的彬县、长武、宁县、泾川、正宁、灰阳等地，为当地原有的主栽品种，是陕西著名的优良品种。

（2）品种性状。晋枣树势强，树体高大，干性强，枝条较密，树冠呈圆柱形或圆锥形，树姿直立。百年左右大树干高2.3米，干周1.7米，树高9～15米，冠径6～8米。主干灰褐色，皮裂深，易剥落。枣头红褐色，中心主枝枣头生长势强，生长量大，其他侧枝、辅养枝、结果枝组枣头生长势较弱，生长量小，枝条硬，较直立，节间长5～7厘米，二次枝自然生长4～6节，针刺较发达。皮目中等大，分布较稀，圆形或长圆形，凸起，位于基部者多数开裂。枣股大，圆柱形，4～5年枣股长2.1厘米左右，老龄枣股最长5厘米以上。抽吊力强，一般每股抽生3～6吊，平均4.9吊，多者达8吊。枣吊长12～27厘米，平均15.4厘米，节间长1.4厘米。叶较大，卵状披针形，绿色，叶长4.3～7厘米，宽1.7～3.2厘米，叶柄长3毫米左右，先端渐尖，叶基楔形，叶缘锯齿浅而较密。花量多，每花序着花 5～9 朵。花较大，零级花花径 7.5 毫米，1 级花花径 7 毫米左右，蕾裂时间 7 时左右。蜜盘中等大，杏黄色。

晋枣果实大，长卵形或圆柱形，纵径 4.6～6 厘米，横径 3.1～3.8 厘米，平均果质量 21.6 克，大小不均匀。果梗细，中度长，梗洼广而浅。果顶微凹，柱头遗存，不明显。果皮薄，赭红色，果面不平滑。果点小而圆，分布较密，浅黄色。果肉厚，乳白色，肉质致密、酥脆，甜味浓，汁液较多，品质上等，适宜鲜食、制干和蜜枣加工。

晋枣鲜果含可溶性固形物 30.2%～32.2%，最高达 35%，总糖 26.9%，酸 0.21%，可食率 97.87%。含维生素 C 390 毫克/100 克。干枣含总糖 68.7%～78.4%。核小，长纺锤形，纵径 2.6 厘米，横径 0.6 厘米，核质量 0.46 克，核尖长，核纹浅，含仁率低。

晋枣树结果较迟，根蘖苗一般第 3 年开始结果，早丰性强，8 年后可进入盛果期。嫁接苗结果较早，陕西清涧县洲洋公司苗圃 1 年生酸枣实生嫁接苗，当年结果株率 16.67%，密植园 2 年生树，每株平均结果 445.8 个，吊果率 136%。其中枣头吊果率 186%（摘心处理），2 年生枝吊果率 108%。产量较高，成龄树一般株产鲜枣 25～40 千克，最高株产 150 千克，百年生以上老树仍能正常结果。管理条件较差，肥、水条件不足时，表现有大小年现象。在原产地 4 月中旬萌芽，5 月底始花，10 月初果实成熟，10 月下旬落叶。年生长期 190 天左右，果实生育期 110 天左右。

（3）适栽地区、地域。晋枣树适应性较强，品质优良，成熟期较晚，适于北方年均气温 10℃以上地区栽培。

**9. 鸣山大枣**

（1）品种来源。鸣山大枣原产于甘肃敦煌，为敦煌大枣变异的优良株系。1979 年发现，1983 年正式命名。

（2）品种性状。鸣山大枣树势较强，树体较大，枝条中度密，树冠呈自然圆头形，树姿开张，外围枝下垂。45 年生树干高 1.5 米，干周 80 厘米，树高 7.5 米，冠径 7.5 米。主干灰褐色，皮裂深，易剥落。枣头紫褐色，萌发力中等，生长势中等，平均生长量 43.4 厘米，节间长 7.5 厘米，二次枝自然生长 3～7 节，针刺发达。皮目中等大，分布稀，椭圆形，凸起，开裂，枣股小，圆锥形，一般长 0.5～0.8 厘米，最长 1.3 厘米，寿命 10 年左右。抽吊力较强，一般每股抽生 3～4 吊，多者达 5 吊。枣吊长 12～15 厘米，粗 0.15 厘米，节间长 1.55 厘米。叶片中等大，卵圆形，绿色。叶长 5.3 厘米，宽 3.4 厘米，先端渐尖，叶基圆形或宽楔形，叶缘锯齿细，中度密，叶柄长 0.32 厘米。花较大，花径 7.4 毫米左右，夜开型。蜜盘橘黄色。

鸣山大枣果实大，圆柱形，纵径 4.8 厘米，横径 3.6 厘米，平均果质量 23.9 克，最大果 42 克，大小不均匀。果梗长，较细，梗洼窄而深。果顶凹，柱头遗存。果皮厚，深红色，果面不平滑。果点大，近圆形，分布较密，浅黄色，不明显。果肉厚，绿白色，肉质致密细脆，味甜，汁液多，品质上等，适宜鲜食和制干，制干率 52%（图 2－14）。

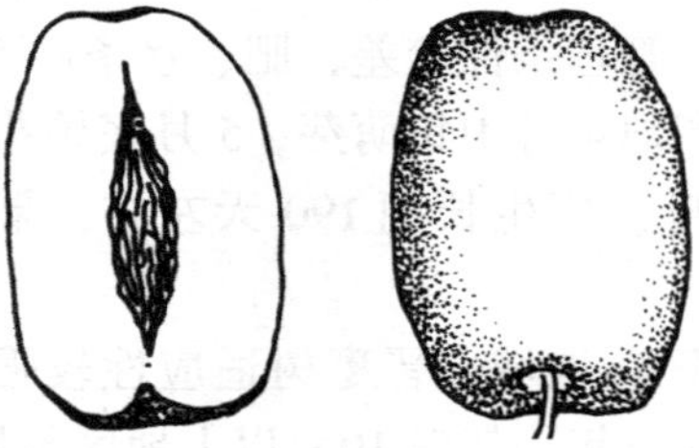

图 2－14　鸣山大枣

鸣山大枣鲜果含可溶性固形物37.5%，糖31.4%，酸0.54%。可食率96.23%。含维生素C 396.2毫克/100克。核小，纺锤形，纵径2.8～3.6厘米，横径0.9厘米，核质量0.9克，核纹深，核尖长，不含种仁。

鸣山大枣树结果较早，根蘖苗一般第2、第3年开始结果。产量高而稳定，盛果期树，一般株产鲜枣60～65千克。在原产地4月下旬成熟，6月初始花，6月上旬盛花，8月上旬果实迅速膨大，9月上旬成熟，10月中旬落叶。年生长期165天左右，果实生育期80天左右。

（3）适栽地区、地域。鸣山大枣树抗寒、耐旱，适应性。结果较早，产量较高而稳定，果实大，品质好，用途广，果实生育期短，成熟早，适于北方地区栽植。

**10. 金丝新1号**

（1）品种来源。金丝新1号起源于山东无棣。山东农业科学院果树研究所1986年从普通金丝小枣中选育，已通过山东省农作物品种审定委员会审定。

（2）品种性状。金丝新1号树势较强，树体中等大，干性中度强，树姿开张。嫁接4年生树干径6厘米，树高3.2米，冠径3米。枣头红褐色，萌发力中等，节间长7～8厘米，二次枝自然生长5～7节，针刺不发达。皮目较小，圆形，凸起，开裂。枣股近圆柱形，抽吊力较强，每股抽生3～5吊。枣吊长15～20厘米。叶较大，卵状披针形，绿色，叶长5.9厘米，宽2.8厘米，先端渐尖，叶基圆形，叶缘锯齿较粗。花中等大，花量多，昼开型。

金丝新1号果实小，多为倒卵形，少数为椭圆形，纵径3.2厘米，横径2.5厘米，平均果质量6.4克，最大果9.8克，大小较均匀。果皮薄，鲜红色，果面光滑，果点小，近圆形，浅黄色，密度中等。梗洼中广而较浅，果顶微凹，柱头遗存。果肉厚，乳白色，肉质致密，味甜，汁液中等多，适宜鲜食、制干和蜜枣加工，鲜枣品质上等，干枣品质极上。

金丝新1号鲜果含可溶性固形物36.6%，含总糖82%，苹果酸1.64%。可食率95.4%，制干率53.1%。核小，纺锤形，平均核质量0.3克，干枣果皮韧性强，果面皱纹细，果肉饱满，富弹性，耐挤压，耐贮运，外形美观。

金丝新1号树结果早，早丰性强，嫁接苗一般第2年开始结果，部分植株当年结果，3年生树平均株产鲜枣3.2千克，4年生树每公顷的鲜枣产量达11 355千克。坐果率高，1～2年生枝结实力强，丰产，产量稳定。在山东泰安4月中旬萌芽，5月下旬始花，至9月上旬果实脆熟，10月底落叶。果实生育期95天左右。

（3）适栽地区、地域。金丝新1号树抗旱，耐涝，抗果病力较强，一般年份裂果率小于5%。适于北方金丝小枣产区适量栽培。

**11. 金丝新2号**

（1）品种来源。金丝新2号起源于山东无棣。山东农业科学院果树研究所1986年从普通金丝小枣中选育，已通过山东省农作物品种审定委员会审定。

（2）品种性状。金丝新2号树势强，树体中等大，干性中强。嫁接苗4年生树，干径7.4厘米，树高3.8米，冠径3.4米。枣头红褐色，萌发力中等，节间长7～8厘米，二次枝生长较细，自然生长4～6节，针刺不发达。皮目小，圆形，凸起，开裂。枣股抽吊力较强，3龄枣股一般抽生3～5吊。枣吊长16～23厘米。叶较大，中等厚，卵状披针形，绿色，叶长5.5厘米，宽2.3厘米，先端渐尖，叶基圆形，叶缘锯齿粗。花中等大，花量多，昼开型。

金丝新2号果实长椭圆形，纵径3.2厘米，横径2.5厘米，平均果质量6.7克，最大果12.8克，大小较均匀。果梗细，长4～6毫米，梗洼窄，中深。果顶圆，柱头遗存，不明显。果皮较薄，浅红色，果面光滑。果点中度大，分布较密，浅黄色，较明显。果肉厚，乳白色，肉质致密，味甘甜，汁液中等多。

金丝新2号鲜枣含可溶性固形物37.1%，品质上等，适宜制干和鲜食，制干率54.6%。干枣果皮韧性较强，较耐挤压，果肉饱满，含总糖84.4%，苹果酸1.7%，品质极上。

金丝新2号在山东泰安4月中旬萌芽，5月下旬初花，9月中旬果实成熟，10月下旬落叶。果实生育期100～105天。结果早，嫁接苗当年可少量结果，2年生树平均产鲜枣0.35千克。3年生树平均产鲜枣4.3千克。吊果比1：0.96，坐果率较高，产量较稳定。

（3）适栽地区、地域。金丝新2号树抗旱、耐涝，抗果病力强，一般年份裂果轻（2%左右）。适于北方金丝小枣产区种植。

**12. 金丝新3号**

（1）品种来源。金丝新3号起源于山东威海。山东农业科学院果树研究所1990年从普通金丝小枣中选育，1999年通过山东省农作物品种审定委员会审定。

（2）品种性状。金丝新3号幼树生长健壮，树体矮小而紧凑，结果早，早丰性极强，栽植3～4年即有较高产量，4年生树平均株产鲜枣7.5千克。产量高而稳定。

金丝新3号果实长椭圆形，平均果质量8.8克，最大12克，果实大小均匀。果皮薄，鲜红色，果面光滑。果肉厚，肉质细脆，味甜微酸，品质上等，适宜鲜食和制干。

金丝新3号鲜枣含可溶性固形物39.2%，核小，可食率95.6%，制干率55.5%。干枣皮纹浅细，果肉饱满，弹性强，含总糖84%，品质极上，优质果率达80%以上。

金丝新3号在山东泰安地区9月中下旬成熟，一般年份裂果极少，枣果抗病性强。

（3）适栽地区、地域。金丝新3号树适应性，适栽范围广，全国宜枣地区均可栽培。

**13. 金丝新4号**

（1）品种来源。金丝新4号由山东农业科学院果树研究所于1990年从金丝2号实生苗中选育，经连续4年继代嫁接繁殖，性状稳定，1994年选定，1995年开始向社会推广。

（2）品种性状。金丝新4号枣果实大，长圆形或近长筒形，单果一般质量10～12克，大小均匀。果皮薄，果面光滑，果梗细，中等长，果顶平。果肉厚，肉质致密细脆，味甜微酸，汁液较多，品质极上。

金丝新4号鲜枣含可溶性固形物40%～45%，可食率97.3%，制干率55%，干枣品质极上。

金丝新4号幼树针刺发达，针刺长1.5～3厘米。枣吊细，较长。叶片较大，阔卵形，深绿色，先端钝尖，叶基圆形，着花密，花量大。

金丝新4号结果早，1～2年生坐地苗嫁接后当年普通结果，早丰性极强，较耐盐碱，一般年份裂果极少，抗果实病害能力强。在山东泰安9月底至10月初果实完熟，适宜鲜食和制干。

（3）适栽地区、地域。金丝新4号树较耐盐碱，抗病力强，适于大部分宜枣地区推广种植。

**14. 沧无1号**

（1）品种来源。沧无1号由河北南皮县、河北沧州市林科所和中国科学院南皮试验站从无核小枣中选出，2001年2月经河北林木品种审定委员会认定为优良品种，命名‘沧无1号’。

（2）品种性状。沧无1号的母树为20年生，树体较小，树姿开张，干高1.09米，干周45厘米，枣头黄褐色，针刺发达，坐果率高，丰产，20年生树产鲜枣35千克。

沧无1号果实长圆形，平均果质量4.51克，大小均匀。果皮薄，鲜红色，果面光滑。果肉厚，黄白色，质地致密，味极甜，适宜鲜食和制干，鲜食品质极上。

沧无1号鲜枣含可溶性固形物36.3%。制干率61.5%，干枣果形饱满，富弹性，含糖76.2%，酸0.3%，品质上等。

沧无1号枣树在产地4月中旬萌芽，5月底始花，6月上中旬盛花，9月中下旬果实成熟。

（3）适栽地区、地域。沧无1号枣树适应性强，丰产，抗旱，抗盐碱，耐瘠薄，果实成熟期较早，适于北方宜枣地区栽植。

**15. 乐金1号**

（1）品种来源。乐金1号原产于山东乐陵。山东德州市林业局、山东乐陵市林业局从金丝小枣中选育。1996年9月通过省科委组织的专家鉴定，命名为‘乐金1号’。

（2）品种性状。乐金1号树势中等，树冠圆头形，树姿开张。枣头生长量56.3厘米，二次枝节间长4.4厘米。枣股抽吊力弱，每枣股平均抽生2.04吊。枣吊长18.9厘米，平均着叶片9.4个。叶长6厘米，宽2.8厘米。

乐金1号果实短圆柱形，平均果质量5.9克，最大6.7克，果面光洁，紫红色，果肉黄白色，肉质细脆，味甜，汁液量中多，品质优良，适宜制干和鲜食。

乐金1号鲜枣含可溶性固形物36.7%，含维生素C 383.2毫克/100克。干枣深红色，皱褶少而细浅，富弹性，较耐挤压，含总糖80.1%，制干率58.4%。

乐金1号枣树结果早，早丰性强，改接幼树当年即可结果，4年生树株产鲜枣19.37千克。坐果率高，吊果率达213%，丰产。在原产地果实9月下旬成熟。抗裂果，秋季遇雨裂果率不超过3%，特级果率达70%以上。

（3）适栽地区、地域。乐金1号为鲜食、制干兼用优良品种，适于北方枣区的平原和丘陵山区栽植。

**16. 乐金2号**

（1）品种来源。乐金2号原产于山东乐陵。由山东德州市林业局、山东乐陵市林业局从金丝小枣中选育，1996年9月通过省科委组织的专家鉴定，命名为‘乐金2号’。

（2）品种性状。乐金2号树势较强，枣头平均生长量56.2厘米，二次枝节间长3.86厘米。平均每股抽生1.83吊。枣吊长12.6厘米，着生叶片8.5个。叶长6.3厘米，宽3.1厘米。

乐金2号果实短圆柱形，纵径2.8厘米，横径2.6厘米，平均果质量6.85克，最大果7.8克，大小均匀。果皮薄，深红色，果面光滑。果肉厚，乳白色，肉质致密，脆硬，味甘甜，汁液中等多，品质优，适宜制干和鲜食，制干率58.7%。

乐金2号鲜枣含可溶性固形物34.4%，维生素C 380.4毫克/100克。可食率97.2%。核小，纺锤形，核质量0.25克。干枣外形美，皱褶少而浅，果皮韧性强，果肉富弹性，总糖含量81.3%，特级果率70%以上。

乐金2号枣树结果早，早丰性强，幼树嫁接当年就可结果，4年生树株产鲜枣12.86千克。坐果率高，吊果率153%。产量高，成龄树株产鲜枣45千克。枣果抗裂，遇雨裂果率不超过5%。

（3）适栽地区、地域。乐金2号是从金丝小枣中选优良株系，综合性状优于金丝小枣，适于北方枣区栽植。

**17. 乐金3号**

（1）品种来源。乐金3号原产于山东乐陵。山东德州市林业局、山东乐陵市林业局从金丝小枣中选出，1996年9月通过省科委组织的专家鉴定，命名为‘乐金3号’。

（2）品种性状。乐金3号树势中等强，干性弱，树冠圆头形，树姿开张。结果后枝条下垂，枣头生长量55.6厘米，二次枝节间长4.63厘米。枣股平均抽生枣吊1.88个。枣吊长19.2厘米，着生叶片9.5个。叶片较小，叶长5.2厘米，宽2.5厘米。

乐金3号果实圆柱形，纵径3厘米，横径2.6厘米，平均果质量5.9克，最大果7.2克。果皮厚，紫红色，果肉厚，乳白色，肉质较脆硬，味甘甜，品质优，适宜制干。

乐金3号鲜枣含可溶性固形物33.8%。含维生素C 388.2毫克/100克。可食率96.7%。核小，纺锤形，核质量0.27克。干枣紫红色，果皮皱纹少而浅，果肉饱满，富弹性，制干率57.4%，总糖含量79.7%。

乐金3号枣树结果早，早丰性强，嫁接的幼树当年可结果，3年生树株产鲜枣达18.9千克。坐果率高，吊果率163%，丰产。

（3）适栽地区、地域。乐金3号枣树抗逆性强，抗旱、抗涝，耐盐碱，在含盐量0.4%的条件下能正常生长结果。适于金丝小枣产区推广种植。

**18. 乐陵无核1号**

（1）品种来源。乐陵无核1号原产于山东乐陵。山东德州市林业局、乐陵市林业局从无核小枣中选育出，1996年9月通过山东省科委组织的专家鉴定，命名为‘乐陵无核1号’。

（2）品种性状。乐陵无核1号树势强健，干性强，骨干枝直立，树体高大。枣头生长量45.6厘米，二次枝节间长4.71厘米，枣吊长22.67厘米。叶片大，叶长6.7厘米，宽3.6厘米。

乐陵无核1号果实长圆柱形，个别果实中部稍细，纵径3.6厘米，横径1.5厘米，平均果质量5.7克，最大果6.5克，大小较均匀。果面光亮，鲜红色，果肉黄白色，肉质细脆，味甘甜，汁液中等多。

乐陵无核1号鲜枣含可溶性固形物34.3%，适宜鲜食和制干，制干率58.1%。核呈膜状，食之无核感，可食率100%。干枣果形饱满，色泽鲜艳，皱纹少而浅，肉质细，味甘甜，总糖含量75.1%，品质极上。

乐陵无核1号枣树结果早，早丰性强，4年生嫁接树株产鲜枣12.67千克。坐果率高，平均每吊坐果1.78个，最多坐果13个。丰产，成龄树株产鲜枣40千克。在原产地9月中旬果实成熟，抗裂果。

（3）适栽地区、地域。乐陵无核1号是从无核小枣中选出的优良株系，综合性状优于无核小枣，适于北方小枣区发展栽植。

**19. 金昌1号**

（1）品种来源。金昌1号1986年在山西太谷县北乡南张村壶瓶枣品种园发现的优良株系。通过系统观察和布点嫁接试验，变异性状稳定。2001年10月山西省科技厅组织专家进行了验收，目前已在山西太谷、榆次、柳林进行扩试。

（2）品种性状。金昌1号树势较强，树体较小或中等大，树冠呈自然半圆形，干性中度强，树姿半开张。15年生树干径18.8厘米，树高5.1米，冠幅5米×3.9米，主枝7个。枣头红褐色，萌发力中等，生长势较强，平均生长量55厘米，节间长7~9厘米，二次枝自然生长8~9节，针刺较发达。枣股大，圆柱形，抽吊力中等，一般每股抽生3~4吊。枣吊平均长23厘米，节间长1.6厘米。叶片较大，长卵形，深绿色。叶长6.4厘米，宽3.91厘米，先端渐尖，叶基圆形，叶缘锯齿较粗，密度中等。花量中等，每吊平均着花55.2朵，每花序平均4.3朵。花较大，花径7.8毫米左右，夜开型。蜜盘较大，橘黄色。

金昌1号果实大，短柱形或倒卵形，纵径5厘米，横径3.8厘米，平均果质量30.2克，最大果78克，大小较均匀。果梗短，果顶平，柱头遗存，不明显。果皮较薄，深红色，果面光滑。果肉厚，绿白色，肉质细，较酥脆，味甜微酸，汁液中等或较多，品质上等。适宜鲜食、制干和蜜枣、酒枣加工、制干率58.3%。

金昌1号鲜枣含可溶性固形物38.4%，糖35.7%，酸0.62%。可食率98.1%。含维生素C 532.2毫克/100克，含粗脂肪1.88%，粗蛋白2.67%，粗纤维0.75%，灰分4.01%，水分65.18%，黄酮1.08%，钾38.62毫克/100克，磷36.55毫克/100克，钙20.7毫克/100克，镁7.53毫克/100克，锰2.28毫克/千克，锌2.81毫克/千克，铜1.83毫克/千克，铁4.66毫克/千克（脂肪、灰分、黄酮以干枣计，其余以鲜枣计）。核小，纺锤形，核质量0.61克，核尖长，核内多数无种仁。

金昌1号枣树结果较早，早丰性强，5年生树平均株产鲜枣14千克。坐果率高，当年枣头吊果率40.32%，2年生枝吊果率110.98%，3年生枝吊果率86.29%，4~6年生枝吊果率70.21%，7~9年生枝吊果率62.53%。产量稳定，8~10年生树，平均株产鲜枣25.67千克，15年生树一般株产鲜枣50~60千克。在山西太谷平原地区4月16日前后萌芽，5月初展叶，6月上旬初花，6月中旬盛花。9月22日前后果实完熟，10月15日前后落叶。年生长期180天左右，果实生育期95天左右。

（3）适栽地区、地域。金昌1号枣树适应性和抗逆性较强，比壶瓶枣结果早，早丰性强，产量高，品质好，可作为壶瓶枣的替代品种。适于北方年均气温8℃以上、海拔较高的（500米以上）地区栽植。

**20. 油枣**

（1）品种来源。油枣分布于黄河中游沿岸的山西保德、兴县和陕西府谷、佳县等地，为当地主栽品种，以保德、兴县和佳县栽培较集中。油枣是当地一个古老的品种，栽培历史已有1 000多年。佳县泥河沟村现有唐代老枣树，干周3.2米，树冠完整，生长势较强，每年尚可产鲜枣50千克左右。

（2）品种性状。油枣树势较强，树体较大，干性较弱，树冠呈乱头形，枝条较密，树姿开张。萌蘖力强，根蘖苗根系分布深，须根不发达。苗木生长势较强。1 年生根蘖苗高 80.2 厘米，根径 1.01 厘米，着生永久性二次枝 12~13 个，节间长 5.31 厘米，二次枝自然生长 10~11 节，针刺发达。19 年生树干高 1.45 米，干周 48 厘米，树高 6.98 米，冠径东西 5.73 米，南北 5.2 米。枣头萌发力较强，红褐色，生长势较强，平均生长量 66.97 厘米，着生永久性二次枝 6~8 个，节间长 7~8 厘米。二次枝自然生长 5~8 节，针刺较发达。枣股中大，抽吊力中等，每股抽生 2~4 吊，多为 3 吊。枣吊长 17 厘米左右，最长 45 厘米以上，节间长 1.63 厘米。叶中等大，长卵形，深绿色，叶长 6.3 厘米，宽 3.09 厘米，先端渐尖，叶基圆形，锯齿细，较密。花量较多，每吊平均着花 92.9 朵，每花序平均 3.9 朵。花大，零级花花径 8.09 毫米，1 级花花径 6.92 毫米，昼开型，11~12 时蕾裂。蜜盘大，杏黄色。

油枣果实中等大，椭圆形，纵径 3.5 厘米，横径 2.81 厘米，平均果质量 11.55 克，大小较均匀。果梗长，较粗，梗洼广，中度深，果顶微凹，柱头遗存。果肉厚，绿白色，肉质致密，味甜酸，汁液量中多，品质中上等，鲜食、制干和蜜枣加工兼用，制干率 50% 左右（图 2-15）。

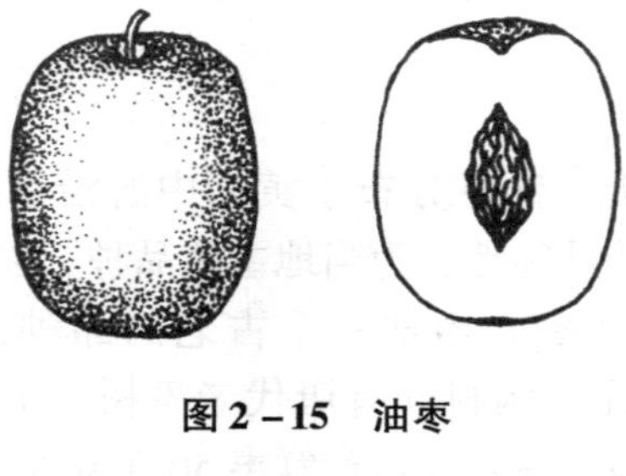

**图 2-15　油枣**

油枣鲜果含可溶性固形物 33.6%，单糖 19.52%，双糖 7.13%，总糖26.65%，酸0.73%，糖酸比34.17：1。可食率97.32%。含维生素C 511.44毫克/100克，钙0.263%，镁0.087%，锰4.76毫克/千克，锌7.103毫克/千克，铜2.6毫克/千克，铁21.876毫克/千克。干枣含可溶性固形物75.9%，单糖71.29%，双糖0，总糖71.29%，酸1.87%，糖酸比39.3：1，可食率93.4%。含维生素C 26.6毫克/100克，钙0.16%，镁0.089%，锰4.988毫克/千克，铜2.245毫克/千克。酒枣中含可溶性固形物39%，单糖27.45%，双糖0.67%，总糖28.12%，酸1.15%，糖酸比24.54：1。含维生素C 6.82毫克/100克。核小，纺锤形，纵径2.46厘米，横径0.66厘米，核质量0.3克，核尖短，核纹浅，不含种仁。

油枣结果较早，根蘖苗一般第2、第3年开始结果，15年后进入盛果期。盛果期和寿命均长。坐果率高，当年枣头吊果率131.75%，2年生枝吊果率79.38%，3年生枝吊果率62.96%，坐果部位在1~12节，主要坐果部位在2~7节，占坐果总数的79.7%。丰产，产量较稳定，在中等管理条件下，19年生树平均株产鲜枣22千克。在山西太谷4月中旬萌芽，5月下旬始花，6月上中旬盛花，6月底终花，9月上旬果实着色，9月20日左右脆熟，10月上旬完熟，10月中下旬落叶。年生长期185天左右，果实生育期105天左右。枣吊生长高峰期在4月25日至5月20日，占总生长量的78.86%，5月20日后缓慢生长，6月29日前后停止生长。枣头生长高峰期在5月1日至6月4日，占总生长量的80.7%，6月4日后缓慢生长，6月29日前后停止生长。

（3）适栽地区、地域。油枣树适应性强，丰产，产量较稳定，品质中上等。1997年10月山西省首届干果评比中被评为省内十大名枣第七名。2000年9月在山东乐陵市全国红枣评比中获银奖。适于产地适量发展。

**21. 临汾团枣**

（1）品种来源。临汾团枣原产于山西临汾县南永安、北永安、东张村、西张村、东孔郭、西孔郭等地，为当地主栽品种。栽培历史不详。

（2）品种性状。临汾团枣树势强健，树体高大，干性较强，枝条较密，树冠自然圆头形，树姿半开张。萌蘖力强，根蘖苗生长旺，1 年生根蘖苗高 90.5 厘米，根径 1.11 厘米，着生永久性二次枝 11 个左右。二次枝自然生长 7～9 节，针刺较发达。19 年生树干高 1.35 米，干周 63.67 厘米，树高 8.65 米，冠径东西 4.85 米，南北 5.58 米。主干灰褐色，皮裂较浅，易脱落。枣头红褐色，萌发力较强，一般生长量 60 厘米左右，节间长 7～9 厘米。二次枝自然生长 5～7 节。皮目中等大，分布较密，圆形，凸起，开裂，灰白色，枣股中等大，抽吊力较强，每股抽生 2～5 吊，多为 3～4 吊。枣吊一般长 25 厘米左右。叶中等大，长卵形，深绿色，叶长 6.98 厘米，宽 3.33 厘米，先端渐尖，叶基圆形，叶缘锯齿较浅。花量较多，每吊平均着花 61 朵，每花序平均 5.7 朵。花较小，零级花花径 6.8 毫米，1 级花花径 6.44 毫米，6 时左右蕾裂。蜜盘较小，橘黄色。

临汾团枣果实大，椭圆形，纵径 3.96 厘米，横径 3.51 厘米，平均果质量 21.9 克，最大果 25 克，大小较均匀。果梗中等长，较细，梗洼广而浅。果顶平，柱头遗存。果皮薄，浅红色，果面光滑。果肉厚，白色，肉质细脆，味甜，汁液较多，品质上等，鲜食，制干、加工蜜枣兼用，制干率 46%。以鲜食品质最优良，鲜枣耐贮藏（图 2－16）。

临汾团枣鲜果含可溶性固形物 28.8%，单糖 12.54%，双糖 12.77%，总糖 25.31%，酸 0.24%，糖酸比 104：1。可食率 97%。含维生素 C 505.5 毫克/100 克，含水量 64.2%，钙 0.33%，镁 0.229%，锰 3.912 毫克/千克，锌 10.54 毫克/千克，铜

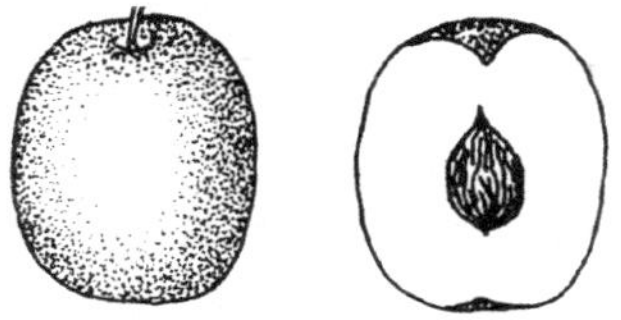

图 2-16　临汾团枣

3.015 毫克/千克，铁 21.453 毫克/千克，每克鲜枣果肉含环磷酸腺苷 18.75 纳摩尔。干枣含单糖 50.98%，双糖 14.31%，总糖 65.22%，可食率 93%。含维生素 C 32.58 毫克/100 克，含水量 23.6%，钙 0.1%，镁 0.078%，锰 4.09 毫克/千克，铜 1.337 毫克/千克，铁 28.896 毫克/千克。酒枣含可溶性固形物 37.5%，单糖 26.14%，双糖 3.82%，总糖 29.96%，酸 0.52%，糖酸比 57.95：1。含维生素 C 7 毫克/100 克，含水量 58.75%。核小，纺锤形，纵径 2.05 厘米，横径 0.94 厘米，核质量 0.66 克，核尖短，核面粗糙，含仁率高，种仁较饱满，多为单仁，偶有双仁。

临汾团枣树结果较早，根蘖苗一般第 2、第 3 年开始结果。嫁接苗结果早，陕西清涧县洲洋公司 1 年生酸枣实生嫁接苗，结果株率达 64.29%，单株平均结果 12.5 个，单株最高结果 35 个。进入盛果期早，早丰性强，盛果期长。坐果率中等，当年枣头吊果率 30.37%，2 年生枝吊果率 48.33%，3 年生枝吊果率 44.9%。坐果部位在 1～16 节，主要坐果部位在 4～10 节，占坐果总数的 80%。丰产，产量不够稳定，在中等管理条件下，国家枣圃 19 年生树，1982 年平均株产鲜枣 33.75 千克，最高株产鲜枣 65.75 千克，1983 年平均株产却不足 5 千克。在山西太谷地区 4 月 19 日前后萌芽，5 月下旬始花，7 月 10 日前后终花，9 月上旬果实着色，9 月底脆熟，10 月中下旬落叶。年生长期 180 天左右，果实生育期100天左右。枣吊生长高峰期在5月1日至6月4日，占总生长量的66.02%，6月4日后缓慢生长，7月24日前后停止生长。枣头生长高峰期在6月5—14日，占总生长量的83.66%，6月14日后缓慢生长，7月15日前后停止生长。

（3）适栽地区、地域。临汾团枣树适应性较强，品质好，耐贮藏，具有开发前景。果实生育期较长，适于北方年均气温9℃以上的平原地区种植。

**22. 俊枣**

俊枣又名烟驼枣。

（1）品种来源。俊枣分布于山西太行山区漳河沿岸的平顺县烟驼、赤必、南眈车等村，为当地主栽品种之一。栽培数量不多，以烟驼村栽培较集中而著名。栽培历史200多年。

（2）品种性状。俊枣树势较强，树体较高大，干性较弱，枝条细而较密，树冠圆锥形，树姿半开张。萌蘖力弱，根蘖苗生长中等，根系分布深，毛根不发达。19年生树干高1.2米，干周54厘米，树高8.72米，冠径东西4.91米，南北5.43米。枣头红褐色，萌发力较强，生长势中等，一般生长量80～90厘米，着生永久性二次枝10～12个，节间长10厘米左右。二次枝自然生长5～6节。枣头生长细而较弱，针刺不发达。皮目中等大，分布较密，圆形，凸起，开裂，灰白色。枣股中等大，抽吊力中等，每股平均抽生3.2吊。枣吊细长，形似垂柳，一般长30厘米左右，最长50厘米以上，节间长2厘米左右。叶较大，长卵形，绿色，叶长6.93厘米，宽3.57厘米，先端渐尖，叶基圆形，花量少，每吊平均着花38.6朵，每花序平均2.3朵。花中等大，零级花花径7.59毫米，1级花花径6.77毫米，昼开型，13时左右蕾裂。蜜盘大，杏黄色。

俊枣果实中等大，短圆柱形，纵径3.9厘米，横径3.03厘米，平均果质量17.6克，大小不均匀，果梗细而长，梗洼广、中等深，果顶平，柱头遗存。果皮中度厚，鲜红色，果面光滑。果肉厚，绿白色，肉质致密，细脆，味甜，汁液较少，品质上等，适宜鲜食和制干，制干率55%。

俊枣鲜果含可溶性固形物34.5%，单糖21.08%，双糖13.35%，总糖35.13%，酸0.81%，糖酸比42.35∶1。可食率95.44%。含维生素C 463.22毫克/100克，含水量59.6%，钙0.319%，镁0.069%，锰4.76毫克/千克，锌3.257毫克/千克，铜1.891毫克/千克，铁25.002毫克/千克，每克鲜枣果肉含环磷酸腺苷34.5纳摩尔。干枣含单糖63.14%，双糖5.49%，总糖68.63%，酸0.94%，糖酸比73.01∶1，可食率92%。含钙0.53%，镁0.17%，锰6.36毫克/千克，铜1.43毫克/千克，铁55.33毫克/千克，含水量16.19%，每克干枣果肉含环磷酸腺苷95.83纳摩尔。酒枣含可溶性固形物34.5%，单糖24.95%，双糖1.13%，总糖26.08%，酸0.65%，糖酸比40.9∶1。含维生素C 7.08毫克/100克，含水量58.25%。核小，纺锤形，纵径2.83厘米，横径0.93厘米，核质量0.92克，含仁率20%，种仁不饱满。

俊枣树结果较迟，根蘖苗一般第3年开始结果，15年后进入盛果期，盛果期长。坐果率较低，当年枣头吊果率25.4%，2年生枝吊果率56.63%，3年生枝吊果率25.4%，坐果部位在1～18节，主要坐果部位在2～13节，占坐果总数的90.12%。产量低，在中等管理条件下，19年生树一般株产鲜枣5千克左右，最高株产10千克左右。在山西太谷4月中旬萌芽，5月下旬始花，6月上中旬盛花，9月上旬果实着色，10月上旬成熟，10月中旬落叶。年生长期180天左右，果实生育期115天左右。枣吊生长高峰期在4月30日至5月30日，占总生长量的83.53%，5月30日后缓慢生长，7月4日前后停止生长。枣头生长高峰期在5月1日至6月9日，占总生长量的84.61%，6

月9日后缓慢生长，7月15日前后停止生长。

（3）适栽地区、地域。俊枣原产地是海拔1 200米左右的土石山区。在原产地较丰产，品质好，抗旱力强，引到山西太谷海拔800米左右的平地栽培，产量低，且果实成熟较晚，故适于在太行、太岳土石山区，年均气温10℃以上地区栽植。

**23. 洪赵小枣**

（1）品种来源。洪赵小枣原产于山西洪洞县稽村、许村一带，为当地原有的主栽品种。栽培历史悠久，为地方古老品种。

（2）品种性状。洪赵小枣树势中等，树体中等大，干性强，枝条细，较稀，树冠乱头形，树姿半开张。萌蘖力强，根蘖苗根系发达，生长较强，1年生根蘖苗高92厘米，根径1.17厘米。19年生树干高1.03米，干周49.67厘米，树高8.7米，冠径东西4.74米，南北5.08米，主干灰褐色，皮裂中深，不易脱落。枣头萌发力弱，红褐色，生长势中等，平均生长量67厘米，着生永久性二次枝4～5个，节间长8厘米左右，二次枝自然生长6～8节，针刺不发达。皮目大而稀，椭圆形，凸起，开裂，灰白色。枣股中等大，抽吊力强，每股平均抽生4.1吊。枣吊平均长21厘米。叶片较小，绿色，阔卵形，叶长4.8厘米，宽3厘米，先端渐尖，叶基圆形。花量较少，每吊平均着花47.5朵，每花序平均3.2朵。花较小，零级花花径6.7毫米，1级花花径6毫米左右，昼开型，11时左右蕾裂。蜜盘中等大，橘黄色。

洪赵小枣果实中等大，长圆形，纵径3.4厘米，横径2.65厘米，平均果质量11.1克，最大果16.6克，大小不均匀，果梗中等长，梗洼中度广、较深，果顶平，柱头遗存。果皮较薄，深红色，果面光滑。果点较大，绿白色，肉质细而酥脆，味甜，汁液较多，品质上等，适宜鲜食和制干。

洪赵小枣鲜果含可溶性固形物29.4%，单糖11.46%，双糖10.51%，总糖21.97%，酸0.48%，糖酸比46.06：1。可食率

93.79%。含维生素C 501.2毫克/100克，含水量66.5%。干枣含单糖65.87%，双糖4.25%，总糖70.12%，酸1.48%，糖酸比38.1∶1，含水量17.65%。酒枣含可溶性固形物33%，单糖23.87%，双糖26.03%，总糖59.9%，酸0.73%，糖酸比35.71∶1。含维生素C 7.01毫克/100克，含水量61%。核较小，纺锤形，纵径2.31厘米，横径0.88厘米，核质量0.76克，核尖短，核纹浅，含仁率高，种仁较饱满，多为单仁，偶有双仁。

洪赵小枣结果早，根蘖苗一般第2年开始结果，有的当年就可结果，15年后进入盛果期，盛果期长。坐果率高，当年枣头吊果率132.1%，2年生枝吊果率145.38%，3年生枝吊果率13.64%。坐果部位在1～14节，主要坐果部位在7～12节，占坐果总数的65.62%，丰产，产量稳定。中等管理条件下，19年生树平均株产鲜枣27.8千克，单株最高产鲜枣44.25千克。在山西太谷4月19日前后萌芽，5月下旬始花，6月上中旬盛花，7月上旬终花，9月下旬果实成熟，10月中旬落叶。年生长期175天左右，果实生育期105天左右。枣吊生长高峰期在5月1日至6月14日，占总生长量的90.15%，6月14日后缓慢生长，6月29日前后停止生长。枣头生长高峰期在5月5日至6月24日，占总生长量的89%，6月24日后缓慢生长，7月15日前后停止生长。

（3）适栽地区、地域。洪赵小枣树抗逆性强，适应性广，结果早，产量高而稳定，品质好，果核含仁率高。主要缺点是果实大小不均匀，成熟期早，遇雨裂果较严重。适于北方成熟阶段少雨的地区栽植。

**24. 黑叶枣**

（1）品种来源。黑叶枣分布于山西汾河中游的清徐、交城、榆次、太谷、祁县等地。是地方古老品种之一，栽培数量较少。

（2）品种性状。黑叶枣树势较强，树体较大，干性较强，枝条中度密，生长粗壮，树冠呈自然圆头形，树姿较直立。萌蘖力强，根蘖苗生长势中等。19 年生树干高 1.16 米，干周 53.2 厘米，树高 9.01 米，冠径东西 5.44 米，南北 5.36 米。枣头萌发力弱，黄褐色，生长势中等，平均生长量 52.4 厘米。枣股中等大，抽吊力较强，每股平均抽生 3.9 吊。枣吊平均长 18.18 厘米，节间长 1.55 厘米。叶片中等大，长卵形，深绿色，叶长 6.7 厘米，宽 2.8 厘米，先端渐尖，叶基圆形，叶缘锯齿细，中度密。花量少，每吊平均着花 33.4 朵。花大，花径 8 毫米，夜开型。蜜盘大，橘黄色。

黑叶枣果实中等大，卵形，纵径 3.39 厘米，横径 2.91 厘米，平均果质量 12.4 克，大小极不均匀，最大果 20 克以上，最小 5 克左右。果梗中等、粗，梗洼中度广、深。果顶平，柱头遗存。果皮薄，紫红色，果面光滑。果肉厚，绿白色，肉质细，较松，味甜略酸，汁液较多，品质中上等。适宜鲜食、制干和加工酒枣，制干率 49.54%。

黑叶枣鲜果含可溶性固形物 30%，单糖 18.82%，双糖 4.88%，总糖 23.7%，酸 0.66%，糖酸比 36.02：1。可食率 95.16%。含维生素 C 444.22 毫克/100 克，含水量 66.1%，钙 0.199%，镁 0.069%，锰 3.71 毫克/千克，锌 2.459 毫克/千克，铜 2.206 毫克/千克，铁 22.985 毫克/千克。干枣含单糖 63.25%，双糖 6.64%，总糖 69.89%，酸 2.68%，糖酸比 26.08：1。含维生素 C 30.33 毫克/100 克。核小，纺锤形，纵径 2.48 厘米，横径 0.72 厘米，核质量 0.56 克，大果型核发达。核尖中等长，核面粗糙，不含种仁。中上果型果顶窄小，易皱缩，核小，软化可食，故有的枣区群众把黑叶枣叫“没心红”。据调查，中小果占 70%～80%，其品质优于大果型。坐果率高，当年枣头吊果率 142.7%，2 年生枝吊果率 85.6%，3 年生枝吊果率 53%。坐果部位在 1 ~ 13 节，主要坐果部位在 3 ~ 9 节，占坐果总数的 91.3%。丰产，产量稳定，在中等管理条件下，19 年生树平均株产鲜枣 58.1 千克，最高株产 63.5 千克。在山西太谷地区 4 月中旬萌芽，5 月下旬始花，9 月下旬果实成熟。10 月中旬落叶。年生长期 178 天左右，果实生育期 100 天左右。枣吊生长高峰期在 4 月 25 日至 5 月 25 日，占总生长量的 70.51%，5 月 25 日后缓慢生长，6 月 10 日前后停止生长。枣头生长高峰期在 5 月全月，占总生长量的 62.8%，6 月初缓慢生长，7 月 5 日前后停止生长。

（3）适栽地区、地域。黑叶枣树适应性强，产量高而稳定，中小果种核软化可食，品质较好。果实大小不均匀，果实成熟期遇雨易裂果。适于北方果实成熟期少雨的地区栽植。

**25. 延川狗头枣**

（1）品种来源。延川狗头枣分布于黄河中游的陕西延川县张家河乡庄头村一带。

（2）品种性状。延川狗头枣树势强，树体高大，树冠自然圆头形，树姿开张。50 年生树树高 10 米左右。主干灰褐色，皮裂浅，易剥落。枣头紫褐色，针刺不发达。皮目小而圆，凸起，不开裂。枣股较粗大，圆锥形或圆柱形，长 2.8 厘米，直径 1.2 厘米，可持续结果 15 年左右。抽吊力较强，一般每股抽生 3 ~ 5 吊。枣吊长 12 ~ 24 厘米，节间长 0.8 ~ 1.3 厘米。叶中等大，卵圆形或卵状披针形，叶缘锯齿较深。花量少，花小，花径 6 毫米左右，蜜盘杏黄色。

延川狗头枣果实大，卵圆形，纵径 4.1 ~ 4.8 厘米，横径 2.9 ~ 3.1 厘米，平均果质量 18.2 克，最大果 22.7 克，大小不均匀。果肩宽，果顶较窄，梗洼窄深，果面平滑。果皮中度厚，深红色。果点小而圆，分布密，较显著。果肉较厚，绿白色，肉质致密，细而脆，味甜，汁液较多，品质上等，制干和鲜食品质均佳。

延川狗头枣鲜枣含可溶性固形物25%，酸0.42%。可食率94.5%。核较小，纺锤形，纵径3.2厘米，横径0.84厘米，核质量1克，核纹粗深，核尖细长，核面粗糙，含仁率70%左右。

延川狗头枣树结果较早，栽植后一般第2、第3年开始结果，坐果率中等，吊果率平均63%，产量高而稳定，成龄树一般株产鲜枣50千克左右。在原产地6月初始花，10月上旬果实成熟，果实生育期100～110天。

（3）适栽地区、地域。延川狗头枣树适应性一般，结果较早，产量高而稳定，品质上等，鲜食和制干均佳。成熟期较晚，抗裂果性差，对土壤条件要求较高。适于原产地和北方年均气温10℃以上，土层较厚、土壤较肥沃地区栽植。

**26. 榆次团枣**

（1）品种来源。榆次团枣原产于山西晋中市榆次区东赵乡训峪村一带，为当地主栽品种之一。是地方古老品种，现仍有许多300多年生老树，而且每年都有一定的产量。

（2）品种性状。榆次团枣树势较强，树体中等大，枝条稀而粗壮，干性较弱，树冠呈自然圆头形或圆锥形，树姿半开张。萌蘖力中等，根蘖苗生长粗壮，1年生根蘖苗高52.2厘米，根径0.79厘米，着生永久性二次枝8～9个，节间长4.86厘米。二次枝自然生长6～7节，针刺发达。19年生树干高1.53米，干周49.5厘米，树高6.74米，冠径3.85米。枣头萌发力弱，红褐色，生长粗壮，平均生长量89.25厘米，着生永久性二次枝5～6个，节间长9.05厘米，针刺发达，长0.9～2.2厘米。枣股肥大，一般长4厘米左右，粗1.2厘米。抽吊力中等，每股抽生2～5吊，平均3.34吊。枣吊平均长21.13厘米，节间长1.54厘米。叶中等大，长卵形，绿色，叶长5.35厘米，宽2.56厘米，先端渐尖，叶基圆形，叶缘锯齿细，中度密。花量少，每吊平均着花44.3朵，每花序平均2.8朵。花较大，零级花花径7.26毫米，1级花花径6.28毫米，昼开型，12时左右蕾裂。蜜盘大，橘黄色。

榆次团枣果实大，椭圆形，纵径3.51厘米，横径3.36厘米，平均果质量17.3克，最大果19.4克，大小较均匀。果梗短而粗，梗洼广，中度深。果顶微凹，柱头遗存。果皮中等厚，赭红色，果面光滑。果肉厚，绿白色，肉质致密，味甜，汁液多，品质中上等，适宜制干和鲜食，制干率45.55%。

榆次团枣鲜果含可溶性固形物27.3%，单糖16.73%，双糖4.54%，总糖21.27%，酸0.68%，糖酸比31.1：1。可食率95.95%。含维生素C 482.2毫克/100克，含水量70.1%，钙0.796%，镁0.083%，锰4.55毫克/千克，锌8.127毫克/千克，铜7.679毫克/千克，铁28.487毫克/千克。干枣含单糖73.54%，双糖2.26%，总糖75.81%，酸2.37%，糖酸比31.99：1。酒枣含可溶性固形物33.6%，单糖24.95%，双糖4.8%，总糖29.25%，酸0.73%，糖酸比40.8：1。含维生素C 8.04毫克/100克，含水量60.75%。核小，纺锤形，纵径2.22厘米，横径0.85厘米，核质量0.7克，核尖中等长，核纹浅，核面粗糙，含仁率80%，种仁不饱满。

榆次团枣树结果较早，根蘖苗一般第2年开始结果，有的当年即可结果，一般15年左右进入盛果期。坐果率中等，枣头坐果率高。据调查，当年枣头吊果率高达142.86%，2年生枝吊果率33.33%，3年生枝吊果率50%，坐果部位在1～16节，主要坐果部位在8～14节，占坐果总数的78.155%。在中等管理条件下，19年生树平均株产鲜枣20.85千克，最高株产鲜枣34.85千克。在山西太谷地区4月19日前后萌芽，5月下旬始花，7月中旬终花，9月中旬果实着色，10月上旬果实成熟，10月中旬落叶。年生长期175～180天，果实生育期115天左右。枣吊生长高峰期从4月30日至5月20日，占总生长量的60%，5月20日后缓慢生长，7月24日前后停止生长。枣头生长高峰期从5月1日至6月7日，占总生长量的70.19%，6月7日后缓慢生长，6月19日前后停止生长。

（3）适栽地区、地域。榆次团枣树适应性强，结果较早，产量中等，较稳定，品质中上等，适宜鲜食、制干和加工酒枣。对栽培条件要求不高，果实生育期较长。适于北方年均气温9℃以上的丘陵地区栽植。

**27. 敦煌大枣**

（1）品种来源。别名哈密大枣、五堡大枣，维吾尔语名为库木勒郎或穷其郎（意为大枣）。主要分布于甘肃敦煌，敦煌以东的金塔、安西、酒泉等地也有少量栽种。100多年前引入新疆哈密市，并逐渐在该市五堡乡形成了新产区。近年来，在新疆和甘肃等地得到在量推广。

（2）品种性状。树体较高大，干性较强，树姿半开张，外围枝下垂，树冠自然圆头形或半圆形。托叶刺发达。叶较小，卵状披针形。花量少，花较大，昼开型。果实中等、偏大，近卵圆形，平均纵径3.5厘米，横径3.2厘米，平均果质量14.7克，最大果25克，大小不整齐。果肩宽，圆或平圆，略耸起，有数条宽的沟棱。果顶稍瘦，平圆或广圆，略向一侧歪斜，顶点凹陷，顶洼中等广深。果柄细，长0.7厘米。果面不平整，有小块起伏。果皮较厚，紫红色。果点大，着色后呈浅褐色，密布，不明显。果肉浅绿色，肉质致密，较硬，汁液少，味酸甜，稍有苦味，含糖量20%，酸0.64%，维生素C 404.2毫克/100克，制干率47%以上。干枣含总糖74.7%~78.3%，含酸1%~1.14%。鲜食、制干品质均属中上等。鲜枣贮藏性好，在室内自然状况下可存放10天左右。果核较大，核内无种子。9月上旬成熟。

（3）适栽地区、地域。该品种适应性强，抗寒、耐旱、抗病虫，树体较高大，发枝力强，结果早，丰产稳产。果实较大，浓红美观，果肉厚，品质中上，耐贮运，可鲜食、制干，加工蜜枣、酒枣等。唯成熟期不抗风，易落果。为甘肃河西走廊地区和新疆东部优良的鲜食制干兼用品种，可作大面积生产栽培。

**28. 泗洪大枣**

（1）品种来源。原产于江苏省泗洪县上塘镇，早在明朝洪武初年，就被选为稀世贡品。1982 年果树资源普查时被再次发现，1985 年由江苏省国营泗洪县五里江农场果树良种场推出，1995 年通过江苏省农作物品种审定委员会审定。

（2）品种性状。树势强健，树姿开张，发枝力强。幼树树冠圆锥形，成龄树为圆形。托叶刺长，较少。叶片较大，卵状披针形，叶色浓绿，叶尖急尖，叶基偏斜形。果实特大，纵径 5.4～5.7 厘米，横径 4.6～5.9 厘米，平均单果质量 30 克以上，部分可达 45～50 克，最大 107 克。卵圆形、近圆形或长圆形，果顶凹，果面稍有棱起。果皮中厚，紫红色，果点小而稀。果肉浅绿色，肉质脆，汁多味甜，含可溶性固形物 30%～36%，品质上。适宜生食，又可加工蜜枣、枣脯、蜜饯、罐头等。一般 9 月中下旬成熟。

（3）适栽地区、地域。该品种适应性强，抗旱、耐涝、抗风、耐盐碱，尤其抗枣疯病。结果早，果实特大，质优味甜，丰产稳产，且不裂果，作为鲜食加工兼用品种在南方很有发展前途。

**29. 鲁源小枣**

（1）品种来源。1990 年在沂源县发现的一株优良实生变异，经无性繁殖和栽培试验，性状表现稳定。1995 年暂定名为鲁源小枣。

（2）品种性状。树体矮小，树冠紧凑，分枝角度大，二次枝节间短，生长粗壮。针刺少而短，3 年生以上枝条针刺退化。

叶卵状披针形，平均叶长 5.2 厘米，宽 2.78 厘米，叶基广阔，叶绿锯齿圆钝。

果实多为长圆形，少数为倒卵形，平均纵径 28.99 毫米，横径 21.62 毫米；平均单果质量 7.37 克，最大果 14.01 克；果实整齐，无畸形，果肩圆，无沟棱；梗洼深、狭，果顶平，果柄长 5~7 毫米；果皮薄，红色富光泽，果点大，不明显；果肉白色，致密，脆硬，汁液中多，可溶性固形物 32.2%，可溶性糖含量 29.5%，可食率 95.9%，制干率 53%，鲜食品质上等，是生食制干兼用品种。果核小，倒卵形，平均单核质量 0.299 克，果核纵径 15.7 毫米，横径 6.8 毫米，核纹浅直。子房 2 室，只有一枚种子，种子饱满率为 83%。在鲁中南山区 9 月下旬至 10 月初成熟。

（3）适栽地区、地域。该品种适应性强，抗旱耐瘠，树体矮小，树冠紧凑，早果速丰，果实品质好，抗裂果，皮薄，适宜在旱薄山区发展。

**30. 姜皇庄 1 号**

（1）品种来源。由河北省农林科学院昌黎果树研究所从沧州的金丝小枣中选出的优系，1996 年通过了省级鉴定。

（2）品种性状。树势中等，树冠呈自然圆头形，萌芽力较强，枝条粗壮幼树和新枝有托叶刺，渐脱落。枣股平均着生枣吊 3.13 个，枣吊平均长 14.27 厘米。叶卵状披针形。果实较大，椭圆形，平均单果质量 6.1 克，最大果 9.5 克，果实纵横径为 2.6 厘米 ×2.31 厘米。果皮红色，被蜡质，有光泽。果点圆形锈色，较明显。果顶圆形，微凹。果梗长 0.6 厘米。果皮较薄，肉厚 0.9 厘米，可食率为 92.77%。鲜枣肉质致密而脆，汁液中等偏多，可溶性固形物为 38.4%，维生素 C 477.5 毫克/100 克，制干率为 64.34%，品质极上。适于干制和鲜食，干枣含粮量 66.5%。一般不具核仁。10 月上旬果实成熟。

该品系适应性较强，果形大，不裂果，易丰产稳产，鲜枣耐贮性较强，是比较理想的晚熟鲜食、干制兼用型优良品系。

**31. 品10**

（1）品种来源。由河北省农林科学院昌黎果树研究所从沧州的金丝小枣中选出的优系，1996年通过了省级鉴定。

（2）品种性状。树冠呈自然圆头形，成枝力较强。果实椭圆形，纵径2.41厘米，横径2厘米，平均单果质量4克，最大果6.1克。果皮紫红色，被蜡质，有光泽。果顶圆形，顶点微凹，柱头遗存，果梗长0.5厘米。可食率95.28%，鲜枣果肉白色，肉质致密而脆，汁液中等，可溶性固形物39.5%，含维生素C 445.9毫克/100克，味甘甜，品质极上，无裂果，制干率65.44%。适于鲜食和制干。干枣皮薄坚韧，皱纹细浅，果形饱满。富弹性，含糖量为69.35%。核小，纺锤形，土黄色。9月下旬果实成熟。

（3）适栽地区、地域。本品系适应性较强，抗盐碱能力强，无裂果，采前落果极轻，易丰产，干枣果皮不皱缩，宜在小枣区大量发展。

**32. 金丝丰**

（1）品种来源。河北省沧县金丝小枣良繁基地从金丝小枣中选优而来。1997年通过河北省科委组织的技术鉴定，1998年通过河北省林木良种审定委员会审定。

（2）品种性状。树冠自然圆头形。幼树生长旺盛，结果后树势渐缓。萌芽力强，成枝力中。幼树和徒长枝有托叶刺，后渐脱落。枣股萌生枣吊能力强，平均每股3.8个枣吊。叶片卵状披针形。果实卵圆形，纵径2.41厘米，横径2.05厘米，平均单果质量5.26克，最大果7克。果皮薄而有韧性，紫红色，被蜡质，有光泽，果点不明显，果形饱满。果肉绿白色，成熟后金黄色，含还原糖14.08%～15.06%，有机酸0.33%～0.41%，维生素

C 363.11～451.42 毫克/100 克，品质极上。核小，纺锤形，土黄色，一般无核仁。可食率 96.5%，制干率 65.8%。干品皱纹细浅。适于鲜食、制干或加工。9 月中旬进入半红期，9 月下旬全红，果实发育期 109 天左右。

（3）适栽地区、地域。该品种土壤适应性强，但以中壤性黏质潮土最为适宜，抗盐碱、抗旱涝能力强。进入经济结果期较早，自花结实能力强，生理落果、裂果轻，丰产、稳产，无明显大小年现象。

**33. 品 17**

（1）品种来源。在 20 世纪 70 年代金丝小枣资源调查基础上，经初选、复选和稳定性观察，于 1996 年通过专家鉴定。

（2）品种性状。树冠呈自然圆头形。幼树生长旺盛，结果后树势渐弱，分枝力中等，枝条粗壮。果实阔椭圆形，平均单果质量 5 克，最大果 8.1 克，果实纵径 2.58 厘米，横径 2.2 厘米。果皮紫红色，薄，被蜡质，有光泽，果点小，果顶圆形，顶点微凹，柱头遗存，果梗长 0.6 厘米，果肉绿白色，肉质致密而脆，汁液中等，含可溶性固形物 39%，维生素 C 451 毫克/100 克，味甜，品质极上。核较小，纺锤形，土黄色，少数具核仁。可食率 94.24%，制干率为 63.74%，干枣含可溶性固形物 70.9%。适于鲜食和制干。9 月下旬成熟，果实发育期 105～120 天。

该品系适应性较强，进入结果期较早，易丰产、稳产，采前裂果和落果极轻，是有发展前途的鲜食和制干优良品系。

**34. 乐陵无核 2 号**

（1）品种来源。由山东省德州市林业局和乐陵市林业局从山东的无核小枣优系中选出，1996 年通过山东省科委组织的专家鉴定，并命名。

（2）品种性状。树势中庸，干性较差，骨干枝较开张。果实中大，长圆形，中部稍细，纵径 3 厘米，横径 1.3 厘米，平均单果质量3.38克，最大果5.19克。果面光亮，色深红。果肉黄白色，肉质细脆，汁液中多，味甘甜，含可溶性固形物35.1%。核呈膜状，食之无硬感。可食率100%，制干率56.1%。干枣果形饱满，富弹性，皱纹少而浅，色泽红艳，肉质细，无苦涩，总糖含量73.8%，品质极上。适于加工“牙枣”和鲜食、制干。

**35. 靖远大枣**

（1）品种来源。原名小口枣，历史上因靖远县小口村种植较早、风味独特而得名，在白银市栽培已达12万公顷以上，分布范围由温暖潮湿的黄河沿岸延伸到干燥寒冷的高扬程灌区和干旱山区，年总产量已达1 600万千克。

（2）品种性状。树势强健，成枝力强，树姿开张，当年生枝条紫红色。自花授粉能力较强，但配置授粉树能提高坐果能力。果实圆筒形，平均单果质量25.4克，果面稍有突起，果点明显、较大而密。果皮中厚，紫红色，油亮。果肉绿白，质地疏松，汁液多，味酸甜，品质上等，含糖量23.5%～25.8%，总酸量0.59%，膳食纤维2.1%，蛋白质1.2%～3.3%，脂肪0.76%，钙0.4%～0.65%，磷0.23%～0.6%，铁0.08%～0.17%，枣核大，尖，平均核质量0.56克，85%的枣果不具饱满种仁。可食率94.6%，制干率43.2%以上。9月下旬果实成熟。

（3）适栽地区、地域。该品种适应性强，耐寒冷、耐盐碱、耐瘠薄，适宜在中性和微碱性的沙壤土和黏壤土上生长。抗轮纹病和炭疽病，早果性强，是一个鲜食制干兼用的地方优良枣品种。

## 四、蜜枣品种

**1. 圆枣**

宣城圆枣又名团枣。

（1）品种来源。宣城圆枣分布于安徽宣城市宣州区水东、孙埠、杨林等乡镇。为水东乡原产主栽品种。栽培历史已有300余年。

（2）品种性状。宣城圆枣树势强健，树体高大，树冠多为自然圆头形，树姿半开张。成龄树树高8～9米，冠径7米左右。主干深灰色，皮裂中度深。枣头暗紫红色，萌发力强，平均生长量35.8厘米，粗0.49厘米，节间长8～10厘米。二次枝自然生长3～6节，针刺不发达。皮目中等大，梭形，凸起。枣股大，圆柱形，长2.8厘米，能持续结果15年左右，多年生枣股有分歧现象。抽吊力较弱，一般每股抽生3吊。枣吊长11～18厘米，节间长1.5厘米，着生叶片8～12片。叶片中等大，稍厚，卵状披针形，绿色。叶长5厘米，宽2.5厘米，先端渐尖，叶基阔楔形，叶缘锯齿粗。花量中等，每花序着花1～6朵，以枣吊中部节位着花较多。花稍大，蜜盘浅黄色。

宣城圆枣果实大，近圆形，纵径3.58厘米，横径3.66厘米，平均果质量24.5克，大小均匀。果梗中度粗，长5毫米左右，梗洼窄而深。果顶凹，柱头遗存，果皮薄，赭红色，果面光滑。果点稍大，分布较稀，圆形，明显。果肉厚，淡绿色，肉质致密、细脆，汁液中等多。

宣城圆枣白熟期含糖量10.7%，酸0.23%，可食率97.4%。含维生素C 333.1毫克/100克。脆熟期味甜略酸，鲜食品质中上等，加工的蜜枣品质上等。核小，短纺锤形，纵径1.7厘米，横径0.95厘米，核质量0.64克，核尖短，核纹中度深，含仁率高，种仁饱满。

宣城圆枣多用嫁接繁殖，用大砧木嫁接，当年即可结果。坐果率高，丰产性强，产量稳定，15年生树一般株产鲜枣30～50千克，20年生以上的成龄树株产鲜枣100～200千克。宣州区水东乡高梅村白马山的200年生大树，树高9.5米，冠径东西10.8米，南北12.1米，干高1.45米，干周1.29米，株产鲜枣200～250

千克。水东乡袁村300年生树，干高2.64米，干周1.17米，树高14.2米，冠径东西10.9米，南北9.9米，株产鲜枣300千克。在原产地4月上中旬萌芽，5月中下旬始花，8月中下旬进入果实白熟期，9月上旬着色，进入脆熟期。白熟果生育期95天左右。

（3）适栽地区、地域。宣城圆枣适应性较强，抗旱，不耐涝。结果早，早丰性强，产量稳定，盛果期和寿命均长。果实大，大小均匀，加工蜜枣品质好，适宜南方蜜枣加工地区栽植。

**2. 宣城尖枣**

宣城尖枣又名长枣。

（1）品种来源。宣城尖枣原产于安徽宣城市的水东。主要分布于水东、孙埠、杨林等地，为当地主栽品种。栽培历史200余年。

（2）品种性状。宣城尖枣树冠圆锥形，发枝力较弱，树姿开张。主干深灰色，裂片较大。枣头红褐色，连续生长力强，平均生长量58.2厘米。着生永久性二次枝2～6个。二次枝平均长27.7厘米。皮目较小，圆形，凸起，开裂。枣股大，圆柱形，最长3.2厘米，多年生枣股有分歧现象，抽吊力中等，每股平均抽生3～4吊。枣吊长12～17厘米，节间长1.9厘米，叶片较大，卵状披针形。绿色，叶片长5.85厘米，宽3.59厘米，先端渐尖，叶基楔形，叶缘锯齿稀而粗。花量多，刺吊中部每花序着花多达9朵。蜜盘浅黄色。

宣城尖枣果实大，圆柱形，纵径4.8厘米，横径3.7厘米，平均果质量22.5克，大小均匀。果梗长，较粗，梗洼稍广，较深，果顶尖，柱头较大，明显。果皮红色，果面光滑。果点小而圆，分布较密。果肉厚，乳黄色，汁液少。

宣城尖枣白熟期含糖9.9%，酸0.27%。可食率97%。含维生素C 351.1毫克/100克。蜜枣含维生素C 285.8毫克/100克。核小，纺锤形，纵径2.9厘米，横径0.7厘米，核质量0.65克，核纹浅，核尖中等长，含仁率高，种仁不饱满。

宣城尖枣结果早，嫁接苗当年即可结果，丰产，15～20年生树单株可产鲜枣50～100千克，最高可达150千克。在原产地8月下旬果实进入白熟期，9月上旬开始着色。果实生育期95天左右。

（3）适栽地区、地域。宣城尖枣树耐旱，不耐涝，抗风力差。结果早，早丰性强，丰产稳产，盛果期和寿命均长，果实大而均匀，加工蜜枣品质优良，肉厚，核小，透明度高，素有"金丝琥珀蜜枣"之称，多用于出口，畅销国际市场。适于蜜枣加工地区栽植。

**3. 义乌大枣**

义乌大枣又名大枣。

（1）品种来源。义乌大枣分布于浙江义乌、东阳等地，为当地主栽品种。有700多年的栽培历史。原产东阳市茶场，由实生株系选育而成。

（2）品种性状。义乌大枣树体较大，干性较强，树冠自然圆头形，树姿开张。31年生树干高1.8米，干周68厘米，树高6米，冠径6.5米。主干灰褐色，皮裂浅，较平滑，不易剥落。枣头棕红色，生长较细弱，平均生长量35厘米，节间长5～6.5厘米。皮目小，椭圆形，凸起，开裂。二次枝自然生长6～7节，针刺不发达。枣股中等大，圆柱形，最长2.5厘米，直径1厘米，能持续结果10年左右，抽吊力中等，每股一般抽生3～4吊。枣吊长18～22厘米。叶片大，长卵圆形，绿色，叶长4.8厘米，宽2.8厘米，先端钝尖，叶基圆形，叶缘锯齿粗浅。花量多，枣吊中部每花序着花5～9朵。花中等大，花径7毫米左右，夜开型。蜜盘浅黄色。

义乌大枣果实大，长圆形，纵径3.8厘米，横径2.7厘米，平均果质量15.4克，最大果18.5克，大小较均匀。果梗中度粗，较短，梗洼窄，中度深。果顶宽平或微凹，柱头遗存，不很明显。果皮较薄，赭红色，果面不平。果点小而密，不明显。果肉厚，乳白色，肉质稍松，汁液少。

义乌大枣果实白熟期可溶性固形物13.1%，可食率95.71%。含维生素C 503.2毫克/100克。适宜加工蜜枣。加工的蜜枣品质上等。核小，纺锤形，稍弯曲，纵径2.1厘米，横径0.8厘米，核质量0.6克，核尖较短，核纹中度深，核面较粗糙，含仁率高，种仁饱满。

义乌大枣树结果较早，大砧木嫁接后一般第2年开始结果，10年后进入盛果期，产量较高。在中等管理条件下，成龄树一般株产鲜枣35千克，高产树达100千克左右，多以马枣等品种作授粉树。坐果后生理落果少。在义乌4月上旬萌芽，5月下旬始花，8月下旬果实进入白熟期，11月初落叶。年生长期200～210天，果实生育期95天左右。

（3）适栽地区、地域。义乌大枣树抗旱，耐涝。结果早，产量较高。加工蜜枣，品质好。适于南方蜜枣加工地区栽植。

**4. 灌阳长枣**

灌阳长枣又名牛奶枣。

（1）品种来源。灌阳长枣分布于广西灌阳，为当地主栽品种，占当地栽培总面积的98%以上。

（2）品种性状。灌阳长枣树势强，树体较高大，干性较强，枝条较密，树冠自然圆头形或半圆形，树姿开张。50年生树干高1.5米，干周1.16米，树高9.8米，冠径7.5米。主干灰褐色，皮裂较深，易剥落。枣头灰棕色，发枝力中等，节间长9厘米左右，二次枝自然生长7～9节，针刺不发达。皮目圆形，凸起，开裂。枣股中等大，圆柱形，老龄枣股长1.8厘米，直径1.2厘米，能持续结果12年左右，抽吊力强，每股抽生3～6吊，平均4吊。枣吊长14～25厘米。叶片大，卵状披针形，深绿色，叶长

5.5～8.5厘米，宽2.6～3.2厘米，先端渐尖，叶基圆形或楔形，叶缘锯齿钝，密度中等。花量多，每吊平均着花77.5朵，最多的达132朵。

灌阳长枣果实较大，圆柱形，纵径4.2～7厘米，横径2.2～2.7厘米，平均果质量14.3克，最大果20.5克，大小较均匀。果梗中等粗长，梗洼窄而深。果顶尖，柱头遗存，不明显。果皮较薄，赭红色，果面不平滑。果点小而密，分布均匀，不明显。果肉厚，黄白色，肉质较细，稍松脆，味甜，汁液少，适宜加工蜜枣，也可鲜食和制干，制干率35%～40%。加工的蜜枣品质上等。鲜食和干枣品质中等。

灌阳长枣白熟期果实含可溶性固形物18%以下，脆熟期含糖27.9%，可食率96.9%。核小，长纺锤形，稍弯曲，纵径2.6～3.8厘米，横径0.6～0.8厘米，侧径0.4～0.5厘米，核质量0.46克，核纹细浅，核尖细长，核面不粗糙，种仁发育不良。

灌阳长枣树结果较早，根蘖苗栽后2～3年开始结果，大砧木嫁接苗当年即能少量结果，15年后进入盛果期。盛果期和寿命均长。坐果率高，丰产，产量稳定。15～20年生树，株产鲜枣50千克，20年生以上大树，株产鲜枣100～200千克，百年以上大树，可产鲜枣400千克以上。在原产地4月上旬萌芽，5月初始花，8月中旬果实开始着色，9月上旬脆熟，10月下旬落叶。年生长期190～200天，果实生育期110～120天。

（3）适栽地区、地域。连县木枣树适应性强，山地、平地均能较好生长和结果。引种到山东泰安、乐陵，表现丰产，稳产，加工的蜜枣品质优良。适于南方蜜枣产区栽培。北方栽培，宜选择年均温度较高的地区。

**5. 淳安大枣**

（1）品种来源。淳安大枣分布于浙江淳安金峰乡小后村。1978年发现，数量不多，起源于当地枣树的自然实生种，已在当地繁殖推广。

（2）品种性状。淳安大枣树势强健，树体中等大，干性较强，树冠自然圆头形，树姿开张。12 年生树干周 42 厘米，树高 5.3 米，冠径 4.5～4.8 米。主干灰褐色，皮裂深。枣头紫褐色，生长势较强，节间长 5～7 厘米，针刺发达。皮目椭圆形，凸起，灰白色。枣股中等大，圆柱形或圆锥形，5 年生枣股长 1.2 厘米左右，抽吊力强，每股一般抽生 4～5 吊。枣吊长 17～25 厘米。叶中等大，卵状披针形，绿色，叶长 5～7 厘米，宽 3～4 厘米，先端钝圆，叶基圆形，叶缘锯齿粗。花量较少，每花序着花 3～4 朵，花较小，花径 6 毫米左右。

淳安大枣果实大，圆柱形，平均果质量 18 克，最大果 40 克，大小较均匀。果顶微凹，梗洼中度深。果皮薄，紫红色。果点大，白熟期极明显。果肉厚，绿白色，肉质疏松，味甜，汁液少，适宜加工蜜枣。加工的蜜枣光亮透明，品质上等，曾被评为浙江省外销金丝琥珀蜜枣第一名。

淳安大枣核小，纺锤形，纵径 2.5～3 厘米，横径 0.5～0.8 厘米，核质量 0.57 克，可食率 96.8%。

淳安大枣树结果较早，根蘖苗定植后 2～3 年开始结果，10 年后进入盛果期，盛果期大树株产鲜枣 50～100 千克，最高株产 150 千克。自然落果少。在原产地 4 月中旬萌芽，5 月底始花，9 月上中旬果实进入白熟期，9 月底着色，11 月中下旬落叶。年生长期 210～220 天，果实生育期 110～115 天。

（3）适栽地区、地域。淳安大枣树适应性，耐干旱，抗病虫力较强，结果较早，早丰性强，产量高，自然落果少，果实大而均匀，加工的蜜枣品质好，枣果生育期长。适于南方蜜枣产区栽培。

**6. 大荔水枣**

（1）品种来源。大荔水枣分布于陕西大荔县枣区，以小元、北丁、西营、三教等地栽培较多。栽培历史不详。

（2）品种性状。大荔水枣树势中等，树体中等大，枝条中度密，干性较弱，树冠自然圆头形，树姿开张。成龄大树的树高5～6米，冠径4～5米，主干灰褐色，皮裂浅，不易脱落。枣头萌发力中等，红褐色，一般生长量35厘米左右，着生永久性二次枝5～7个，节间长7厘米。二次枝自然生长4～6节，针刺不发达。皮目小，椭圆形，凸起，开裂。枣股较小，抽吊力较强，每股抽生2～5吊。枣吊平均长13～18厘米。叶片小而较厚，长卵形，绿色，叶长5.3厘米，宽2.7厘米，先端渐尖，叶基圆形或楔形，叶缘锯齿细而密。花量较少，夜开型。花中等大，零级花花径7.5毫米左右，1级花花径7毫米左右。蜜盘小，浅黄色。

大荔水枣果实较大，长圆形，纵径3.4厘米，横径3.1厘米，平均果质量17.8克，大小较均匀。果梗中等长，梗洼中度广、深。果顶平，柱头遗存，不明显。果皮中度厚，深红色，果面不平滑。果点小而圆，分布较稀。果肉厚，绿白色，肉质细，较松，味甜，汁液较少，品质中上等或上等，适宜制干枣和蜜枣。

大荔水枣制成的干枣含糖72.2%，酸0.77%，可食率96.7%。核小，纺锤形，纵径1.44厘米，横径0.72厘米，核质量0.55克，核尖短，核面较粗糙，含仁率10%左右。

大荔水枣树结果较早，根蘖苗一般第2年开始结果，10年后进入盛果期。枣头坐果率高，丰产，产量不很稳定。成龄树一般株产鲜枣25～50千克。在原产地4月中旬萌芽，5月中下旬萌芽，5月下旬始花，6月上旬盛花，9月20日前后果实脆熟，10月中旬落叶。年生长期175天左右，果实生育期100天左右。

（3）适栽地区、地域。大荔水枣树适应性较强，引种到山西中部的太谷、太原和北部代县等地栽培，结果早，丰产，果实品质较好，成熟期较早。适于北方蜜枣加工地区栽植。

**7. 繁昌长枣**

（1）品种来源。主要分布于安徽繁昌的横山县、环城乡、马坝乡、峨桥乡一带，为当地原产的主栽品种，有300余年栽培历史。

（2）品种性状。树体高大，树姿开张，树冠自然圆头形。托叶刺退化。叶片中大，卵状披针形。花量多。果实较大，长柱形，胴部中腰部分常有不对称的缢痕，两端常显歪斜，纵径4.8厘米，横径2.6厘米。平均果质量14.3克，大小整齐。果肩圆，耸起。果顶尖圆，柱头遗存。果皮薄，脆熟期赭红色，白熟期绿白色。果点不明显。极少裂果。果肉淡绿色，质地致密且脆，进入脆熟期期后甘甜可口。可食率达98.3%，每100千克鲜枣可制蜜枣78千克。核细小，无种子或含有不饱满的种子。8月上旬白熟，8月底至9月初脆熟。

（3）适栽地区、地域。该品种耐旱涝、耐瘠薄，适应性强，但不抗枣疯病。树体高大强健，丰产稳产，果实较大，肉质致密，细脆甘甜，裂果轻，适宜制作蜜枣和鲜食。蜜枣成品个大，整齐，皮薄，肉厚，核小，含糖量高，呈半透明琥珀色，品质极上。适宜南方枣区推广栽培。

**8. 无核金丝小枣**

（1）品种来源。别名虚心枣、空心枣。由河北省农林科学院昌黎果树研究所从沧州的无核小枣中选出的优系，1996年通过了省级鉴定。

（2）品种性状。树冠呈自然圆头形，树势中庸，主枝开张。休眠芽寿命长，萌发力强。树皮灰褐色，呈条状浅裂。叶卵状披针形，有光泽，枣吊中部叶片长5厘米，宽2.5厘米。果实长柱形，中部略细，形似枕头，长2.5～3厘米，粗1.3～1.5厘米，单果质量2.45克。果皮红色，果点圆形，锈色，果顶圆形、顶点微凹，柱头宿存。果皮薄，棕褐色，果肉黄白色，质脆细密，汁液中等。果核退化成膜片状或仅存痕迹。鲜枣可溶性固形物

38%，干枣为60.12%，制干率为58.1%。9月下旬果实成熟。

该品种结果较早，丰产稳产，品质优良，适宜加工牙枣，在市场上具有较强竞争力。适宜集中、规模发展，以利收购、贮藏和加工。

**9. 淇县无核**

（1）品种来源。别名无核枣、空心枣、虚心枣、软核蜜，是淇县、卫辉市的主栽品种，也是无核枣中的名贵品种。

（2）品种性状。果实圆筒形或倒卵形，浅红色；果小，平均单果质量4.5克，最大果10克；果皮薄，果点密；果肉青白，汁多，味甜，具香味，糖分高，品质极上。果核退化，核壳薄如纸，且软，食用时可不吐核。种子发育正常。是鲜食、制干兼用品种。果实9月上中旬成熟。树势较弱，但耐瘠薄，抗寒，抗食心虫，产量中等。

**10. 大叶无核**

（1）品种来源。主产内黄、浚县。

（2）品种性状。果大，椭圆形，单果质量15克。果皮较厚，浅红色；果肉青白，汁多，甜酸，质脆。核退化成一层纸质（有时几乎看不见），可同果肉一起吞下（图2－17）。不仅可鲜食，也是育种研究的良好试材。叶大，阔卵形，深绿色，长8.8厘米，宽5厘米。树势较弱，较丰产。

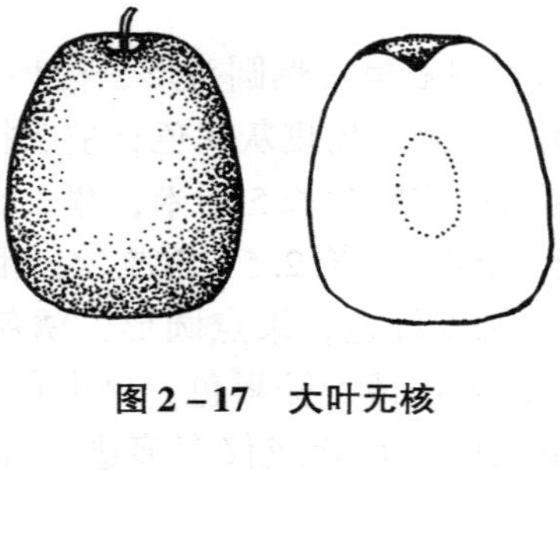

**图2－17　大叶无核**

## 五、观赏枣品种

### 1. 龙枣

龙枣又名龙须枣、曲枝枣、蟠龙枣、龙爪枣。

（1）品种来源。龙枣分布于北京故宫，山西太谷、太原晋祠，河北献县，河南淇县，山东乐陵、庆云、夏津、泰安，陕西西安等地。多为庭院和四旁零星栽植，数量很少。历史不详。在山西太谷南杨家村有数百年生大树生长。

（2）品种性状。龙枣树势较弱，树体较小，干性弱，枝条密，树冠呈自然圆头形，树姿开张或半开张。80 年生树干高 1.8 ~2.2 米，干周 56 ~70 厘米，树高 4.2 ~5.5 米，冠径 4 ~5 米。主干灰褐色，皮裂浅，较易剥落。枣头紫红色或紫褐色，生长势弱，生长量 15 ~50 厘米，节间长 8 ~11 厘米，枝条弯曲或盘圈生长。二次枝也弯曲生长，发育较弱，自然生长 3 ~5 节，针刺不发达。皮目小而圆，凸起，不开裂，分布中度密。枣股小，圆柱形，5 ~6 年生枣股长 1 厘米左右，老龄枣股长 2 ~2.5 厘米，可持续结果 12 ~15 年，抽吊力中等，每股一般抽生 3 ~4 吊。枣吊细，较长，弯曲生长，吊长 15 ~35 厘米。叶小，卵状披针形，深绿色，较厚，叶长 4.4 厘米，宽 2.2 厘米，先端渐尖，叶基楔形，叶缘锯齿细，中度密。花量少，每吊平均着花 25 ~35 朵，枣吊中部每花序着花 5 朵左右。花较大，花径 7 毫米左右，昼开型。蜜盘小，杏黄色。

龙枣果实小，细腰扁柱形，纵径 2.6 厘米，横径 1.3 厘米，侧径 1 厘米，平均果质量 3.1 克，最大果 5 克，大小较均匀。果梗细而较长，梗洼窄，较深。果顶凹，柱头遗存，不明显。果皮厚，深红色，果面不平滑，果实中部细。果点小而密，浅黄色，不明显。果肉厚，绿白色，肉质较硬，味较甜，汁液少，适宜制干，制成的干枣品质中下等。

龙枣鲜果含可溶性固形物30%，可食率90.3%。核中等大，长纺锤形，纵径1.9厘米，横径0.5厘米，核质量0.3克，核尖中等长，核纹中度深，不含种仁。

龙枣嫁接繁殖结果较迟，嫁接苗一般第3年开始结果，在陕西清涧县洲洋公司苗圃，1年生酸枣实生砧嫁接苗，当年结果株率16%。坐果率低，结实力差，产量很低。坐果部位在2~15节，主要坐果部位在5~12节，占坐果总数的72%。在山东北部4月中旬萌芽，6月初始花，9月下旬果实成熟。果实生育期110天左右。

（3）适栽地区、地域。龙枣树适应性和抗逆性强，产量很低，品质中下等，经济栽培价值不大。其枝条弯曲，枝形奇特，具有很高的观赏价值，可作为观赏树种开发。适于宜枣区栽植。

**2. 大荔龙枣**

大荔龙枣又名龙爪枣、曲枝枣。

（1）品种来源。大荔龙枣原分布于陕西大荔县石槽、八渔、苏村、西漠一带，蒲城县坞坭林场和西安市莲湖公园等地也有零星栽植。1983年引进山西农业科学院果树研究所国家枣圃，生长结果表现良好，目前不少地区都有栽培。

（2）品种性状。大荔龙枣树势中等，树体中等大，枝条中度密，干性弱，树冠自然圆头形或半圆形，树姿开张。30年生树树高4米，冠径4.5~5米。主干灰褐色，皮裂较深，易剥落。枣头红褐色，生长势较强，一般生长量55厘米左右，节间长5.5厘米，二次枝自然生长5~8节，针刺不发达。皮目小，椭圆形，凸起，分布中度密。枣股较小，抽吊力中等，每股抽生3~4吊。枣吊一般长21厘米左右。枣头、二次枝、枣吊都弯曲生长，故又名龙爪枣和曲枝枣。叶片较小，长卵形或卵状针形，叶长5.2厘米，宽2.7厘米，先端渐尖，叶基楔形，叶缘锯齿细而浅。花量较少，花中等大，零级花花径7毫米，1级花花径

6.6毫米，昼开型。蜜盘小，杏黄色。

大荔龙枣果实中等大，椭圆形，纵径3.5~3.8厘米，横径2.8~3厘米，平均果质量10.3克，最大果14.6克，大小较均匀。果梗中长，较粗，梗洼中广，较深。果顶平或微凹，柱头遗存。果皮厚，紫红色，果面较平滑。果点中等大，分布中度密，浅黄色，圆形，较明显。果肉厚，绿白色，肉质较粗，味甜，汁液少，品质中等，适宜制干和加工蜜枣。

大荔龙枣鲜果含可溶性固形物33.6%，可食率95.15%。核小，纺锤形，纵径2.2~2.5厘米，横径0.7~0.95厘米，核质量0.5克，核尖较短，核纹中深，核面较粗糙。

大荔龙枣树结果早，陕西清涧县洲洋公司苗圃春季嫁接在1年生酸枣实生砧木上，当年结果株率达60%以上，单株平均结果5.56个，单株最高结果24个。进入盛果期较早，较丰产，12年生树在中等管理条件下，一般株产鲜枣20千克左右，产量较稳定。在山西太原地区4月中旬萌芽，5月下旬始花，9月下旬果实成熟，10月中旬落叶。年生长期175~180天，果实生育期100天左右。

（3）适栽地区、地域。大荔龙枣树适应性较强，结果早，早丰性较强，较丰产，产量较稳定，品质中等，适宜制干和加工蜜枣。较抗裂果，经济栽培的价值一般。枝条弯曲生长，具有较高的观赏价值，可作为庭院和公园观赏树种栽种。适于北方年均气温8.5℃以上的地区栽培。

**3. 磨盘枣**

磨盘枣又名磑磑枣（陕西）、磨子枣、葫芦枣（河北）、药葫芦枣（甘肃）。

（1）品种来源。磨盘枣分布较广，陕西大荔，甘肃庆阳，山东乐陵、无棣、夏津，河北交河、青县、献县、曲阳，大名等地都有栽培，但数量很少，多为四旁零星栽植。栽培历史悠久，可能起源于陕西关中一带，该地至今沿用古代名称“磑磑枣”（意为石磨枣），后传播到各地。多用嫁接繁殖。

（2）品种性状。磨盘枣树势强，树体较大，干性中等强，枝条中密，粗壮，树冠呈自然半圆形，树姿开张。23年生树干高1.1米，干周60厘米，树高7.35米，冠径7米左右。主干灰褐色，皮裂深，不易剥落。枣头紫褐色，生长势较强，木质较软，生长量50～80厘米，节间长6～8厘米。二次枝自然生长5～7节，针刺发达。皮目大而密，圆形或椭圆形，凸起，开裂，灰白色。枣股较大，圆柱形，老龄枣股长2.6厘米，直径1.2厘米，能持续结果8年左右，抽吊力较强，每股一般抽生3～5吊，多者达7～8吊。枣吊长12～20厘米，少数枣吊有副吊生长现象。叶中等大或较大，卵状披针形，深绿色，叶长4.7～5.7厘米，宽2.3～2.7厘米，先端渐尖，叶基圆形，叶缘锯齿浅而较稀。花量多，枣吊中部每花径7.5毫米，昼开型。蜜盘中等大，浅黄色。

磨盘枣树果实中等大，石磨形，果实中部有一条缢痕，深宽各2～3毫米，缢痕上部大，下部小。纵径2.6～3.4厘米，横径2.4～3.2厘米，平均果质量7克左右，最大13克以上，大小不均匀。果梗中等长、中等粗，梗洼较广，中度深，果顶凹，柱头遗存，不明显。果肉较厚，绿白色，肉质粗松，甜味较淡，汁液少，适宜制干。制成的干枣品质中下等，制干率50.5%。

磨盘枣鲜果含可溶性固形物30%～33%，可食率93.5%。核中等大，短纺锤形或卵圆形，纵径1.8厘米，横径0.9厘米，核质量0.9克，核纹深，核尖短，核面粗糙，含仁率低。

磨盘枣树结果较早，少数产区采用根蘖繁殖，多数产地采用嫁接繁殖。根蘖苗定植后2～3年开始结果，结实力中等。坐果部位在1～13节，主要坐果部位在2～5节，占坐果总数的73.33%。产量较低或中等，盛果期树株产鲜枣15～25千克。在原产地9

月中下旬果实成熟，果实生育期100天左右。引种到太原地区，表现坐果率较高，产量中等，但不够稳定。4月中旬萌芽，5月下旬始花，9月下旬果实脆熟，10月中旬落叶。年生长期180天左右。

（3）适栽地区、地域。磨盘枣树适应性较强，山地、平地、水地、旱地均可栽培。产量中等，不够稳定。抗裂果。经济栽培价值不大。但果形奇特美观，观赏价值高，可作为庭院和公园观赏树栽植。适于北方年均气温9℃以上地区作观赏树栽培。

**4. 茶壶枣**

（1）品种来源。茶壶枣原产于山东夏津、临清。数量极少，多为庭院零散栽植，用于观赏。历史不详。临清县现有百年以上大树生长。目前北方各地都引种栽植，用于观赏。

（2）品种性状。茶壶枣树势中等，树体中等大，干性较强，枝条中密，粗壮，树冠自然半圆形，树姿开张。50年生树干高2米，干周48厘米，树高6~7米，冠径7米左右。主干灰褐色，皮裂浅，不易剥落。枣头紫褐色，生长势强，木质较松，髓部大，一般生长量40~60厘米，节间长8~10厘米。二次枝自然生长4~8节，针刺不发达。皮目小而圆，分布较稀，凸起，不开裂，灰白色。枣股中等大，圆锥形，5年生枣股长1.1厘米，老龄枣股长2厘米左右，抽吊力较强或中等，一般每股抽生3~4吊。枣吊粗，较长，部分枣吊有副吊生长现象。叶片中度厚，宽大，近似心脏形，深绿色，叶长5.8~7.8厘米，宽3.3~4.6厘米，先端渐尖或钝圆，叶基圆形或心形，叶缘锯齿中密、中等粗。花量特多，枣吊中部每花序着花15朵左右，昼开型。蜜盘中等大，橘黄色。

茶壶枣果实较小，果形奇特，纵径1.8~3.2厘米，横径1.6~2.8厘米，平均果质量4.5~8.1克，最大果10.2克，大小不均匀。果梗中等长、粗，梗洼中度广、深。果肩到果顶有1~

5条长短不等的肉质状突出物，有的果实在肩部两端各有1个肉质突出物，与果实连成一体，形似茶壶的壶嘴和壶把，故名茶壶枣。果顶凹，柱头不明显。果皮较薄，紫红色，果点中等大，分布密，圆形，浅黄色，不明显。果肉较厚，绿白色，肉质较粗松，味甜略酸，汁液中多，品质中等，适宜观赏和制干。

茶壶枣鲜果含可溶性固形物30.4%，可食率94%。核较小，短纺锤形，纵径1.2~1.9厘米，横径0.6~0.9厘米，核质量0.5克，核纹浅，核尖短，不含种仁。

茶壶枣树结果较早，嫁接苗一般第2年开始结果，10年后进入盛果期。坐果率高，结实率高，结实力强，坐果部位在3~14节，主要坐果部位在5~9节，占坐果总数的79.6%。较丰产，产量稳定。在原产区4月中旬萌芽，5月底始花，9月上旬果实成熟。果实生育期90天左右。

（3）适栽地区、地域。茶壶枣树适应性强，水地、旱地，山地、平地均可栽培。引种到山西太原地区，生长和结果表现良好。较丰产，产量稳定，早丰性强，品质中等，较抗裂果。经济栽培价值不高。果形奇特，有极高的观赏价值，适于北方宜枣区庭院和公园作为观赏树栽培。

**5. 柿顶枣**

柿顶枣又名柿蒂枣、柿萼枣、柿花枣。

（1）品种来源。柿顶分布于陕西大荔县石槽乡三教、王马、马二等村。数量不多，历史不详。

（2）品种性状。柿顶枣树势中等，树体中等大，树冠自然半圆形，树姿开张。主干灰褐色，皮裂中度深，不易剥落。枣头红褐色，萌发力较强，生长势中等。皮目中等大，椭圆形，分布较密，凸起，不开裂。二次枝自然生长3~9节，针刺不发达。枣股中等大，圆锥形，老龄枣股长1.5厘米，能持续结果10~12年，抽吊力中等，一般每股抽生2~4吊，多者达6吊。枣吊长11～20厘米。叶片中等大或较小，长卵形，绿色，叶长4.5～5.2厘米，宽2.3～2.6厘米，先端渐尖，叶基圆形，叶缘锯齿细，中度密。

柿顶枣果实中等大，柱形，纵径3.5厘米，横径2.9厘米，平均果质量12克，最大14.7克，大小不均匀。果梗中等长，萼片宿存，随果实发育而逐渐肉质化，呈五角形，盖住梗洼和果肩，直径1.2～1.6毫米，厚3～6毫米，形如柿萼，故又名柿萼枣、柿蒂枣。果顶凹，不平整。果皮厚，深红色，果面平滑。果点小而圆，分布稀，不明显。果肉较厚，乳白色，肉质较脆，味甜，汁液少，品质中等，可食率94.8%。适宜制干和观赏。核中等大或较小，短纺锤形，略弯曲，纵径1.8厘米，横径0.9厘米，核质量0.63克，核尖短，核纹粗细不一，含仁率高。

柿顶枣树坐果率较低，吊果率平均37%，产量中等而稳定。在原产地4月上中旬萌芽，5月中下旬始花，9月中旬果实成熟。果实生育期100～110天。

（3）适栽地区、地域。柿顶枣树适应性较强，抗旱，耐瘠薄。产量中等，稳定，适宜制干，品质中等。经济栽培价值不大。花萼肥大宿存，为枣树品种中的特殊类型，可作种质资源保存，并有一定的观赏价值。果实成熟较早，适于北方庭院、公园和枣树科研部门少量栽植。

**6. 辣角枣**

（1）品种来源。辣角枣分布于山西太谷及陕西延川白家畔、清涧寺等地。栽培不多，多为零星栽植。栽培历史不详。

（2）品种性状。辣角枣树势强健，树体中等大，树冠自然半圆形，树姿开张。40年生树的树高5米，冠径6.6米。主干灰褐色，皮裂深，易剥落。枣头红褐色，生长势强，发枝力较弱，生长量50～80厘米，节间长7厘米左右。二次枝自然生长4～8节，针刺不发达。皮目小，圆形或椭圆形，凸起，开裂，灰白色，分布密。枣股较大，圆锥形，老龄枣股长2.3厘米，可持续结果13年左右，抽吊力中等，每股一般抽生3~4吊。枣吊一般长21厘米左右。叶片中等大，卵状披针形，深红色，叶长4.1~4.9厘米，宽2~3.4厘米，先端渐尖，叶基圆形或楔形，叶缘锯齿细，较密。花量多，昼开型，花小，花径6.3毫米。蜜盘小，橘黄色。

辣角枣果实较大或中等大，长锥形，纵径4.1厘米，横径2.6厘米，侧径2.4厘米，平均果质量13.7克，最大果23克，大小较均匀。果梗中等长，较粗，梗洼窄而较深。果顶尖，柱头大，果皮厚，深红色，果面不平滑。果点小而圆，分布密，浅黄色，较明显。果肉厚，白绿色，肉质致密，细脆，味甜，汁液中等多，品质上，可等食率97.4%。适宜鲜食和观赏。

辣角枣鲜果含可溶性固形物28%。核小，长纺锤形。纵径2.2厘米，横径0.57厘米，核质量0.35克，核纹浅，核尖长，无种仁。

辣角枣树结果较迟，产量较高，稳定。成龄树一般株产鲜枣40千克，最高株产100千克。在原产地4月中旬萌芽，6月初始花，9月底至10月初果实成熟。果实生育期110天左右。

（3）适栽地区、地域。辣角枣树适应性较强，水地、旱地，山地平原，均可栽培。抗裂果，适宜鲜食，也可制干，果实形状似辣椒，具有较高的观赏价值。果实成熟期较晚，适于北方年均气温8.5℃以上的城郊和庭院栽植。

**7. 胎里红**

胎里红又名老来变。

（1）品种来源。胎里红原产于河南镇平县官寺、侯集、八里庙一带。数量极少，历史不详。20世纪90年代以来，北方有的地方引种栽植。

（2）品种性状。胎里红树势较强，树体中等大，枝条中度密，树冠自然圆头形，树姿开张。10 年生树干高 2.47 米，干周 53 厘米，树高 6.5 米，冠径 5.5 米。主干灰褐色，树皮粗糙，不易剥落。枣头紫褐色，生长势强，一般生长量 60 厘米左右，节间长 7.5 厘米，二次枝自然生长 3～7 节，针刺不发达。皮目小，卵圆形，凸起，不开裂，灰白色。枣股中等大，5～6 年生枣股长 1.2 厘米左右，直径 0.9 厘米左右，持续结果 10 年以上。抽吊力中等或较强，一般每股抽生 3～4 吊，多者达 8 吊。枣吊粗而较长，一般吊长 20 厘米左右，最长达 30 厘米以上。叶片中等大，卵状披针形，绿色，中等厚，叶长 4.4 厘米，宽 2.1 厘米，先端渐尖，叶基圆形或楔形，叶缘锯齿细，较密。花量多，幼蕾为紫色，至开花时逐渐变浅。花中等大，花径 7 毫米左右，7 时蕾裂。蜜盘中等大，橘黄色。

胎里红枣果实中等大或较小，尖柱形，平均果质量 9.8 克，大小不均匀。落花后幼果为紫色，至果实接近成熟时变为水红或粉红色，成熟时变为鲜红色，十分美观。果梗细，较短，梗洼窄而深。果顶平，柱头遗存，较明显。果皮薄，鲜红色，果面光滑。果点小而圆，分布密，浅黄色，较明显。果肉厚，绿白色，肉质细，较酥脆，味甜，汁液中等多，品质中上等，适宜鲜食和观赏。

胎里红枣鲜果含可溶性固形物 32.5%。核小，纺锤形，核尖细长，核纹深。

胎里红枣树用嫁接方法繁殖，结果早。陕西清涧县洲洋公司苗圃 1 年生酸枣实生砧木春季嫁接苗，当年结果株率达 77% 以上，每株平均结果 7.74 个，多者达 20 个，坐果率较高，坐果部位在 1～21 节，主要坐果部位在 4～10 节，占坐果总数的 76.11%。产量中等，稳定。在原产地 4 月中旬萌芽，5 月下旬始花，9 月下旬果实脆熟，10 月中旬落叶。年生长期 175～180 天，果实生育期 100～110 天。坐果期不整齐，果实成熟不一致。

（3）适栽地区、地域。胎里红枣树适应性较强，不同地形、不同土壤类型均可栽培。果实可鲜食和观赏，从萌芽至果实成熟期都有很高的观赏价值。适于北方年均气温 8.5℃以上的地区作鲜食和观赏兼用栽植。若以观赏为主，全国宜枣区庭院和公园均可栽植。

**8. 三变红**

三变红枣又名三变色、三变丑。

（1）品种来源。三变红分布于河南永城市十八里、城关、黄口、演集等地，为当地主栽品种之一。永城市其他乡镇和山东兖州的道沟、陵城等地也有零星栽培。历史不详。

（2）品种性状。三变红树势中等，树体较大，枝条较稀，干性中强，树冠圆锥形，树姿半开张。35 年生树干高 2.5 米，干周 90 厘米，树高 8 米，冠径东西 4.7 米，南北 6.6 米。主干灰褐色，皮裂中深，易剥落。枣头紫褐色，萌发力较弱，生长势中等，平均生长量 40～60 厘米，节间长 9.6 厘米。二次枝自然生长 4～7 节，针刺不发达。皮目中等大，圆形或椭圆形，凸起，开裂，灰白色。枣股中等大，圆锥形，5～6 年生枣股长 1 厘米左右，老龄枣股长达 2.5 厘米，能持续结果 10 年左右，抽吊力较强，每股一般抽生 3～5 吊。枣吊长 16～20 厘米。叶较大，卵状披针形，绿色，叶长 5.6～7.2 厘米，宽 1.9～3.2 厘米，先端渐尖，叶基楔形，叶缘锯齿细，较密。花量多，枣吊中部每花序着花 8 朵左右。花中等大，零级花花径 7 毫米，1 级花花径 6.7 毫米，8 时左右蕾裂。蜜盘小，橘黄色。

三变红枣果实大，长卵形或柱形，纵径 4.8 厘米，横径 2.6～2.8 厘米，平均果质量 18.5 克，最大果 23.1 克，大小较均匀。果梗中等长，较细，梗洼浅而较窄，果顶平，柱头遗存。果皮中度厚或较薄，落花后子房为紫色，幼果生育期颜色由紫色逐步变为条状绿色，成熟时变为深红色。果皮颜色从坐果到成熟变化3次，由此而得名三变红、三变色。果点中等大，分布密，浅黄色，圆形，较明显。果肉厚，绿白色，肉质致密，较酥脆，味甜，汁液中等多，品质上等，适宜鲜食和观赏。

三变红鲜枣含可溶性固形物34.6%，可食率95.6%。核小，长纺锤形，纵径2.9厘米，横径0.8厘米，核质量0.8克，核尖长，核纹较浅，含仁率低，种仁不饱满。

三变红枣树多用嫁接繁殖，嫁接苗结果早，陕西清涧县洲洋公司苗圃，1年生酸枣实生砧嫁接苗，当年结果株率高达86%以上，平均每株结果13.46个，单株最高结果35个。定植后15年左右进入盛果期，枣头自然坐果率29%，枣头摘心处理后吊果率可提高到84%。坐果部位在2～9节，主要坐果部位在3～7节，占坐果总数的81.04%。较丰产或产量中等，成龄树平均株产鲜枣30～45千克。在原产地9月中旬果实成熟。在山西太原地区4月中旬萌芽，5月下旬始花，9月下旬果实脆熟，10月中旬落叶。年生长期175～180天，果实生育期110天左右。

（3）适栽地区、地域。三变红枣树适应性较强，在不同地形、地势和土壤均可栽培。结果早，产量中等，品质好，宜鲜食。果实生育期颜色多变，具有较高的观赏价值。是一个鲜食和观赏兼用的优良品种。果实成熟期较晚，适于北方年均气温9℃以上地区作鲜食和观赏兼用品种栽培。

**9. 羊奶枣**

羊奶枣又名牛奶枣。

（1）品种来源。羊奶枣分布于陕西西安近郊和陕西大荔县石槽、八渔、苏村等地。数量不多，多零星栽植。历史不详。

（2）品种性状。羊奶枣树势中等，树体中等大，枝条较密，树冠呈自然圆头形，树姿开张。成龄树的树高5米，冠径3.6～5米。主干褐灰色，皮裂片小，不易剥落。枣头红褐色，平均生长量44厘米，节间长7厘米左右，二次枝自然生长3～7节，针刺不发达。皮目小或中等大，椭圆形，灰白色。枣股中等大，圆柱形，长2.1厘米，直径0.9厘米，抽吊力中等。一般每股抽生2～5吊。枣吊长19厘米，最长30厘米，节间长1.2～1.9厘米。叶中等大，披针形，叶长5.5～7厘米，宽1.6～3.7厘米，先端渐尖，叶基楔形，叶缘锯齿细，较密，叶中等厚，绿色，叶柄长0.4～0.5厘米。花量特多，枣吊中部每花序着花13朵以上。花中等大，零级花花径7毫米左右，1级花花径6.5毫米左右，7时左右蕾裂。蜜盘中等大，杏黄色。

羊奶枣果实中等大，长葫芦形，果顶1/4左右处有缢痕，纵径4.2～4.5厘米，横径2～2.4厘米，平均果质量9.4克，最大果13.1克，大小不均匀。果梗细，中等长，梗洼浅而窄。果顶尖，柱头明显。果皮薄，深红色，果面较光滑。果点小而密，圆形，浅黄色，较明显。果肉厚，绿白色，肉质细，松脆，味甜，汁液多，品质中上等，适宜鲜食和观赏。

羊奶枣核小，长纺锤形，纵径2.1～2.2厘米，横径0.6～0.7厘米，核质量0.42克，可食率95.5%。核纹浅，核尖特长，核内多数无种仁。羊奶枣树嫁接苗一般第2年开始结果，陕西清涧县洲洋公司苗圃1年生酸枣实生砧木春季嫁接苗，当年结果株率26.09%，单株平均结果1.17个，单株最高结果9个，产量低，经济栽培没有价值。在原产地4月中旬萌芽，6月上旬初花，9月中旬果实成熟。果实生育期90～100天。

（3）适栽地区、地域。羊奶枣树适应性较强，结果较早，产量低，品质中上等，生产栽培效益低下，枣吊长，花量特多，叶片披针形，果实长葫芦形，果顶1/4～1/3处有缢痕，具有较高的观赏价值。适于北方地区作观赏树栽植，不宜作经济果树栽培。

# 第三章　枣育苗技术

## 第一节　苗圃地选择与规划

苗圃地最好选在近造林地的地方，也就是常说的“就地育苗，就地造林”，可以减少因长途运输致苗木失水降低成活率的因素，并能在苗期就地受到锻炼，适应造林地的环境，提高造林的成活率。为给幼苗创造一个良好的生长条件，苗圃地应选择地势较高、背风向阳、平坦、土壤肥沃、排水良好的砂壤土或轻壤土较好，如必须用砂土或黏土地育苗应通过沙参翻或黏压沙改善土壤的理化性能，以提高育苗的成活率。苗圃地还应近水源，有良好的灌溉和排水系统，保证苗圃地旱能灌、涝能排。为便于苗木外运，苗圃地还应选在交通方便的地方。

## 第二节　枣育苗方法

### 一、种子育苗

挑选优质品种枣仁，放在25℃的温水中浸泡一昼夜后捞出，用湿布蒙盖，温度保持在24℃左右，当大部分枣仁发芽后即可播种。播前施足底肥，深耕细耙，开成深10厘米的沟，沟内灌水渗完后按株行距20厘米×65厘米点播，每穴点种3～4粒，然后用细土覆盖将沟平好。正常管理，一周后幼苗拱出地面。

## 二、嫁接育苗

选用枣树优良品种单株上的枝或芽作接穗，嫁接在砧木上，愈合形成一个新的植株，就是枣树嫁接苗。

**1. 嫁接时间**

一般在4月中旬至5月中旬。

**2. 嫁接方法**

嫁接方法主要有枝接和芽接两种。枝接包括插皮接、劈接、切接、腹接等方法；芽接包括嫩梢芽接、硬枝芽接等方法。其特点是接穗来源广，嫁接成活率高，嫁接后幼苗成长快，每年开花结果比一般枣树要快。

**3. 接后管理**

主要包括除萌去蘖、解绑、肥水管理、中耕除草和病虫防治工作。

## 三、归圃育苗（二级育苗）

将从枣园刨出的根蘖苗，按其质量分级栽植，培育1～2年后出圃的育苗方法就是归圃育苗，培育枣树优质大苗一般采用此法。此方法所育苗木质量好（根系发达、枝干粗壮），栽植成活率高。

**1. 精细整地**

选择地势平坦、无盐碱、有水源的肥沃沙壤土地块。栽前施足基肥，深耕细耙，土壤含水量保持在70%以上。

**2. 及时栽植**

要求根蘖苗木带15～20厘米的母根及全部须根，随刨出，按株距20～25厘米、行距60～100厘米栽植到苗圃里，移栽深浅为超过原土印1厘米为宜。

**3. 平茬分级**

为了确保苗木生长整齐一致，将待归圃的根蘖苗，按壮弱、大小分级，并在根上 5 厘米处平茬，丛生的要剪成单株。

## 四、断根育苗

早春化冻后，选择品种好的枣树作母树，在其周围挖沟断根，距树干 2 米左右，挖一道深、宽各 30 厘米左右的环状沟，边挖边切断树根。挖好沟后，向沟内混施部分土杂肥，而后浇水，待水渗完填入熟土、生土。5 月中旬以后，一个断根上可抽出数条分蘖，选留 1～2 个健壮苗，其余剪掉，2 年后树苗便可移植，移植时带一段 25 厘米左右的母树根，提高成活率。

## 五、嫩枝扦插育苗

**1. 插床准备**

选择地势平坦、排灌方便、背风向阳的地方。苗床采取地上式、南北向，长 7～10 米，宽 1.1 米，高 25 厘米；床面上铺 20 厘米厚的蛭石或珍珠岩矿石粉做扦插基质，然后用 0.2% 的高锰酸钾对基质喷淋消毒，4 小时后再用清水将药液冲洗干净。

**2. 插穗处理**

将采集的优质半木质化嫩枝剪成长 15～20 厘米的插穗，每插穗保留 3～4 个叶片，插穗以中、基部的半木质枝条为好。然后，把剪好的插穗在营养液中浸泡 3 小时，再用 100 毫克/千克的生根粉 ABT 6 浸 12 小时，以备扦插。

**3. 扦插育苗**

一般在 6 月中旬至 8 月上旬扦插育苗。按 6 米 ×8 米的株行距，深 2～3 厘米打孔直插，插后压紧插穗周围的基质，并用喷壶淋透水，将湿度控制在 85% 以上，气温控制在 35℃ 以下，基质温度以 30℃ 为宜。插后 1 个月，当多数插穗形成 5～10 条长 3

厘米以上的发达幼根时，经过炼苗，在阴天或傍晚进行移栽，第2年即可培育出健壮枣苗。

## 六、克隆育苗

克隆育苗是运用生物工程的系统技术培育树苗的一种新方法，是延安大学生命科学学院经过几年的研究和实验并获得成功的一种先进育苗法，并在产业化生产中推广应用。该方法是以枣树的茎段、茎尖为材料，通过热脱毒和试管克隆相结合生产的优质枣树苗。2003 年该方法培育的 20 多万株枣苗，在陕北和山东省的十多个地区试栽，经过跟踪调查表明移栽成活率高，长势喜人。克隆枣树目前已在延川、延长、黄陵等县产业化生产中推广应用，其育苗技术水平国际领先。

# 第四章　枣园的建园和规划设计

## 第一节　枣生长的环境条件

### 一、温度

温度是影响枣树生长发育的主要因素之一，直接影响着枣树的分布，花期日均温度稳定在22℃以上、花后到秋季的日均温下降到16℃以前果实生长发育期大于100～120天的地区，枣树均可正常生长。枣树为喜温树种，其生长发育需要较高的温度，表现为萌芽晚，落叶早，温度偏低坐果少，果实生长缓慢，干物质少，品质差。因此，花期与果实生长期的气温是枣树栽种区域的重要限制因素。枣树对低温、高温的耐受力很强，在－30℃时能安全越冬，在绝对最高气温45℃时也能开花结果。

枣树的根系活动比地上部早，生长期长。在土壤温度7.2℃时开始活动，10～20℃时缓慢生长，22～25℃进入旺长期，土温降至21℃以下生长缓慢直至停长。

### 二、湿度

枣树对湿度的适应范围较广，在年降水量100～1 200毫米的区域均有分布，以降水量400～700毫米较为适宜。枣树抗旱耐涝，在沧州年降水量100多毫米的年份也能正常结果，枣园积水1个多月也没有因涝致死。

枣树不同物候期对湿度的要求不同。花期要求较高的湿度，授粉受精的适宜湿度是相对湿度70%～85%，若此期过于干燥，影响花粉发芽和花粉管的伸长，导致授粉受精不良，落花落果严重，产量下降。相反，雨量过多，尤其是花期连续阴雨，气温降低，花粉不能正常发芽，坐果率也会降低。果实生长后期要求少雨多晴天，利于糖分的积累及着色。雨量过多、过频，会影响果实的正常发育，加重裂果、浆烂等果实病害。“旱枣涝梨”指的就是果实生长后期雨少易获丰产。

土壤湿度可直接影响树体内水分平衡及器官的生长发育。当30厘米土层的含水量为5%时，枣苗出现暂时的萎蔫，3%时永久萎蔫；水分过多，土壤透气不良，会造成烂根甚至死亡。

## 三、光照

枣树的喜光性很强，光照强度和日照长短直接影响其光合作用，从而影响生长和结果。光照对生长结果的影响在生产中较常见。密闭枣园的枣树，树势弱，枣头、二次枝、枣吊生长不良，无效枝多，内膛枯死枝多，产量低，品质差；边行、边株结果多，品质好。就一株果树而言，树冠外围、上部结果多，品质好，内膛及下部结果少，品质差。因此，在生产中，除进行合理密植外，还应通过合理的冬、夏修剪，塑造良好的树体结构，改善各部分的光照条件，达到丰产优质。

## 四、土壤

土壤是枣树生长发育中所需水分、矿质元素的供应地，土壤的质地、土层厚度、透气性、pH值、水、有机质等对枣树的生长发育有直接影响。枣树对土壤要求不严，抗盐碱，耐瘠薄。在土壤pH值5.5～8.2范围内，均能正常生长，土壤含盐量0.4%时也能忍耐，但尤以生长在土层深厚的砂质壤土中的枣树树冠高大，根系深广，生长健壮，丰产性强，产量高而稳定；生长在肥力较低的砂质土或砾质土中，保水保肥性差，树势较弱，产量低；生长在黏重土壤中的枣树，因土壤透气不良，根幅、冠幅小，丰产性差。这主要是因为土壤给枣树提供的营养物质和生长环境不同所致。因此，建园尽量选在土层深厚的壤土上，对生长在土质较差条件下的枣树，要加强管理，改土培肥，改善土壤供肥、供水能力和透气性，满足枣树对肥水的需求，达到优质稳产的目的。

我们在栽建枣园时，一般要选择地势开阔、日照充足、土层深厚、肥力较好的土壤。如栽生食品种，宜选择在砂性和水肥条件较高的土壤，栽制干用品种则应相对选择相对黏质的土壤，但过于黏重的土壤不适合栽植枣树。

### 五、风

微风与和风对枣生长有利，可以促进气体交换维持枣林间的二氧化碳与氧气的正常浓度，调节空气的温、湿度，促进蒸腾作用，有利于枣树的生长、开花、授粉与结果。大风与干热风对枣生长发育极为不利，虽然在休眠期枣树的抗风能力很强，但在萌芽期遭遇大风可改变嫩枝的生长状态，抑制正常生长，甚至折断树枝。花期遇大风特别是干热风，可使花、蕾焦枯或不能授粉降低坐果率。果实生长后期和成熟前遇大风，导致落果或降低果品质量。为减少风对枣树生长的不良影响选择园地要避开风口，建园前要规划栽植防护林带，也可采取花期喷水等技术措施改善田间小气候，为枣树生长发育创造一个较适宜的生态环境。

## 第二节　建　园

虽然枣树适应性强，对园地的选择要求不甚严格，但要进行优质高效生产，需要选择地势平坦、日照充足、土层深厚、地下水位低于1.5米、土壤pH值8.5以下、无盐渍化的沙壤土、壤土，风害少、灌排条件良好、周围无污染的地域建园。要在枣园的主风方向配置防护林带。在新建枣园之前，应根据当地的自然条件进行统一规划，规划要坚持“科学规划，适地适树”的原则。

## 一、规划原则

**1. 考虑自然条件**

在园地选择方面，要充分了解当地气候、土壤、雨量、光照、自然灾害等情况。

**2. 考虑建园环境**

远离污染源地，尤其做绿色或有机枣生产基地更要重视这一问题。

**3. 选择优良品种**

根据建园目的、不同用途、不同成熟期，与具有相互授粉作用的品种要相互搭配安排，但选择品种不要太杂，一般主栽品种不要超过3个。

**4. 注意规划好作业区**

主要包括道路、排灌系统、防护林及枣园建筑物等方面的设计。

**5. 考虑生产者的基础条件**

包括生产资料、物资、交通、贮运及市场条件等因素。

**6. 大穴培肥、改良土壤**

大穴培肥，为苗木生长提供良好的土壤肥力条件，是高标准建园、优质丰产的基础。枣树栽培长期以来沿用传统的粗放管理，加之新建基地多为新垦荒地，土壤肥力普遍较差。因此，必须进行大穴培肥，迅速提高土壤肥力，为早果、丰产、优质创造良好的土壤条件。有灌溉条件的采用穴状或沟状培肥。

（1）穴状培肥。穴的规格一般以100厘米×100厘米×80厘米为宜，每穴施入腐熟的优质有机肥25千克以上。施肥时应在挖穴前顺树行中线各75厘米，将肥料均匀撒于地面，挖坑时，将已撒好肥料的表土集中在行内，心土抛洒在未撒肥料的行间，回填时将行内撒过肥料的表土集中填入挖好的穴内，一是保证肥料可与表土充分混匀；二是集中了行内表土，提高了培肥质量。回填后，灌水沉实，定植时根据苗木大小挖小穴定植。

（2）沟状培肥。沟宽1米，沟深不小于80厘米，施肥方法同穴状培肥，每延长米施优质有机肥25千克。山区以“回字状”整地方式为宜，积水面积不能小于3米×3米，采用心土培埂，活土还原的方法将表层活土集中在定植穴内，定植穴不能小于100厘米×100厘米×80厘米，有条件的地方可每穴施入有机肥25千克，无灌水条件的回填时分层踏实。通过大穴培肥，能起到很好的培肥地力作用，即使3年不施基肥，也能保证幼树生长所需的肥力。

**7. 建园方式**

枣树的建园方式多种多样，传统的建园方式主要是枣粮间作、大冠稀植枣园。最近十几年来，枣树栽培由粮枣间作型和大冠稀植粗放管理型逐步向密植栽培、设施栽培等集约管理过渡。

**8. 园地规划**

园地规划的内容应主要包括作业区的划分、道路及排灌系统规划、防护林的规划及枣园建筑物的规划等。

## 二、作业区的划分

**1. 作业区划分的依据**

作业区划分应依据以下几点。

（1）在同一作业区内土壤及气候条件应基本一致，以保证作业区内农业技术的一致性。

(2) 能减少或防止枣园的水土流失。

(3) 能减少或防止枣园的风害。

(4) 有利于运输及枣园的机械化管理。

**2. 作业区的面积**

(1) 平地类型。土壤气候条件基本一致的情况下，作业区面积6.67~10.0公顷；土壤气候条件不太一致的情况下，作业区面积为3.33~6.67公顷。

(2) 丘陵、山地类型。作业区面积一般在1.0~2.0公顷。

(3) 低洼盐碱地。作业区以台田为单位划分作业区。

**3. 作业区的形状及位置**

作业区一般多采用（2∶1）~（5∶1）的长方形。平地类型作业区的长边应与有害风方向垂直，枣树的行向与作业区的长边一致。山地丘陵类型作业区的长边应与等高线平等，作业区不一定规整。

## 三、道路的规划

在规划各级道路时，应统筹考虑与作业区、防护林、排灌系统、输电线路及机械管理间的相互配合。

**1. 道路的分级**

中、大型枣园，道路的规划一般分为三级：主路（干路）、支路和小路，小型枣园一般分为两级或一级，只设主路和支路。一般视10公顷以上的枣园为大型枣园，3公顷以上的枣园为中型枣园。

**2. 道路的规格**

(1) 干路。宽6~7米，以并排行驶两辆卡车为宜。

(2) 支路。宽4米左右，并与主路垂直，路面能并排通过两部动力作业机为宜。

（3）小路。宽 1 ~2 米，为人行作业道。

**3. 道路的布置**

（1）平地枣园。主路可设在两作业区中间；单一作业区的枣园，主路可设在北侧防护林的南面一侧或南侧防护林的北面一侧，以减少防护林对枣树的影响；也可依据枣园的实际地理位置确定主路的位置。支路一般与主路垂直，支路的多少依枣园面积大小决定。小路主要依据作业实际需求设定。

（2）山地枣园。道路主要根据地形布置。顺坡路应选坡度较缓处，析据地形特点，迂回盘绕修筑。横向道路应沿等高线，按 3% ~5% 的比降，路面内斜 2° ~3°修筑，并在路面内侧修排水沟。支路应尽量等高通过果树行间，并选在小区边缘和山坡两侧沟旁，与防护林结合为宜。修筑梯田的果园，可以利用梯田边埂作为人行小路。丘陵地果园的顺坡主路和支路应尽量选在分水岭上。

## 四、灌溉系统的规划

枣园灌溉系统的规划要依据灌溉方法而定。常用的灌溉方法有地面灌溉、地下灌溉、喷灌和滴灌。具体采用哪种方式要根据实际情况如水源、经济状况等而定。

**1. 地面灌溉系统的规划**

枣树地面灌溉的方式有分区灌水（漫灌）、树盘灌水、沟灌等。地面灌溉优点是简单易行，投资少；缺点是浪费水资源，灌溉后土壤易板结，占用劳动力，不利于枣园的机械化作业。

灌溉水源多来自井水、渠水、河水等。地面灌溉系统主要是把水从水源引入枣园地面。

（1）灌溉系统构成。主要由干渠、支渠和园内灌水沟三级组成。干渠将水从水源处引入果园，纵贯全园。支渠把水从干渠引入作业区。灌水沟将支渠的水引至枣树行间，用来灌溉树盘。

（2）布置。各级渠道的规划布置应充分考虑枣园的地形情况和水源位置，结合道路、防护林进行设计。在满足灌溉条件的前提下，各级渠道应相互垂直，尽量缩短渠道的长度，以节约资源，减少水的渗漏和蒸发。

干渠应尽量布置在枣园最高地带。平地枣园可随区间主路设计，坡地可把干渠建在坡面上方。支渠可布置在支路的一侧。

（3）设计要求。干渠纵坡水源泥沙大时，取1/5 000～1/2 000，无泥沙时取低于1/5 000标准。渠道采取半挖半填形式，边坡系数（横距：竖距）黏土渠道取1～1.25；沙砾石渠道取1.25～1.5；沙壤土取1.5～1.75；沙土取1.75～2.25。

**2. 喷灌系统**

结合我国的国情，主要采取半固定式喷灌系统的规划。

半固定式喷灌系统是喷灌的一种。另外还有固定式喷灌系统和移动式喷灌系统。移动式喷灌系统劳动强度大，道路、渠道占用多；而固定式灌溉系统设备利用率低，单位面积投资大。半固定式由于支管可以轮流使用，提高了设备的利用率，降低了灌溉系统投资，缺点是劳动强度较大。

（1）规划前准备。首先要做好地形、气象、土壤资料的调查。以确定田块高程、水源水位、布管方向、灌水强度等。

（2）布置管道系统。应根据实际情况提出若干布置方案，然后进行技术比较，择优选定。布置管道一般应遵循以下原则：一是干管应沿主坡方向布置，在地形较平坦的地区，支管应与干管垂直，并尽量沿等高线方向布置；二是平坦地区支管的布置应尽量与枣树行向垂直，二级支管做为移动支管，沿行向移动喷灌，二级移动支管一般与主风向垂直；三是水泵站最好设在整个喷灌系统的中心，每根一级支管上都应设有阀门。

**3. 滴灌系统**

滴灌具有节水量大，自动化程度高的特点。滴灌系统的规划布置主要是水源位置、干管、支管和毛管三级管道及滴头的规划和布置。

（1）水源规划布置。平原枣园，水源多为机井，和喷灌、地面灌溉一样，机井、泵站最好设在灌区中心。丘陵山区尽可能在滴灌区上部修蓄水池，这样可以实现自压滴灌而节省能源。

（2）干、支、毛管规划布置。基本同喷灌系统。一级管道双向控制支管，支管垂直于干管树行，毛管沿树行布设，滴头设在树盘或两树中间以节省开支，毛管也可移动式布设。

## 五、排水系统规划

### 1. 排水系统构成

由小区集水沟、作业区内的排水支沟和排水灌沟组成。集水沟的作用是将小区内的积水或地下水排放到支沟中去。排水支沟的作用是承接集水沟排放的水，再将其排入排水干沟中。排水沟的作用是把枣园集水通过支沟汇集后排放到枣园以外的河、渠中。排水口有必要时可设扬水站。对平原枣园，排水系统尤为重要。

### 2. 排水沟规格

各级排水沟纵坡标准：干沟 1/10 000 ~ 1/3 000；支沟通 1/3 000 ~ 1/1 000；集水沟 1/300 ~ 1/100。各级排水沟互相垂直，相交处应与水流方向成钝角（120° ~ 135°）相交，以便出水。排水沟最好用暗沟。

### 3. 排水沟布置

排水沟在平地枣园一般可布设在干、支路的一侧。山地和丘陵排水系统主要由梯田内侧的竹节沟，栽植小区之间的排水沟以及拦截山洪的环山沟、蓄水池或水塘等组成。山地丘陵排水沟的布设要因地制宜。

## 六、枣园防护林

防护林对枣园十分重要，它可以调节枣园内的温、湿度，减少灾害，还能保持水土。

**1. 林带的结构**

一般可选择稀疏透风林带，疏透度35% ~50%。

**2. 防护林的配置**

大型枣园的防护林应设主林带和副林带。主林带的方向与主要害风方向垂直。林带的宽度与长度应与当地最大风速相适应，一般占地面积为2%左右。林带在枣园北面时，距果树不低于15 ~20米，在枣园南面时，不低于20 ~30米，以减小林带对枣树的胁地作用。

林带树种的选择要选对当地的环境条件有较强的适应性，树体高大，生长迅速，树冠紧密且直立，与枣树无共同病虫害的树种。常用的有杨、泡桐、旱柳、椿、松、合欢、苦楝等。

## 七、枣园建筑物规划

枣园建筑物包括办公室、工具室、农药及化肥仓库、配药池、枣包装车间及贮藏库、车库及机械设备库等。这些建筑物一般都应设立在交通方便的地方。在2 ~3个作业区中间设立休息室及工具库。山区应遵循物资运输由上而下的原则，配药场应设在较高的部位，包装场及枣贮藏库则应设在较低的位置。

总之，枣园的规划各部分要合理布局，原则上应尽量减少非生产用地。一般栽植区面积不低于85%，防护林占地1% ~5%，道路沟渠占地6% ~8%，其他1% ~1.5%。

# 第三节　枣树栽植技术

## 一、苗木选择

选择苗木纯正、且能适应当地立地条件，最好是当地或类似地区的优良品种。苗木最好自育自栽。

采用根系齐全，树体健壮、无介壳虫、枣疯病等为害的苗木。

例如，夏季栽植苗木，气候环境相对恶劣，因此，要选择生长势旺盛、健壮，而且根系发达、无病虫害的苗木，其规格和形态还应符合设计要求。

## 二、苗木的出圃、包装和运输

串圃苗应为一、二级苗木，起苗时要求根系好，不损伤枝皮。根蘖苗要保留一段长 20 厘米左右的母根。为了便于包装运输，下部分枝可以剪除，上部分枝和顶芽应保留。出圃苗木应及时包装，按品种、等级分别打捆，每捆 50～100 株，注明品种、等级和株数。5 天内的短途运输，根系要蘸泥浆，并用草帘包裹；6～10 天的中途运输，包内应增加湿草和锯末 1～2 千克；10 天以上的远途运输，要在草包内加用塑料袋保湿，枝干用草袋包严，以减少蒸发。长江以北运输以初冬和早春为宜，江南整个休眠期都可运输。运输车辆要加盖篷布，切忌苗木风吹日晒。途中要经常检查，适当浇水，避免忽干忽湿。例如在夏季栽植苗木的运输。夏季枣树栽植最关键的环节是苗木运输，运输质量的好与坏直接影响苗木的成活。苗木运输应根据种植量的多少确定。在起运苗木时一定要注意轻拿轻放，不得损伤苗木和造成育苗袋土松散。如果苗木要长途运输，可对树体喷少量的水，并加垫层防止磨损树干。苗木到达栽植现场后应及时栽植，当天不能栽植的苗木应排放整齐并遮阴。

## 三、苗木假植

苗木运到后如不能及时栽植，需要假植，随栽随取。假植沟深20～30厘米，宽1米，长以枣苗多少而定。把枣苗成排斜放沟中，每放一排，用细土填严至根须以上20厘米，排完一沟，随即灌足水，使土与苗根密接，防止干枯。

**1. 起苗、拉苗**

枣树在4月20日左右。起苗要求：不能伤害苗皮，根系完整，主根长25厘米以上，侧根长15～20厘米，大规格苗木高1.4～1.5米。装车运输前，将枣树苗根系沾泥浆；装车后将根系用湿草帘包裹，用篷布盖严，并注意篷布有无破漏，防止漏风失水。

**2. 根系处理**

将拉运到目的地的枣树苗卸车后及时剪除伤烂根、病根、过长根，解除嫁接绑缚物，并放入水池中浸泡12～24小时，使其吸足水分；同时要在50毫克/千克ABT生根粉中进行蘸根处理。

**3. 根系处理**

对进行假植的枣树苗主干用宽12～15厘米，厚度0.08厘米的地膜缠绕。具体方法：缠膜起始位置多在树干顶部，下部打结捆扎或埋在土中，缠膜一定要缠紧，膜与树干间的空隙越小越好，这样可以避免因温室效应而对树干造成的日灼伤害和增加苗木水分的蒸发，同时也可避免被大风吹烂。实践表明，树干缠膜可以明显减少枣树苗地上部分的水分蒸发，从而提高苗木成活率。

**4. 育苗袋育苗**

将枣树苗植于50厘米的育苗袋中。具体做法：在育苗袋中装入少半泥土，摊平放于地上，把苗木放入袋中，用木棍把根系伸展，再把土装满、敦实。装袋环节中要重点保证苗木根系伸展，不窝根，但要注意：育苗袋装土时应选择土质，不可装沙土；栽植时间过晚时要对树苗喷施化学药剂，控制生长量；栽植后及时灌水，并喷施生根剂，促进发根生长；将栽植好苗木的育苗袋放入开挖好的假植槽内，每排5～6个为宜，并预留巷道。然后进行正常的肥、水、病虫害的管理。

## 四、栽植时期

分春栽和秋栽两个时期。1月平均气温高于－8℃的地区，既可春栽，也可秋栽；冬季严寒，1月平均气温低于－8℃的地区，只宜春栽。秋栽落叶后及时进行，春栽以萌芽前或萌芽时栽植最好。

## 五、栽植方法

穴深60厘米，直径1米。挖穴时，表土、底土分置。土壤板结或碎石砂礓很多时，要扩穴并改填好土；沙滩地土壤也应扩穴客土。栽植前要施足基肥，穴底填棍圈肥、堆肥和表土，土肥要掺匀。栽植时把填入穴的粪土稍踏实，使穴底中部略高于四周，呈丘状，把枣苗放入，使根系舒展，然后在根际填入表土。填土要分层踏实，使根与土密接。无灌溉条件地区，可以旱栽。旱栽的关键是掌握休眠期土壤较湿的时机，快挖快栽，做到随挖穴随栽植，随填土随踏实。土壤盐分不超过枣树耐盐性（NaCl 0.15%，$Na_2SO_4$ 0.5%，$NaHCO_3$ 0.3%）的盐碱地区栽植，应雨季前挖好栽植穴，借雨水的淋洗，降低穴土盐碱含量，雨季过后填平穴面，防止返碱，休眠期适时栽种。山地栽植可修筑等高梯田、撩壕或挖鱼鳞坑，以减少土壤流失，蓄积雨水，有利成活生长。鱼鳞坑投资少，适用面广，可广泛应用。一般坑长1.6米，中央宽1.0米，深0.7米，枣树栽植在坑的内侧。

## 六、栽后管理

枣树栽植后要立即灌透水一次。北方春季雨少，蒸发量大，春季栽植枣树，有条件地区可每月浇水一次，直到进入雨季；南方可根据情况灌溉。栽植穴的土壤水分要保持在田间持水量的60%～80%。7—8月，枣苗生长开始转旺，可开沟施入尿素等速效肥料，促进幼树发育。山地应注意修建保水工程，拦蓄雨水。秋季栽植枣树，可在树干基部培土防寒保墒，春栽枣树要中耕松土或覆膜保墒。幼树在雨后或每次灌水后要及时中耕除草，防止草荒，加强保墒。例如在夏季栽植的苗木，冬灌前及时清园，清除田间杂草、枯枝、落叶，集中在园外烧毁。冬灌后对枣树主干进行涂白，并投放鼠药，预防鼠、兔为害。第2年2月连续喷施2遍30倍液羟甲基纤维素，以防枝条抽干，间隔期以15天为宜。

## 七、病虫防治

对影响枣幼树正常生长的食芽象甲、大灰象甲、刺蛾、枣瘿蚊以及大青叶蝉等及时防治。食芽象甲在其出土前用辛硫磷拌毒土毒杀，上树后喷辛硫磷500～800倍液；早晚利用成虫的假死性捕杀成虫。枣瘿蚊5月上中旬及5月下旬各喷1次辛硫磷500～800倍液。大青叶蝉，幼树树干极易遭受大青叶蝉为害。苗木定植后，及时在干上涂白、涂剂或涂黄泥浆防止成虫产卵，成虫期可用农药毒杀。枣树病虫害防治应坚持“预防为主、综合防治”的方针，提倡人工防治、物理防治、生物防治、化学防治等多种方法相结合共同防治枣树病虫为害。

# 第五章　枣园土肥水管理技术

## 第一节　枣树根系

枣树实生根系主根和侧根均强大，其垂直根比水平根发达。水平根一般多分布在表土层15～30厘米土层中，而垂直根可深达1～4米。枣树水平根上易发生根蘖，根蘖与根系生长良好，有利于繁殖和栽植。

枣树的根系在年周期中与地上部生长相适应，在生长期内出现多次生长高峰，其中以7—8月间生长高峰持续期最长，生长量最大；可延续到9月下旬，最晚至11月底，生长期达190～240天。

枣对土壤适应性强，不论砂土、黏土、低洼盐碱地、山丘地均能适应，高山区也能栽培。对土壤pH值要求也不甚严，pH值5.5～8.5均能生长良好。但以土层深厚、肥沃、疏松土壤为好。

枣树的根系活动与土壤的温度、湿度及通气状况、养分状况密切相关。适宜的条件可促进根系的活动。

枣树根系在土壤中分布很广，一般能超过树冠的3～6倍，但大部分根系集中分布在树冠下较小的范围内。垂直根分布深度达1～4米，一般是树高的1/2，吸收根多分布在0～30厘米。

根系的生长活动一般早于地上部，以毛细根活动最早。大体在芽萌动的前10～15天根系开始活动。此时由于温度低，活动较缓慢，进入萌芽后期，土温上升加快，根系生长加快，一般在华北地区 7 月中旬至 8 月中旬，活动最旺盛，进入 9 月根系生长下降，11 月上中旬以后生长逐步停止。

一般大的骨干水平根、垂直根活动较缓慢，生长高峰持续的时间短。

枣的根系抗旱耐涝性比其他果树强，对水分的需求范围较宽。但长时间的干旱缺水或涝灾，也会给树体造成不良影响。

## 第二节　土壤管理

### 一、耕翻树盘，刨除根蘖

我国各枣区都有秋、春季节耕翻树下土壤的习惯，通过耕翻使土壤疏松，增加透气性和提高地温，以利根系的发育，提高根系吸收肥水的能力。刨除根蘖减少了营养消耗，耕翻断的细根可促发新根，增加吸收根数量。冬前耕翻还能将在树下土壤中越冬的害虫翻到地上，经冬季低温冻死或鸟类吃掉。耕翻后的地表还能拦蓄雪雨，改善墒情。一般耕翻深度在 15～30 厘米，近树周围宜浅，范围要尽量大于树冠投影，以不伤大根为度。耕翻事尽量不要伤 1.0 厘米以上的粗根。不留作育苗的根蘖及时刨除，也可将其集中起来，进行归圃育苗。

### 二、生长季节除草松土保墒

每次雨后要及时松土，以利保墒和保持土壤疏松。注意除草，在无间作物的树下，杂草出土前地面喷 200～250 倍 40% 的乙莠水剂，杂草生长季节喷 40～50 倍 10% 的草甘膦水剂，可有效控制杂草的生长，也可将杂草翻入地下，用作绿肥，以增加土壤肥力。生长季节特别是在降雨和浇水后，及时浅锄枣园土壤，深度6～10厘米，并清除杂草，可减少杂草对水分、养分的争夺，使土壤疏松，减少蒸发，促进土壤微生物活动，增加土壤肥力。

### 三、树下或行间种绿肥

纯枣园间作绿肥既可以充分利用土地，节约锄草用工，又能提高土壤有机质含量，培肥地力。绿肥的根系留在土壤里，可改良土壤；并且种植绿肥能覆盖地面，起到防风固沙、保持水土的作用，适宜枣园间作的绿肥有豆类、苕子、田菁、草木樨和紫花苜蓿等。

### 四、新植幼树盖地膜

为了提高枣树成活率和促进生长，北方枣区一般新植幼树3年内春季可在树盘盖地膜，既节约了用水，又增加了前期地温，使根系提前活动，提早发芽，加速生长。盖膜前追肥、浇水、松土，将树盘整平整细，喷上除草剂，然后盖膜，此项工作应在3月底前完成。

山地枣园要搞好水土保持，修筑梯田，以拦蓄水土。

## 第三节　肥水管理

“三肥”：一是基肥，一般在9月下旬金丝小枣等中熟品种采收后或冬枣等晚熟品种采收前施入为宜，此时昼夜温差大、叶片仍有较高的光合效能，有利于有机营养的积累；基肥以腐熟的圈肥、厩肥等有机肥料为主，可掺入适量氮素、磷素速效肥，磷肥应先与有机肥混合堆沤，以提高肥效。

二是追肥，可于5月底、7月上中旬进行萌芽前、花期和幼果期追肥，萌芽前追肥以速效氮肥为主；花期追肥以速效氮肥为主，并配以适量的磷肥；幼果期施肥以含氮、磷、钾三元素的复合肥为主，不可偏施氮肥。

三是叶面喷肥，生长季节结合打药喷施叶肥，简单易行，节省用工，用肥少，见效快，叶面喷肥常用种类和浓度是：尿素0.3%～0.5%、硫酸铵0.2%～0.3%、磷酸铵0.5%～1.0%、硫酸锌0.3%、硫酸亚铁0.3%、硼砂0.5%～0.7%、过磷酸钙浸出液2.0%、磷酸二氢钾0.3%。

枣树施肥技术要点如下。

根据枣树的需肥特点及综合各地的经验，枣树的施肥大体在以下几个时期进行。

**1. 基肥**

枣树的萌芽、花芽分化乃至开花结果，大部分消耗的养分是去年的贮藏营养，为增加树体的贮藏营养，应争取在秋天早施基肥，在枣采收之前施入最好。此时，叶片仍有较好的光合效能，阳光充足，秋高气爽，昼夜温差较大，有利于有机营养的积累。秋天施用基肥应以有机肥料为主，适当配合施入一些速效磷、钾或三元复混肥。

**2. 追肥**

（1）萌芽前追肥。有的地区又称催芽肥，此次追肥北方枣区一般多在4月上旬进行，特别是在秋季未施用基肥的枣园，此次追肥尤为重要，不但可以促进萌芽，而且对花芽分化、开花坐果都非常有利。枣树生长的前期，是各器官对营养争夺的激烈时期，此时往往由于树体的贮藏营养不足而影响各器官正常生长发育，乃至造成开花坐果不良，果实发育受阻。因此，此次追肥不仅保证了枣树正常生长对营养的需求，而且有利于产量明显地提高。

（2）花期追肥。枣树的花芽为当年多次分化，随生长随分化，分化时间长，分化数量多。因此，枣开花数量多，开花时间长，消耗营养多，而往往由于营养不足造成大量落花落果。花期及时补充树体营养，不但可以提高坐果率，而且有利于果实的生长发育。花期追肥，多采用叶面喷尿素的方法，喷施的养分吸收快，有利于营养的及时补充。山东乐陵园艺试验场的资料表明，花期根外追肥其产量为对照的128.9%，增产效果显著。

在枣开花前，喷施健质素海藻酸水溶肥800倍液，间隔1周再喷1次，若遇干旱年份则喷施3次，可大大提高坐果率。可见，花期根外追肥，增产显著，且有省工省肥的优点，值得大面积推广。

（3）幼果肥。枣在第1次落果后，果实迅速生长，初期为细胞的分裂，主要表现为细胞体积的增大，但无论是果实细胞数目的增加或细胞体积的增大，都直接影响果实的大小而影响到产量的高低。养分充足能加速细胞的分裂和体积的增大，如肥水不足，则影响果实的发育甚至造成落果。因此，幼果期追肥，不仅直接影响产量的高低，而且也关系着果实品质的好坏。此次追肥以7月中旬为宜，除追施氮肥外，配合施入磷、钾肥，以满足枣果发育对磷钾元素的需求，改善果实品质。

（4）后期追肥。8—9月追肥对促进果实成熟前的增长、增加果实质量及树体的累积尤为重要，特别对于结果多的植株更不容忽视。后期追肥不仅有利于提高产量和改善品质，而且对来年的生长和结果也有良好的影响。后期追肥可喷施氮肥并配合一定数量的磷、钾肥，可延迟落叶7天左右。因此后期适时追肥可延迟叶片的衰老过程，提高叶片的光合能力，为果实营养的积累创造了条件。

土肥水管理是确保枣树生长发育和早果丰产的基础，只有进行科学的土肥水管理，才能促进根系的生长，提高根系对水分和养分的吸收、合成和运转能力，改善和增强树体营养状况，促进树体地上部的生长，达到丰产优质的目的。枣树的土肥水管理可概括为“三肥三水”。

“三水”：一是催芽水，枣树发芽前浇水，可促进根系生长及其对营养的吸收运转，枣树能早发芽5～7天，有利于枣头和枣吊的生长及花芽分化，使花器发育健壮，提高开花质量，促进坐果和幼果发育。

二是助花水，枣树花期对水分非常敏感，花期如遇干旱，常导致枣树大量焦花脱落，影响坐果，在初花期采取土壤浇水或盛花期树冠喷水，可增加土壤和空气湿度，有利于花粉萌发受精，提高坐果率，促进果实发育。

三是促果水，7月上旬，正值枣树幼果迅速生长阶段，结合追肥进行灌水，可促进细胞的分裂和生长，促进果实膨大。

# 第六章　枣树整形修剪技术

## 第一节　芽和枝条

### 一、枣树芽的类型

枣树的芽，一般分为主芽和副芽两种。主芽又称正芽或冬芽；副芽又称夏芽。主芽和副芽着生在同一节位，形成复芽。

**1. 主芽**

主芽为鳞芽，外有鳞片，每组有鳞片 3 个，中间的相当于叶，两旁的相当于托叶，每组内各有 1 个副芽（副雏梢）。主芽在形成的当年，一般并不萌发，为晚熟性芽，至第 2 年春天萌发，成为枣头或枣股，有时也不萌发而成为隐芽。隐芽的寿命很长，可达百年之久，如遭受刺激或损伤，仍可萌发为枣头或枣股，可用于更新。

副芽为早熟性芽，形成后便可萌发形成二次枝或枯萎脱落。

主芽着生于枣头和枣股的顶端，或侧生于枣头 1 次枝和 2 次枝的叶腋间。因其着生部位不同，生长习性也不一样。着生在枣头顶端的主芽，具有针刺状鳞片。在冬前已分化出主雏梢和副雏梢，翌春萌发时，由主芽分化的主雏梢萌发力强，并能继续 2 次分化新的副雏梢。萌发后的主雏梢长成枣头的主轴；冬前分化的副雏梢，多半长成脱落性枝条；而 2 次分化的副雏梢，长成永久性 2 次枝。在幼龄枣树上，枣头可连续单轴生长 7 ~ 8 年，将构成枣树的主干，只有当生长衰退时，其顶芽才形成结果母枝，即枣股。

主芽发育不良时呈潜伏状，可在枣股衰老后遭受刺激而萌发形成分歧枣股，枣区群众称这种枝条为鸡爪子，长势较弱，结实力也差；枣股上也可抽生枣头，但一般长势较弱，利用价值不高。

侧生于枣头上的主芽，当年分化迟缓，鳞片也不是针刺状，通常多不萌发，即或萌发，抽枝也不良，只有当枣树生长缓慢时，才会萌发形成枣股。

位于枣股顶端的主芽，通常认为不萌发，但实际上是生长很弱，年生长量只有1～2毫米，只有受到刺激时，才能萌发成枣头；枣股的侧生主芽，多呈潜伏状态而不萌发，当枣股衰老时，侧生主芽才会萌发形成枣股。

**2. 副芽**

侧生于主芽的左或右上方，在形成的当年即可萌发。枣头1次枝基部和2次枝上的副芽，萌发后形成枣吊；枣头1次枝中、上部的副芽，萌发后形成永久性2次枝，其上的主芽第2年春天萌发后，形成新的枣股。1次枝上的主芽，第2年多不萌发。枣股上的副芽，萌发后形成枣吊，开花结果，是主要的结果性枝条。

枣树的主芽萌发后，形成枣头和枣股；枣树的副芽萌发后，形成2次枝和枣吊。枣的花和花序，也是由副芽分化而成的。

**3. 枝芽的相互转化**

枣树的芽是由主、副两种芽组成的一个主雏梢和几个复雏梢的复芽（也称芽组）。着生在枣头和枣股的顶端或枣头2次枝腋间的芽，都是主芽。而枣头和枣股这两种枝，都是由主芽萌发形成的，只是由于各自生长势的强弱不同，所以，萌发后在形态上有所差异，其功能也不一样。枣头是构成树冠骨架，扩大结果面积；枣股则抽生枣吊，进行光合作用，制造营养，开花结果。但枣股和枣头之间，如因受到刺激或营养条件改变，使其生长势发生变化后，也可使抽生的枝条类型发生变化，如枣股受到刺激，可以抽生枣头。而结果基枝（二次枝）和枣吊，均是由副芽萌发形成的，大多数是由冬前分化的副雏梢所决定。有时副芽也能萌发形成2次枝和枣吊之间的过渡性枝，如分枝枣吊和半木质化的2次枝等，但这些由副芽萌发的枝条，则不能转化，也不易改变其萌发数量。

## 二、枣树枝的类型

枣树枝条通常分为枣头、二次枝、枣股和枣吊。按其发生顺序又可分为一次枝、二次枝、三次枝。可是在叫法中，只把枣头叫一次枝。按其作用又可分为发育枝（即生长枝、营养枝、延长枝）、骨干枝（包括主枝、侧枝）、结果基枝（二次枝）、结果母枝（枣股）和结果枝（枣吊）。

**1. 枣头**

在枣树枝条中处于领导地位的枝条，称之为枣头。枣头由主芽萌发生长形成，是形成枣树骨架和结果基枝的基础。通过对枣头培育可形成中心领导干、发育枝、骨干枝，即生长枝、营养枝、延长枝和主枝、侧枝。

（1）骨干枝。骨干枝由主枝和侧枝组成，形成大、中型结果枝组，它构成枣树树冠骨架。

①主枝。主枝是指着生在主干上的大枝，形成侧枝和大型结果枝组。

②侧枝。侧枝是由主枝上的延长枝（枣头）培育而成，位于主枝中下部，它的多少和分布位置直接关系到枣树树形是否合理及丰产性能，以及形成中型结果枝组数量。

（2）发育枝。发育枝包括生长枝、营养枝、延长枝、辅养枝等，它是构成树体骨架、树冠和结果系统的基础，在枣树枝条中处于领导地位，故又称之为枣头。枣头是培养中心领导干、主枝、侧枝、辅养枝和结果枝组的基础，又可统称为枣头或枣头延长枝。由于在枣树生长发育进程中是最早发生的枝条，人们常把它称为一次枝。以上所述枝条，虽然作用不同，叫法不一，但都是由主芽萌生枣头，由枣头生长而成。

**2. 二次枝**

二次枝又称为结果基枝，是枣树枝条的小型结果枝组，多从枣头中上部副芽当年萌发而长成永久性枝条，呈“之”字形弯曲生长，是着生枣股的主要枝条，故称为结果枝。二次枝当年停止生长后，顶端不形成顶芽，以后也不延伸生长，加粗生长也很缓慢，通过修剪可培养成主枝、侧枝和大、中型结果枝组。在枣树生长发育过程中是第2次萌发生长的枝条，故称为二次枝。二次枝、结果基枝、小型结果枝组均为同一枝条。

**3. 枣股**

枣股是由枣头（基部）和二次枝上叶腋间主芽萌发而成的短缩枝，是发育枝（枣头）在形态上的压缩，也是枣树枝条由营养生长向生殖生长转化而出现的形态变异。枣股上副芽每年抽生1～8个枣吊，开花结果，是枣树结果的重要器官，因而称之为结果母枝。枣股、结果母枝为同一枝条。枣股顶生的主芽，一般多潜伏不发。枣股一般寿命为6～10年，以3～8年枣股结果能力最强。

**4. 枣吊**

枣吊又称为结果枝，由枣股上副芽萌发而成，也有少数枣吊是由枣头、二次枝叶腋间副芽萌发而成，既是开花结果的枝条，也是进行光合作用的重要器官，一般长15～30厘米，10～15节。在1个枣吊上4～8节叶面积最大，3～8节坐果最多。随着枣吊的生长发育，在其腋间出现花序，开花结果，至秋季随落叶脱落，故又称为脱落枝。所以，枣吊、结果枝、脱落枝、三次枝则为同一枝条。

## 第二节　枣树的物候期年生命周期

枣在一年中的物候期，因地区、品种而不同，其主要特点是比一般果树开始生长晚，落叶早。兹将各地枣的主要物候期列表如下（表6－1）。

表6－1　枣树的物候期

| 地名 | 品种 | 萌芽（旬/月） | 开花（旬/月） | 成熟（旬/月） | 落叶（旬/月） |
|---|---|---|---|---|---|
| 南京 | 鸭枣 | 中/4 | 下/5至下/7 | 中下/8 | 上/10 |
| 新郑 | 灰枣 | 下/3至上/4 | 上中/5至下/6 | 中下/8 | 下/10 |
| 宣城 | 元枣 | 上/4 | 中下/5 | 中下/8 | 上/10 |
| 赞皇 | 大枣 | 下/4 | 上/5 | 下/9 | 下/10 |
| 保定 | 婆枣 | 中/4 | 下/5至上/6 | 下/9 | 中上/10 |
| 保定 | 长枣 | 中/4 | 上中/6 | 下/9 | 上中/10 |
| 保定 | 酸枣 | 上/4 | 下/4至上中/6 | 中下/9 | 中/10 |
| 沧县 | 圆枣 | 下/4 | 上中/6 | 下/9 | 中/10 |
| 沧县 | 小枣 | 下/4 | 下/5至下/6 | 中下/9 | 中下/10 |
| 沧县 | 婆枣 | 中下/4 | 下/5至下/6 | 中下/9 | 中/10 |
| 沧县 | 串杆枣 | 下/4 | 下/5至中/6 | 下/9 | 中/10 |
| 阜平 | 大枣 | 中/4 | 上中/6 | 下/9 | 上/10 |
| 稷山 | 板枣 | 中/5 | 下/5至中/7 | 中下/9 | 中下/10 |
| 交城 | 骏枣 | 中下/4 | 上中/6 | 中下/9 | 中/10 |
| 济南 | 灵枣 | 中/4 | 上/6至下/6 | 下/9至上/10 | 中下/10 |
| 熊岳 | 枣 | 中/5 | 中下/6 | 下/9至上/10 | 中/10 |

由表6－1看出，枣的生长期为160～185天。

枣为喜温果树，在保定观察，婆枣和小枣一般在4月中下旬萌芽。同一品种，年份不同，萌芽期也不同。在同一株上，枣股萌芽最早，枣头顶芽次之，侧芽萌发较晚，相差有3~5天。老枝萌发较早，说明枣树萌芽与芽体营养状况有关。展叶期在4月中下旬，全树叶片全部展开，历时5~6天。一般在展叶期花芽已开始分化，经3~5天即显蕾，5月中下旬至6月初开花，开花期1个月以上，8月下旬开始着色，多数品种于9月下旬采收，10月中下旬落叶。

在自然生长条件下，枣树的一生可分为5个时期。

**1. 生长期**

又称主干延伸期，此期离心生长旺盛，根系迅速扩大，枣头多单轴延伸生长，年轮平均增长量2.6~2.7毫米，虽能开花但结果很少；此期短者3~4年，长者达7~8年。

**2. 生长结果期**

又称树冠形成期，此期生长仍较旺盛，分枝量增多，树冠不断扩大，树体骨架基本形成，并逐渐由营养生长转向生殖生长，但产量不高，此期一般持续15年左右。

**3. 结果期**

即盛果期，此期根系和树冠的扩大均基本达最大限度，生长变缓，结果量迅速增加，产量达最高峰，后期出现向心更新枣头，此期一般可达50年以上。

**4. 结果更新期**

此期树冠内部枯死枝条渐多，部分骨干枝开始向心更新，树冠逐渐缩小。结实力开始下降，产量降低，一般此期可延续到80年左右。

**5. 衰老期**

树势衰退，树体残缺不全，树冠根系逐渐回缩，年轮增长甚微，主要由树冠内发生的更新枝结果，产量很低，品质下降。枣树一般在 80 ~ 100 年进入衰老期。

## 第三节 枣树各时期修剪技术

枣树的修剪是培养树形的重要手段，及时合理的修剪可使树体枝条摆布均匀，长势均衡，充分利用阳光和水分，达到丰产、稳产、优质的目的。

**1. 修剪的基本方法**

枣树修剪可分为冬季修剪和夏季修剪两个时期，时期不同采用的修剪方法也不相同，其修剪反应也不一样，二者有机结合，缺一不可。特别是夏季修剪，对提高枣果的产量和质量，生产优质无公害果子尤为重要。

**2. 冬季修剪**

冬季修剪也称休眠期修剪，一般在落叶后至翌年树液流动前进行。通过冬季修剪可及时合理地培养出枣树的骨干枝和各结果枝，使树体贮藏的养分和生长激素集中供给树体的主要生长点，对枣树有明显的促长和更新作用，也是更新衰老结果枝组、改造老树的重要方法。其主要手段有定干、疏枝、短截、回缩、缓放、刻伤、拉枝等。

（1）定干。即对栽植的幼树在一定高度上截枝，目的是促发新枣头，培养主枝（图 6 –1）。

（2）疏枝。即把枝条从基部彻底除去，疏枝的主要作用是减少枝条量，集中养分供给，改善通风透光条件，平衡树势，疏枝的主要对象是交叉枝、重叠枝、直立枝、病虫枝（图 6 –2）。

（3）短截。即剪去一年生枝或二次枝的一部分，短截的作用是抑制或促进生长，提高结果能力。如对枣头短截，可刺激萌发新枣头，增加新枣头的生长量，对结果数也很有影响（表 6 –2）。在生产中又将短截分为轻、中、重 3 种。将一年生枣头或

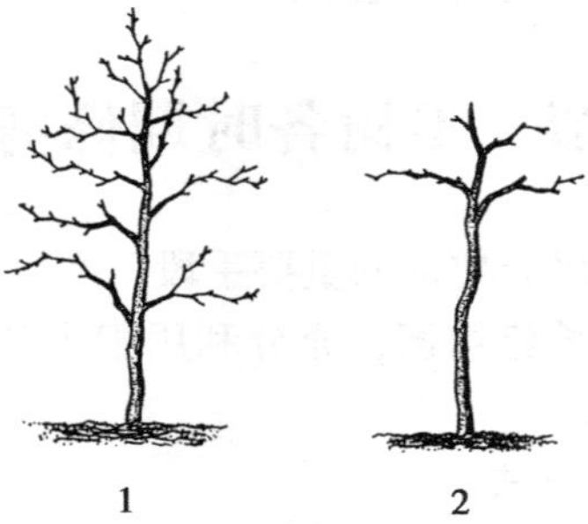

图 6－1　枣树定干

1. 定干前　2. 定干后

图 6－2　枣树疏枝

二次枝剪掉一小部分称为轻短截，剪掉一半称为中短截，剪掉一多半称为重短截。枣树对不同程度的短截所表现出来的修剪反应是不一样的。由表 6－3 可以看出，二次枝留不同数量的枣股短截后，每股枣吊数、枣吊长，每吊枣果数和无果枣吊皆不同。其中留一个枣股短截，每股发生枣吊多，且枣吊的总生长量亦大，反之则相反。但从平衡生长结果的情况来看，以留 2 个枣股效果最好，因此生产中要根据树势、空间和不同的修剪目的而采取不同的短截方法（图 6 –3）。

**表 6 –2　枣头短截后对树体的修剪反应**

| 处理 | 萌发枣头数 | 枣头生长量（厘米） | 枣头二次枝数 | 二次枝长（厘米） | 坐果数（个） |
|---|---|---|---|---|---|
| 短截 | 1.2 | 98.8 | 8.5 | 30.41 | 20.0 |
| 不短截 | 1.0 | 106 | 10.8 | 21.2 | 6.0 |

**表 6 –3　不同的二次枝短截处理的修剪反应**

| 处理 | 枣吊数（股） | 枣吊长（厘米） | 果数（吊） | 枣吊数（股） |
|---|---|---|---|---|
| 留 1 个枣股 | 4.0 | 15.8 | 0.4 | 2.1 |
| 留 2 个枣股 | 3.3 | 14.0 | 1.0 | 2.0 |
| 留 3 个枣股 | 3.0 | 12.5 | 0.5 | 3.0 |
| 对照 | 3.0 | 11.4 | 0.2 | 3.2 |

（4）回缩。即剪掉多年生枝的一部分。作用是集中养分，改善光照，更新复壮枝条。多用于抬高枝条的角度和更新枝组（图 6 –4）。

（5）缓放。即对枣头一次枝不进行修剪。对骨干延长枝缓放，可使枣头顶端主芽继续萌发生长，以利树冠扩大；结果枝的缓放，可缓和枝条的营养生长优势，利于开花结果（图 6 –5）。

（6）刻伤。即人为在枣树枝干上造出伤口，目的是刺激主芽萌发成枝条。刻伤的位置一般在该芽上方 1 厘米处，方法是用嫁接刀横刻 1 ~2 刀，深达木质部而不伤及木质（图 6 –6）。

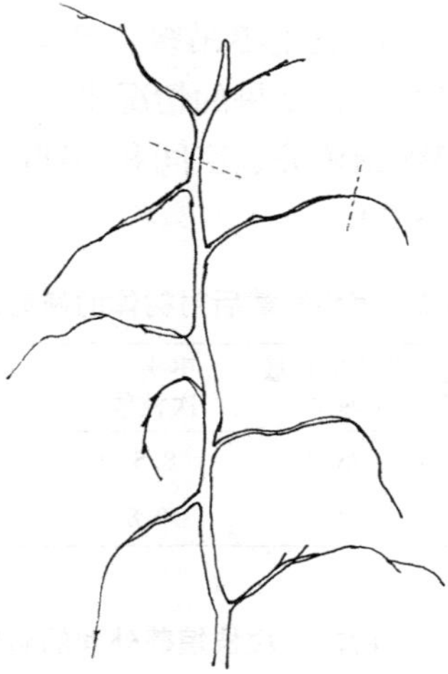

图6－3　短截

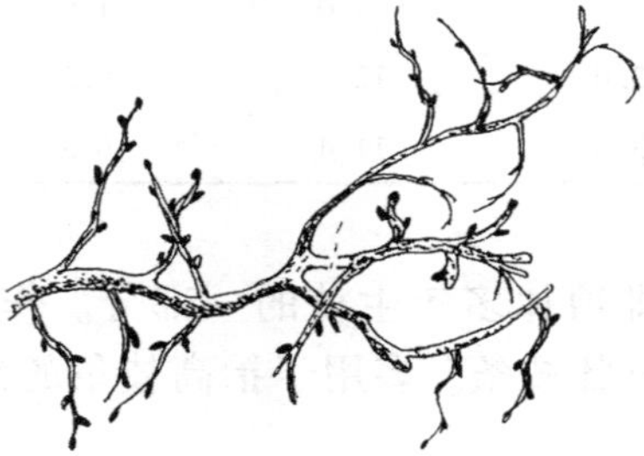

图6－4　回缩

（7）拉枝、撑枝。用铁丝或木棍拉开或撑开主枝，使其角度加大。目的是开张角度，控制主枝长势，改善树体内光照条件。在撑拉过程中要采用必要的手段，防止枝条从夹角处劈裂（图6－7、图6－8）。

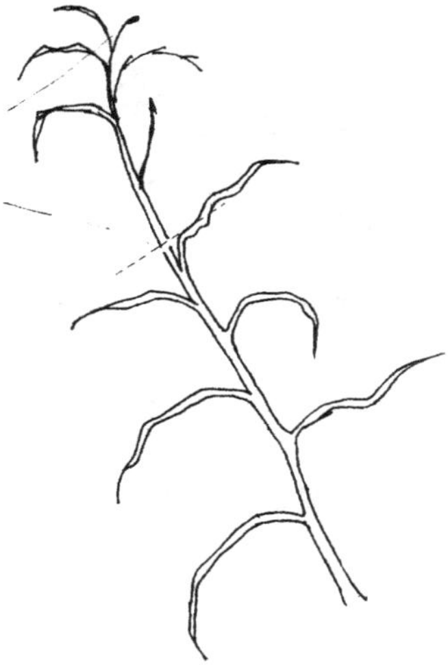

图 6-5　缓放

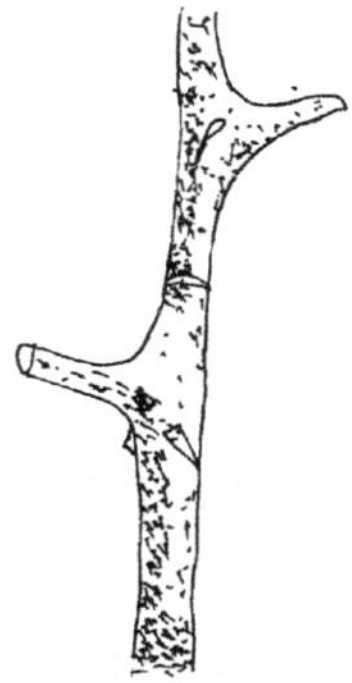

图 6-6　刻伤

（8）分枝处换头。对着生角度或方位不理想的主枝或枝组，在分枝处截除，由分生枝做延长枝，在新的空间和方位内改造主

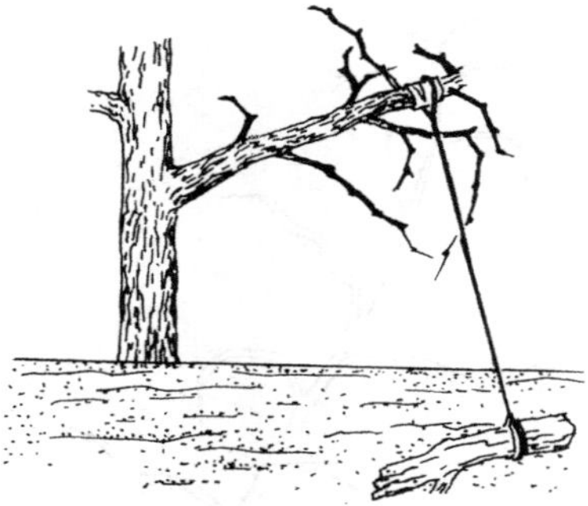

图6－7　拉枝

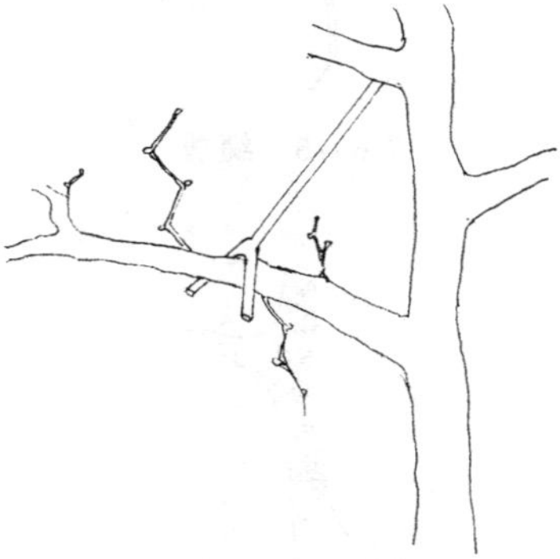

图6－8　撑枝

枝或重新培养枝组（图6－9）。

（9）落头。在枣树中心干适当的高度处去掉顶端的主枝。目的是控制树高，加强侧枝生长，同时打开光路，提高枣果的产量和品质。

**3. 生长季修剪**

也称夏季修剪，其修剪时期从萌芽后至果实采收前，最好在

图6－9 分枝处换头

枣头生长高峰之后。通过生长季的抹芽、摘心、拿枝、扭梢等修剪方法，可以达到减少养分浪费，促进花芽分化和坐果的目的。

（1）抹芽。即在生长季节将没有利用价值、刚刚萌发的新梢除去。目的是节省养分，防止乱树并减少冬季修剪量。抹芽的对象主要是两种芽，一是树体萌发后主干、主枝及侧枝上不适宜的芽；二是摘心后，受到刺激而生长出的主副芽。为防止芽体木质化给抹芽造成困难和尽量减少不必要的养分损失，抹芽要及早进行，并且要多次抹芽（图6－10、图6－11）。

（2）摘心。也叫打枣尖，即在生长季节，对当年生枣头、二次枝或枣吊进行短截。作用是控制枝条生长量，培养健壮结果枝组，减少养分损失，促进开花坐果。枣树摘心可分为枣头摘心、二次枝摘心、枣吊摘心3种。

①枣头摘心。枣头摘心即去除一年生枝条的顶端部分，摘心后可促进下部二次枝和枣吊的生长，加快花芽分化及花蕾形成。枣头摘心根据不同的栽培方式可分为轻摘心和重摘心两种。轻摘心一般在萌芽后一个月内新枣头长到70～80厘米或6～8个二次枝进行，重摘心在萌芽后10～15天，新枣头长到2个二次枝时

图6－10　二次枝抹芽

图6－11　主干及主枝抹芽

进行。采用哪种摘心方法要根据实际情况而定，一般在土壤肥力好、管理水平高的条件下，应采用轻摘心，反之宜采用重摘心(图6－12、图6－13)。

②二次枝摘心。即对枣树上生长的枣拐去顶，其主要作用是促进摘心部位以下木质化枣吊的形成，进而提高果实的产量和品

图 6－12　轻摘心

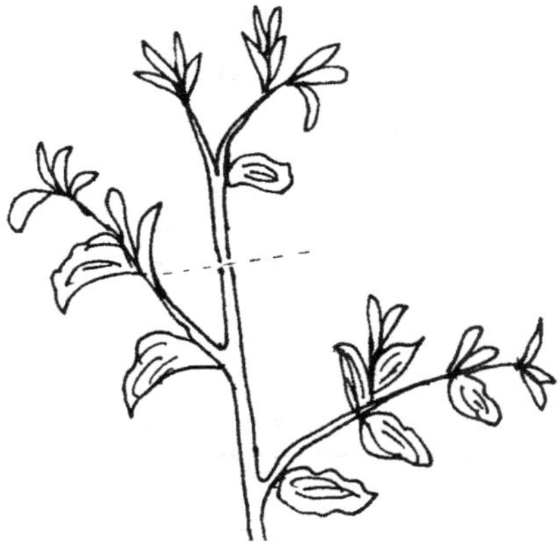

图 6－13　重摘心

质。一般在二次枝长到4~5节时进行（图6-14）。

**图6-14　枣头摘心和二次枝摘心**

③枣吊摘心。即除去枣吊顶端的一部分，作用是提高枣吊的木质强度，促进开花和坐果，提高优质果比例。摘心时间在枣吊长到30~50厘米时进行（图6-15）。

枣树摘心对枣树的产量有很大的影响，据解进保对梨枣摘心后的调查，产量可提高220.7%（表6-4）。

**表6-4　摘心对产量的影响**

| 项目<br>处理 | 树高（米） | 冠径（米）（东西×南北） | 二次枝数（个） | 枣数（个） | 坐果数 | 果吊比 | 比不摘心增产（%） |
|---|---|---|---|---|---|---|---|
| 摘心 | 1.15 | 0.97×0.76 | 10.0 | 64.3 | 56.1 | 1∶1.1 | 22.7 |
| 不摘心 | 1.87 | 1.18×0.97 | 22.5 | 192.4 | 25.6 | 1∶7.5 | 100.0 |

不同的摘心强度对枣树结果的影响也不相同（表6-5），枣头重摘心后，枣头基部二次枝形成木质化枣吊，坐果数比不摘心增加1.74倍，留2个永久性二次枝摘心的枣果数比不摘心增加

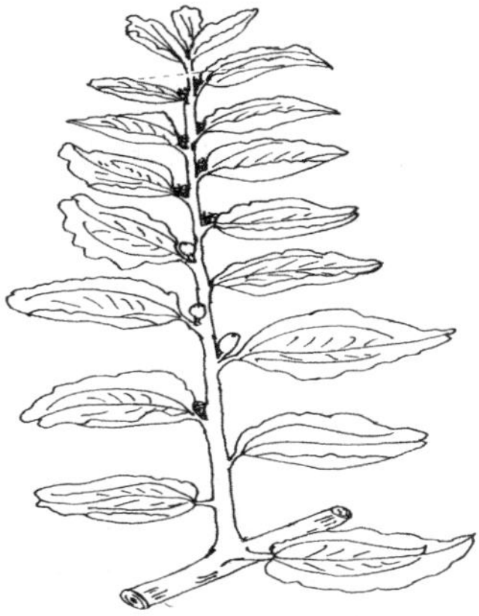

图 6－15　枣吊摘心

3.4 倍，留 3 个永久性二次枝摘心的枣果数比不摘心增加 2.5 倍，留 4 个永久性二次枝摘心比不摘心增加 1.19 倍。显然，留 2～3 个永久性二次枝摘心，坐果好，产量高。

表 6－5　不同摘心强度对结果的影响

| 处理＼项目 | 脱落性二次枝 | | 永久性二次枝 | | 枣果总数 | 比值 |
|---|---|---|---|---|---|---|
| | 枝数 | 果数 | 枝数 | 果数 | | |
| 重摘心 | 3.75 | 26.9 | 0 | 0 | 26.9 | 274.5 |
| 留 2 个永久性二次枝 | 3.2 | 5.3 | 2 | 37.8 | 43.1 | 439.8 |
| 留 3 个永久性二次枝 | 3.3 | 4.2 | 3 | 30.2 | 34.4 | 351.02 |
| 留 4 个永久性二次枝 | 3.27 | 3.1 | 4 | 18.4 | 21.5 | 219.4 |
| 不摘心 | 3.1 | 1.7 | 7 | 8.1 | 9.8 | 150 |

（3）拿枝。即在生长季节，将当年生的直立枝、变成水平枝的一种修剪方法。其作用是缓和生长势，促进开花坐果。通过拿枝将枝条的直立优势变成水平优势，将生长优势变成结果优势。拿枝一般在6—7月进行，过早枝条幼嫩，容易折断；过晚则枝条已木质化，不易进行（图6－16）。

图6－16　枣树拿枝

（4）扭梢。即将直立或水平的枣头顶梢扭向下方的一种修剪方法。其作用是抑制旺长，促进结果枝组形成。扭梢的部位在该枝条的2/3处，时间在6—8月梢条尚未完全木质化期（图6－17）。

（5）环剥。也称开甲，即在生长季节对枣树的主干或主枝进行环状剥皮的一种修剪方法。其目的是通过切断树体韧皮部组织，阻断剥口以上养分回流，为开花坐果提供充足养分。环剥是提高枣树坐果率的重要手段之一（图6－18）。

①环剥时间。环剥的最佳时间一般在枣树开花的盛花初期。就枣吊而言，在每个枣吊的1/3花序盛开的时候。环剥时间过早，使树势削弱，开花推迟；环剥过晚，则使成熟期推迟，或起不到环剥的作用。

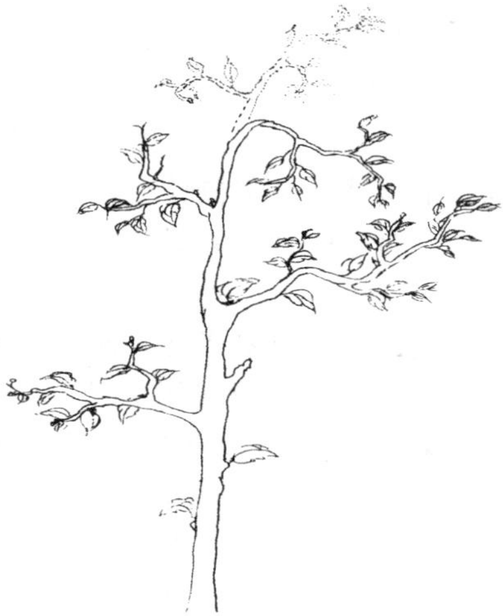

图 6－17　枣树的扭梢图

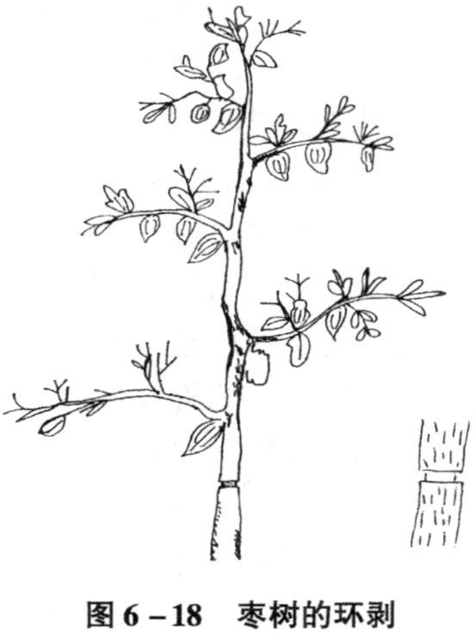

图 6－18　枣树的环剥

②环剥树龄。不同的栽植密度和管理方式，环剥的适宜树龄也不相同。一般大冠树在树冠基本形成、开始提高产量的时候进行，这时一般树龄在4～5年。高密度枣园，树冠较小，重点是提高枣园的前期产量，一般在第2年开始就可进行环剥。除了对主干环剥之外，也可根据情况对主枝环剥，但对主枝环剥时，一定要掌握从轻的原则。对一些生长势弱和有明显病虫害的枣树不能环剥。

③环剥技术。首先，环剥刀要锋利，要一次就能达到木质部而不回刀。其次，第一次环剥部位在树干基部10厘米处，以后逐年向上移动，待离第一主枝10厘米左右时，应重新从树干基部开始。环剥部位要完整，环剥口要整齐。再次，环剥宽度一般在2～8毫米，根据树龄树势一般环剥宽度不超过该环剥部位树干直径的1/10。最后，环剥后要及时使用稀释后的菊酯类农药涂沫伤口，抹后用塑料布捆扎，以防止甲口虫进入伤口。

④环剥的效果。枣树环剥对控制枣头生长量、提高坐果率、增加产量有着十分明显的作用。但环剥最好与地面管理结合起来。良好的土肥水管理加上树体环剥之后，能起到增强树势，提高坐果率的作用，使长树和结果两不误。

（6）“砑枣”。是在花期砍伤枣树主干韧皮部，切断地上养分向根部运输的通道，提高坐果率的一种管理方法。它使用专用的砑枣工具（砑枣斧），见图6－19。实际上其作用类似于环剥和环刻，介于二者之间。其目的也是减弱树体的营养生长、提高坐果率。这是新郑枣区一种独特的管理方法。

①砑枣方法。第一次“砑枣”在树干上离地面30厘米以上，每年上移，宽度50～80厘米。在树干的砑枣部位上对树干均匀钉砍，上下邪口错开，不能重叠。砑口深度以切断韧皮部而不伤及木质部为宜，砑伤的韧皮部要相互连接，不能脱落。砑枣时间在6—7月的整个开花期，每5～7天砑1次，整个花期砑

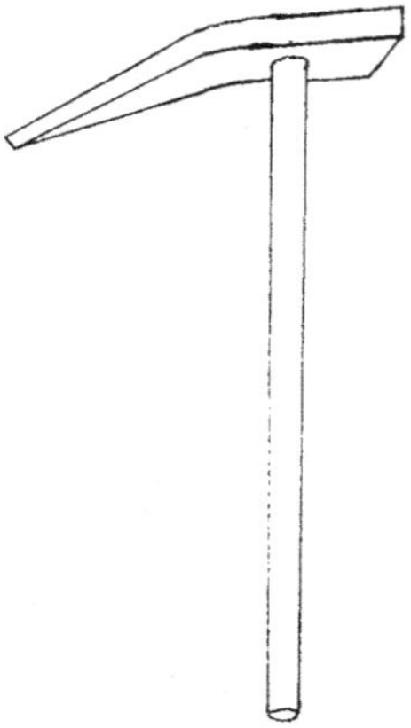

图 6－19　斫枣斧

3～5 次。

②注意事项。幼树和老弱树不斫，干旱天、下雨天、大风天不斫，无花树不斫。肥水条件差的树轻斫；高肥水条件下生长旺盛的树重斫。

**4. 母枝的培养**

枣树的结果任务主要由结果枝承担，若干个结果枝组成一个结果枝组，俗称结果母枝。结果母枝的数量、质量决定了每株枣树的产量。因此结果母枝的培养是修剪的一个主要任务。

（1）小型结果枝组的培养。小型结果枝组主要由 3～5 个二次枝组成，它占用的空间较小，培养起来比较容易。在 6 月当新生枣头长到 50 厘米，有 5～6 个二次枝，对枣头进行摘心；生长势强的枣头留 4 个二次枝摘心，生长势弱的枣头留 2～3 个二次枝摘心（图 6－20）。摘心之后，二次枝加粗，枣吊加长或木质化，当年即可开花结果。一个枣头着生 2～6 个二次枝即为一个小形结果枝组。

图6-20 摘心

（2）大型结果枝组的培养。大型结果枝组由若干个小型结果枝组组成，其培养时间较长。长度一般在1.0~1.5米，自然纺锤形的树形就是由8~10个大型结果枝组组成的。它的主要培养过程是：当枣头长到60厘米左右时，留3~4个二次枝摘心，当年冬剪时，疏除摘心口下第1个二次枝，促使该枝顶端第1个主芽萌发成新枣头，并对留下的3个二次枝进行轻度短截，萌发后每个二次枝形成一个小型结果枝组。当枣头长到50~60厘米时，留2~3个二次枝摘心，疏除多余二次枝。第2年冬前时，剪掉摘心口下第1个二次枝，并对母枝后边二次枝进行轻短剪。第3年当顶芽萌发长到70厘米时，对该枣头留2~3个二次枝摘心，疏除多余二次枝，根据空间大小，对之前培养的小型结果枝组抚育，经过1~3年的培养，一个大型结果枝组就成型了。若干个大型结果枝组，组成一个完整的树体。

## 第四节 不同树龄的修剪特点

不同树龄的枣树生长情况也不相同，采用的整形修剪手法也不一样。幼树偏重于整形。通过适当的整形修剪，使树冠迅速扩大，建立牢靠的骨架，培养健壮的结果枝组，为结果奠定基础。

盛果期树偏重于修剪，通过修剪打开光路，集中养分，增加坐果，提高产量。衰老期树着重于主枝和枝组更新，要重剪，通过重剪使树势恢复，结果延长，达到高产稳产。

**1. 幼树修剪**

（1）幼树修剪的原则。幼树一般指栽植后 1～5 年生的枣树。通过定干短截和摘心等手法，增加营养生长，使树冠迅速扩大，选择生长健壮、角度合理的新枝，培养成主枝，利用不作为骨干枝的辅养枝培养成结果枝组，为早实丰产打下基础。

（2）修剪方法。定干后，及时短截侧生枝，通过撑枝开张主枝角度，培养主枝；通过摘心培养结果枝组，利用辅养枝少量结果。冬剪时疏除过多的竞争枝，通过疏强留弱连续换头，解决幼树上强下弱现象。

**2. 初结果树修剪**

（1）修剪原则。主要指 5～8 年生的枣树，此时树体骨架已基本形成，树冠继续扩大，营养生长和生殖生长同时进行，产量连年增加。这个阶段的主要修剪任务是调节生长和结果的关系，使生长和结果兼顾，并逐渐向以结果为主的方向发展。

（2）修剪方法。通过短剪，疏枝等手法，继续扩大树冠，牢固骨架；通过摘心、扭梢和环刻逐年提高产量；通过短剪、摘心、甩放、培养大中型结果枝组，通过疏枝、抹芽除去竞争枝和重叠枝，打开光路；通过去弱留强，辅养主干，增加树高，解决下强上弱现象。

**3. 盛果期树的修剪**

此期指 8 年生以后的枣树。此期树冠已完全形成骨架牢固，树体平衡，结果能力强、产量高，但个别结果枝组逐渐弯曲下垂。

（1）修剪原则。疏剪结合，集中营养，维持树势。疏除过密枝，保持树体通风透光，引光入膛，防止结果部位外移，并有计划地更新复壮结果枝组，使树体长期保持较高的结果能力。

（2）修剪方法。

①控制树冠。树冠形成之后，除留有适当的作业带之外，空间已基本占用完毕，所以要抑制顶端生长，控制树冠继续发展。控冠的基本方法是夏季修剪，即通过对枣头的重摘心和连续抹芽完全抑制树体各顶端的生长。

②疏枝透光。进入盛果期后，由于对树冠生长的严格控制和大量结果对外部枝组的重压，使部分养分集中于内膛，使树冠内部萌生大量的无用枝条，这些枝条浪费养分，阻挡光路，所以要及时消除。疏枝时要根据光照条件保留适当的内膛枝结果，达到立体结果的目的。

③更新枝组，抬高树头。连年的结果，容易造成各主枝上结果枝组的下垂和衰老，所以要对结果枝组进行更新。

方法是短截，刺激衰老枝组上隐芽的萌发，长成枣头，再对新枣头连续摘头，即可形成新的结果枝组。在培养新枝组时，要选择背上健壮的枣头，以抬高枝条角度增强树势（图 6－21）。

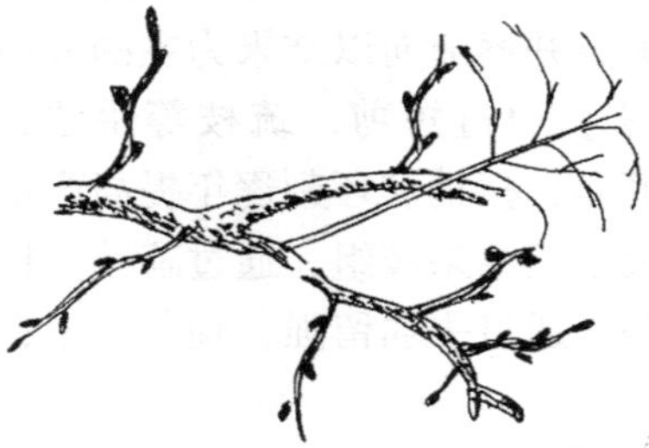

**图 6－21　结果枝组的更新**

**4. 衰老树的修剪**

（1）修剪原则。所谓衰老树，一般指栽植后 30～50 年生的枣树。这时的树体表现是树势极度衰弱，枝条生长量小，枣股萌生枣吊的能力差，大部分结果枝组衰老或死亡。开花少、坐果率低、品质差、产量低。故这时期的枣树的修剪重点是锯除主枝，促使隐芽萌发，更新复壮，培养新的结果枝组，稳定产量。

(2) 修剪方法。根据树体的衰老程度锯掉部分主枝。轻度衰老树，锯除1～3个轮生、交叉的主枝，锯除长度以该主枝总长的1/5左右为宜。中度衰老树体和严重衰老树锯除全部主枝，锯除长度分别是主枝的1/2～2/3。更新后隐芽萌发成新枣头，选择方位合理，生长健壮的枣头，培养新的主枝和结果枝组(图6－22)。

**图6－22　衰老树主枝更新后发枝情况**

(3) 注意事项。衰老树锯枝后伤口大，易干裂和腐烂，要在锯口涂蜡或绑扎塑料布。衰老树更新要一次完成不宜轮换，否则刺激程度不够，发枝少，枝势弱，树冠形成慢。更新后要利用整形修剪的原则，对新发枝进行短截、摘心、疏枝、抹芽等培养新的主枝和结果枝组。衰老树更新后，树体上下生长比例失调，容易造成少抽枝或枯枝现象，所以要加强肥水管理，促使新枝尽快生长，及早恢复产量。

# 第七章 花果管理

## 第一节 提高坐果率的措施

### 一、人工授粉

即人工收集枣花花粉再喷洒到枣树的花朵上的一种辅助授粉措施。其方法是在枣园放蜂的蜂箱上的蜜蜂进出口处放置采粉器，下面铺上报纸，当蜜蜂采花蜜返回蜂箱时，挡掉蜜蜂所携带的花粉粒，够一定量时收集起来，放在阴凉干燥的地方晾干。使用时按每 10 克花粉对 10 千克水、5 克硼砂、5 克白糖的比例配制成混合液（随配随用），在枣树的盛花期，用喷雾器均匀喷洒到枣树的花朵上。

### 二、枣园放蜂

枣花是虫媒花，在枣树的开花期实施枣园放蜂，除了可收到大量的蜂蜜外，对提高枣树的坐果率有很大帮助，是一项一举两得的措施。方法是：在枣树开花前 2～3 天，按每 10 亩园放置一箱蜜蜂（约 8 000只）的标准，将蜂箱放入园的中心地带。待枣树开花后，由蜜蜂自行授粉。据周正群调查，枣园花期放蜂可提高坐果率 180%～300%，而且距离蜂箱越近效果越好。另外，为保证良好的授粉受精效果，保护蜂群，在放蜂期间禁止喷药（表 7－1）。

表 7-1　蜜蜂授粉效果调查

| 蜂箱距枣树的距离（米） | 调查总花数 | 坐果数 | 果吊 | 坐果率（%） | 比值（%） |
|---|---|---|---|---|---|
| 1 000 | 4 160 | 129 | 0.39 | 3.10 | 168 |
| 500 | 2 111 | 83 | 0.79 | 3.93 | 212 |
| 100 | 2 129 | 133 | 1.04 | 6.25 | 338 |
| 未放蜂箱 | 12 623 | 233 | 0.25 | 1.85 | 100 |

## 三、花期喷激素和微肥

赤霉素（920）、萘乙酸等植物激素是植物在生长发育过程中必不可少的调节物质，对枣树而言，花期喷洒一定浓度的植物激素可以刺激花粉萌发，诱导花粉管伸长，提高坐果率。硼、锌、锰等微量元素也是枣树生长发育必不可少的，它们促进营养生长向生殖生长转化，加快花朵的形成及发育。因此，花期喷施微量元素也可有效提高坐果率。另外，花期喷施含有锌、钼、硼、锰等多种微量元素的稀土对提高枣树坐果率也有明显作用。赤霉素、萘乙酸等植物激素属于低毒的植物生长调节剂，是枣树无公害栽培中允许使用的（表 7-2）。

**1. 施用方法**

先把激素用酒精溶解后，按一定比例对入水中，配成水溶液，均匀喷洒在枣树叶片和花朵上，以树叶滴水为宜。微量元素可直接对水喷洒，根据树体坐果情况可连续喷洒 1～3 次。

**2. 注意事项**

赤霉素、萘乙酸等是植物生长调节剂，对植物生长发育同时起着促进和抑制的作用，所以选择使用浓度非常重要（表 7-2）。在使用时要根据各地的气候条件、枣树生长发育状况等实际情况而定，最好在使用前先做小片实验，再推广。喷洒应在晴朗无风天的 10～16 时进行。

**表 7－2　喷洒植物激素、微量元素对枣树坐果的作用**

| 激素微量元素种类 | 使用浓度/（毫克/千克） | 喷洒时间 | 比对照提高坐果率（%） |
|---|---|---|---|
| 赤霉素（920） | 10～30 | 盛花中期、末期 | 309～619 |
| 吲哚丁酸 | 30～50 | 盛花中期 | 260～450 |
| 吲哚乙酸 | 10～30 | 盛花中期 | 177 |
| 2,4－D | 10 | 盛花中期 | 168.7 |
| 萘乙酸 | 30 | 盛花中期 | 160 |
| 矮壮素 | 2 500～3 000 | 开花初期 | 226 |
| 三十烷醇 | 0.5～1 | 盛花中期、幼果期 | 169～282 |
| 硼酸 | 30 | 盛花中期、末期 | 284 |
| 硼酸钠 | 50 | 盛花中期、末期 | 244 |
| 硫酸锌 | 3 000 | 盛花中期 | 225 |

## 四、花期灌溉和喷水

枣树开花坐果期，正值北方的春旱期，这时土壤含水量只有 12%左右，空气湿度只有 60%左右，而枣树开花坐果所需要的空气湿度为 75%～85%。过低的空气湿度会导致枣花焦枯，降低坐果率。花期灌溉和喷水对提高枣园内的空气湿度效果明显。具体方法是在晴朗无风的清晨或傍晚用喷雾器向叶面上均匀喷洒清水，一般花期喷 3～4 次，遇雨天停喷。有条件的也可使用枣园喷灌，每公顷每次喷水 45～75 吨，时间能维持 10 多个小时，效果十分明显。

## 五、摘心和环剥（开甲）、研枣

摘心、环剥、研枣是从开源节流的角度缓解枣树开花坐果与抽梢生长之间的矛盾。这两种方法在前面的章节中已有详述，这里不再重复。

### 六、加强土肥水管理

花期放蜂，喷洒激素和微肥、喷水、人工授粉等方法都是从解决外部环境着手来提高枣树坐果率的，要想从根本上解决问题，还要抓好土肥管理这个主要工作。要浇好保花水，追花前肥，中耕除草。增加树体营养物质积累，满足开花坐果的需要（具体方法参照土肥水管理章节）。

## 第二节 疏花疏果及合理负载

枣树花量非常大，应科学确定合理负载量，及时疏花疏果。留果标准一般是强壮树平均每枣吊留 1～2 个果，中庸树平均每枣吊留 1 个果，弱树平均每 2 个枣吊留 1 个果。保持红枣树强健的树势，防止因过量消耗养分，造成树体衰弱，抗病虫能力下降。

疏花疏果幼果期每个枣吊保留二三个枣果，要有一定的间隔距离，其余幼果疏掉，要细致周到，宜早不宜晚。这样可以避免后期落果，造成养分空耗，保证留果的生长发育，提高果实品质。

## 第三节 果实管理技术

无公害枣树栽培不但要求枣树有很高的产量，而且还要求枣果有较高的质量，符合无公害的质量标准。所以加强以增加枣个，提高着色为主的果实管理技术也是必不可少的。

**1. 无公害枣树的产量标准**

目前我国还没有统一的无公害枣树产量标准，河南省林业科学研究院参照《中华人民共和国枣树丰产林标准》，并根据北方各主要枣区的实际情况，制订了如下表的枣树优质丰产产量标准（表7－3）。

**表7－3　枣树优质丰产产量标准**

| 栽培区<br>树龄 | 北方平原栽培区（千克鲜枣/株） | 北方山地栽培区（千克鲜枣/株） | 南方丘陵栽培区（千克鲜枣/株） |
|---|---|---|---|
| 3～5 | 3～10 | 2～8 | 5～10 |
| 6～10 | 11～18 | 9～15 | 11～20 |
| 11～15 | 19～25 | 16～20 | 21～25 |
| 15年以上 | 25以上 | 21以上 | 25以上 |

**2. 优质高产枣树的树体负载标准**

任何果树都有其最佳的负载量（根据树龄和长势），枣树也不例外。若结果太少，负载量太小，则达不到丰产的目的；若结果太多，负载量过大，枣个就小，枣果的质量品质就会下降。另外，连年的大负载量，还易造成树体早衰，抗病能力下降。因此，保证枣树科学合理的负载量，是枣树优质高效无公害栽培的重要基础。

根据全国各枣区主栽品种的特性，以整株枣树结果数的比例（吊果比）提出如下负载标准。

（1）按品种特性化分。特大型果品种，如山西梨枣，桐柏大枣，大雪枣、芒果枣、鸡蛋枣等（平均果质量25克以上）吊果比为4：1，大型品种，如赞皇大枣，壶瓶枣、哈密大枣等（20～24克）吊果比为3：1，中型果品种如新郑灰枣、山西骏枣、相枣、冬枣、扁核酸等（果质量19～10克）吊果比为2：1，小型果品种，如金丝小枣、鸡心枣、马莲小枣等（平均果质量9克以下）吊果比为1∶1。

（2）按树势强弱化分。一般要求强树吊果比为1∶1，中庸树吊果比为2∶1，弱树吊果比为4∶1。

**3. 高产优质枣树栽培的疏果技术**

确立了合理的负载量，就要对结果量大，坐果率高的植株进行疏果，保证枣树的优质大果，才能获得最高的经济效益。

（1）疏果原则。第一，依据不同品种的生长特性，结果习性一，确立疏果次序和程度，先疏开花早、坐果率高的品种，后疏开花迟、坐果率低的品种。坐果率高的品种要多留，坐果能力弱的品种要少留。第二，根据树势、树龄确定疏果量，树势强、枝龄小者宜多留果，少疏果，反之宜少留；初果期辅养枝宜多留，骨干枝应少留；大中型枝组宜多留，小型果枝应少留；树冠外围和上层宜多疏少留，内膛和中下层应多留少疏。第三，根据前面提到的吊果比确立留果数。

（2）疏果时间。各地气候条件不同，疏果时间也不一样，按枣树生长的物候期来看，最佳的疏果时间应在坐果后到生理落果前。

（3）疏果方法。一般采用人工疏果的方法。先对结果母枝反复摆动，去掉坐果不牢的和后期营养不足自动脱落的枣果，然后再对剩下的枣果进行疏除。疏果时先疏除病虫果、畸形果、受精不良果、小果，再疏去枣吊上着生过多的重叠果、并生果。疏果后把疏掉的枣果带出枣园，及时处理掉。

**4. 提高枣果品质的技术**

无公害生产的枣果对果实的品质要求比较严格，而果期的管理又是提高枣果品质的关键阶段。个大色艳，外形美观、口味纯正的枣果是消费者的要求，也是枣树种植者的追求。

（1）膨大枣个。枣个的大小主要由品种特性决定，但科学的施肥浇水为枣果膨大提供充足的养分和水分，合理的负载量可平衡枣树生长和结果的关系，缓解二者的矛盾，利于枣果的膨大。另外，适当地喷洒果实膨大素对增大枣果也有明显的作用。

（2）增加着色，提高风味。影响着色和果实风味的因素有光照、温度、含糖量、水分、养分等。多施有机肥可以提高枣果的风味，成熟后期适当控水有利于枣果的着色，摘心和转枝可以改善树体的光照条件，对增加枣果着色、提高果实含糖量也很有用。有条件的地方，在枣树树冠下铺反光膜，也可以使枣果着色均匀。

# 第八章　病虫害防治技术

枣树病虫害防治应坚持“以防为主，病虫兼治，补充营养，增强抗逆”的指导原则，结合当地病虫害发生的规律和气候特点，以优质高产为目的，以A级绿色食品检测标准为要求，选择高效、低毒、低残留无公害农药，发挥和利用生物农药和植物源农药的优点和综合功能，优化防治技术方法等各项措施，达到生产出来的大枣优质无公害的目的。

枣树病虫害防治必须明确防治对象，采取准确有效地防治措施和方法。

（1）首先要明确大枣病虫害和天敌的种类。根据枣园病虫害发生情况、为害情况和天敌的种群结构，明确主攻方向、制定综合防治方案。

（2）制定主要害虫的防治指标。防治指标是指需要采取措施抑制害虫为害不超过一定水平时的虫口密度。防治指标的高低取决于四个方面：经济允许为害水平；害虫种群的发展速度；天敌对害虫的控制效能；挽回的损失和防治成本的比值。目前，大枣害虫防治多采用经验指标或推断指标。必须采取科学的监测方法、获取准确的监测结果，以确定适当的防治措施。

（3）掌握防治技术方法的作用和条件。要明确各种防治方法对害虫、天敌和果树有哪些影响，掌握其基本规律，使防治措施有机协调地发挥作用。

# 第一节　枣树病害及防治

## 一、枣炭疽病

### 1. 分布与为害

枣炭疽病俗名焦叶病、烧茄子病。分布于河南、山西、陕西、安徽等省。果实近成熟期发病。果实感病后常提早脱落，品质降低，严重者失去经济价值。灵宝枣区因炭疽病为害一般年份产量损失为20%～30%，发病重的年份损失高达50%～80%，该病除侵害枣外，还能侵害苹果、核桃、葡萄、杏、刺槐等。

### 2. 症状

主要侵害果实。也可侵害枣吊、枣叶、枣头及枣股。在果肩和果腰的受害处，最初出现淡黄色水渍状斑点，逐渐扩大呈规则的黄褐色斑块，中间产生圆形凹陷病斑，病斑扩大后连片，呈红褐色，引起落果。病果着色早，在潮湿条件下，病斑上能长出许多黄褐色小突起，即为病原菌的分生孢子盘及粉红色黏性物质即病原菌的分生孢子团。剖开前期落地病果发现，部分枣由果柄向果核处呈漏斗形变黄褐色，果核变黑。重病果晒干后，只剩枣核和丝状物连接果皮。味苦，不能食用。轻病果虽可食用，但均带苦味，品质变劣。叶片受害后变黄绿早落，有的呈黑褐色焦枯状悬挂在枝头。对在田间症状不明显的枣吊、枣叶、枣头营养枝又叫发育枝（即生长枝、营养枝），经离体保湿培养后，均长出粉红色黏液状分生孢子团（图8－1）。

### 3. 防治方法

（1）清园。摘除残留的越冬老枣吊，清扫掩埋落地的枣吊、枣叶，并进行冬季深翻。结合修剪剪除病虫枝及枯枝，以减少侵染来源。

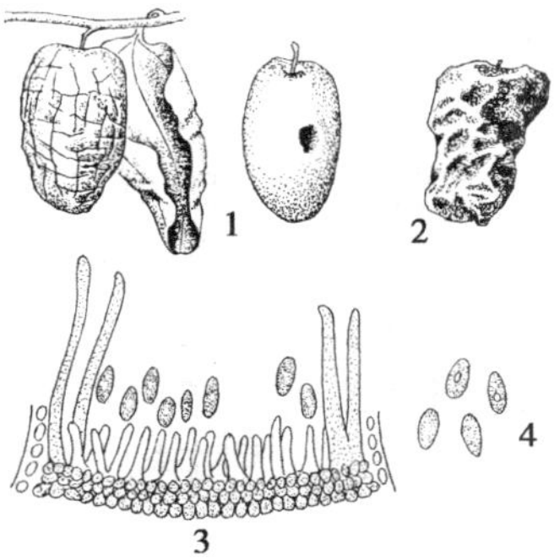


**图 8－1　枣炭疽病**

1. 被害叶果初期　2. 被害果后期　3. 分生孢子盘　4. 分生孢子

（2）加强枣园管理。增施农家肥料，可增强树势，提高植株的抗病能力。冬季每株施人粪尿 30 千克或其他农家肥料 50 千克，6 月雨后施碳酸氢铵 3 千克，花期用幼果期可结合治虫、治病，叶面喷施 0.4% 磷酸二氢钾和 0.4% 尿素 3 次。

（3）合理间作。枣园内间作花生、大豆等低秆作物，可减轻病害。

（4）改变枣的加工方法。采用炕烘法，能防止高温高湿环境条件下引起的腐烂。

（5）药剂防治。于 7 月下旬和 8 月下旬两次喷洒 1：2：200 倍波尔多液，可与 61% 花麦特可湿性粉剂 800～1 000 倍液。或 50% 退菌特可湿性粉剂 600 倍液交替使用。喷药时加 $10\times10^{-6}$～$20\times10^{-6}$ 膨果龙，保护果实，既可防治枣锈病，又可防治炭疽病的感染。

## 二、枣果青霉病

### 1. 分布与为害

枣果青霉病属于枣果霉烂病的一种，在我国各大枣区普遍发生，尤以四川、云南、广西、湖南等省、自治区发生较重。枣果青霉病一般发生在红枣贮藏期。病原菌同柑橘青霉病菌相似。枣果一般多从果洼或果皮有破口的凹陷处感染，感病的枣果，果肉腐烂，组织解体，果胶外溢，果皮发黏，具一种霉味，影响品质和食用。

### 2. 症状

受害果实变软、果肉变褐、味苦，病果表面生有灰绿色霉层，即为病原菌的分生孢子串的聚集物，边缘白色，即为菌丝层。

### 3. 防治方法

发生枣果青霉病的原因大部分因为枣果水分偏多，贮藏库内湿度偏高而造成的，所以在防治措施上面要注意以下几点。

（1）红枣和蜜枣制品贮藏时要充分脱水，含水量不能高于30%。

（2）控制贮藏库内湿度不得高于80%。注意排湿通风。

（3）贮藏前要进行库内消毒，用1%甲醛熏库以杀死病菌。

## 三、枣果软腐病

### 1. 分布与为害

枣果软腐病也属于枣果霉烂病的一种，在我国各大枣区普遍发生，尤以四川、云南、广西、湖南等省、自治区发生较重。病菌广泛存在于土壤、粪肥、枯枝、落叶、落果及空气中，由伤口侵入，为害近成熟及贮藏运输期的果实。病害可以通过病、健果接触蔓延。温暖潮湿利于发病，枣园通风透光不良、低洼积水以及各种原因造成的果实伤口易诱发病害发生。

**2. 症状**

主要为害果实，枣果实受害后，果肉发软、变褐、有霉酸味，引起溃疡或软腐。病果面上长出白色丝状物，后在白色丝状物上长出许多大头针状的小黑点，即为病菌的菌丝体、孢囊梗及孢子囊。初现白色菌丝，后在烂枣表面产生大量黑霉。

**3. 防治方法**

（1）果实采收时尽量防止损伤，减少病原菌侵入的机会。

（2）采收后的枣果要及时晾晒或烘干，以减少霉烂。

（3）贮藏前，对全库或装枣的容器用1%左右的福尔马林对库内外进行喷洒。

（4）剔除伤果、虫果和病果，置于干燥通风、低温处，防止潮湿。

（5）对入库的枣果，提前用硫黄对果品熏蒸消毒。一般每平方米用硫黄4~5克消毒，消毒后必须封闭24小时以上。

另外，需要注意以下防治要点：一是农业防治。加强枣园管理，合理修剪，及时灌排水，改善通风、透光条件，在果园农事操作及果实采摘等过程中尽量避免损伤果实。二是保持运输、贮藏场所及用具清洁，减少病菌感染；有条件者采用低温贮藏果实。三是药剂防治。采用高效、低毒、低残留的杀虫、杀菌剂防治蛀果害虫和枣病害。

## 四、枣果黑腐病

**1. 分布与为害**

枣黑腐病又称轮纹病、浆果病。该病在河南、安徽、河北、山东省均有发生。在河南以内黄枣区扁核酸受害最重，果实近成熟期发病，发病后常提前脱落，品质降低，不能食用。一般年份损失率为15%~20%，严重时损失率达40%以上。

**2. 症状**

该病主要为害果实、枣吊、枣头用1～2年生枝。果实受害后，先出现褐色、湿润状的小斑点，后迅速扩大为红棕色圆形轮纹状（故称轮纹病）或纵向扩展为梭形凹陷病斑。严重的果实腐烂1/3～1/2至全果腐烂。以后失水变为皱缩黑色僵果，故称黑腐病。后期病果表皮下可长出较大的瘤状黑色霉点，为病菌的分生孢子器。在空气湿度大时，自霉点内涌出较长的白色扭曲状分生孢子角。有时分生孢子角在病果表面呈丝状缠绕（图8－2）。

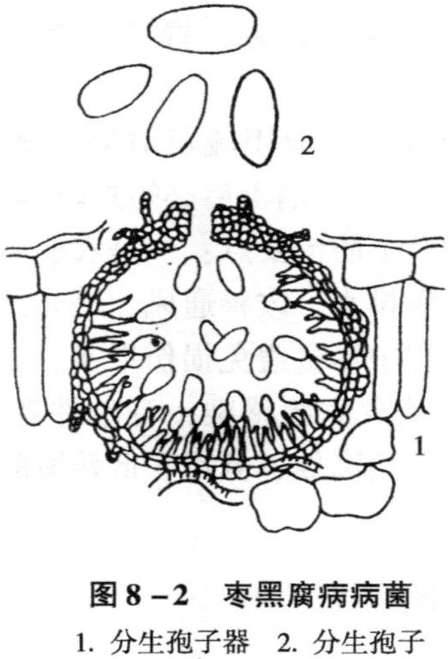


**图8－2　枣黑腐病病菌**

1. 分生孢子器　2. 分生孢子

**3. 防治方法**

（1）加强管理，增强树势，提高抗病性。由于枣轮纹病病菌是弱寄生菌，有潜伏侵染特性，树势壮时，抗性强，很少发病。注意施用以氮、磷、钾肥为主多元复合肥，并适当配以腐熟鸡粪，切忌偏施氮肥或氮磷肥，增强树势是防病的关键。合理修剪，剪除病虫枝和枯枝，及时疏防密挤枝、徒长枝、重叠枝、交叉枝；加大层间距，改善树体通风条件。刮除粗翘皮，集中烧毁或深埋。花期不要重开甲，这样会严重削弱树势，引起发病。

（2）枣树行间要间作矮秆作物。间作花生等矮秆作物，以利于通风、透光，降低空气湿度，减轻发病。

（3）防治好其他病虫害。科学防治红蜘蛛、绿盲蝽、桃小食心虫等害虫，减少害虫造成的伤口。科学防治枣锈病等病害，增强树体抗病性。

（4）清除病原菌。树体发芽前喷3～5波美度石硫合剂，生长期及时摘除和捡拾落地病果，剪除病枝、枯枝，并集中深埋或烧毁。晾晒期和贮藏期要及时捡除虫果、病果，对用过的晒箔和库房，翌年使用前要用0.1%高锰酸钾溶液或50%多菌灵600倍液消毒。

（5）生长季节喷药保护。抓好早期喷药保护，7月初是防治关键。用药以内吸性杀菌剂为主，如61%花麦特可湿性粉剂800～1 000倍液或70%甲基托布津800～1 000倍液或50%多菌灵600～800倍液，以后每隔15天左右与倍量式波尔多液交替进行。赶上雨季，用M－45大生600～800倍液与杀菌剂混用，效果更好。在幼果期喷药时加入$10\times10^{-6}$～$15\times10^{-6}$膨果龙，可以增大果实。注意雨后补喷，喷药要求均匀周到细致。

（6）科学晾晒。为避免枣果创伤，采果要小心，以减少伤口发生。成熟度不同的枣果由于含水量不同，要分别晾晒，并捡出虫果、伤果、病果，减少病原菌再侵染。提倡用烘炕法制干。

（7）贮藏期要严格控制温湿度。贮藏期要保持能通风，防止高温、高湿引起病害的发生。

## 五、枣缩果病

**1. 分布与为害**

枣缩果病又称“束腰病”，河南新郑和宁夏贺兰枣区均有报道。

**2. 症状**

主要侵害果实。果实受害后，多在腰部出现水渍状豆斑块，边缘呈浸润状，清晰。随后病斑变成暗红色，无光泽。有的病果从果梗开始有浅褐色条纹，排列整齐。剖开果皮，果肉呈浅褐色，组织萎缩松软，呈海绵状坏死，坏死组织逐渐向果肉延伸，味苦。以后病部转为暗褐色，失去光泽。病果则逐渐干缩凹陷，果皮皱缩，故称缩果病。果柄受害后呈暗黄色，提前形成离层，故枣果未熟即先脱落（图 8－3）。

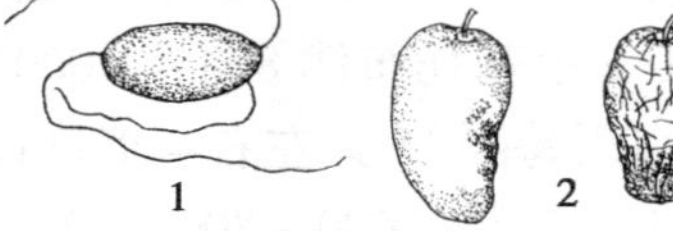


**图 8－3　枣缩果病**

1. 病原菌　2. 病果

**3. 防治方法**

（1）选育和利用抗病品种（如中枣 1 号）。

（2）加强枣树管理，增施农家肥，增强树势，提高枣树的抗病能力。

（3）根据当地当年的气候条件，决定防治适期。一般年份可在 7 月底和 8 月初喷洒第一遍药，隔 7～10 天后再喷洒 1～2 次药。药剂有链霉素 70～140 单位/毫升，土霉素 140～210 单位/毫升，卡那霉素 140 单位/毫升，DT 600～800 倍液。同时结合治虫，可在施用杀菌剂时，加入 20% 灭扫利 5 000倍液或 40% 氧化乐果 1 000～1 500倍液。

## 六、枣果锈病

**1. 分布与为害**

枣果锈病在各大枣区均有发生，但为害较轻。

**2. 症状**

当果皮表面受到外界摩擦或刺伤时，木栓层代替了表皮起保护作用，所以果面出现一层锈斑，影响外观。发生果锈与栽培管理的水平有关，凡管理条件好、树势壮、叶片完整，果锈发病就轻或不发生；反之则重。在多湿、低温、冷风时易引起果锈，特别是盛花后 16～20 天内的空气湿度超高，果锈率也就超高。所以不同年份果锈发生有轻有重。果实含氮、磷高，果锈轻；反之则重。锈壁虱为害重的枣园，果锈也重。幼果期喷洒含硫酸铜高的药剂也能产生果锈（图 8－4）。

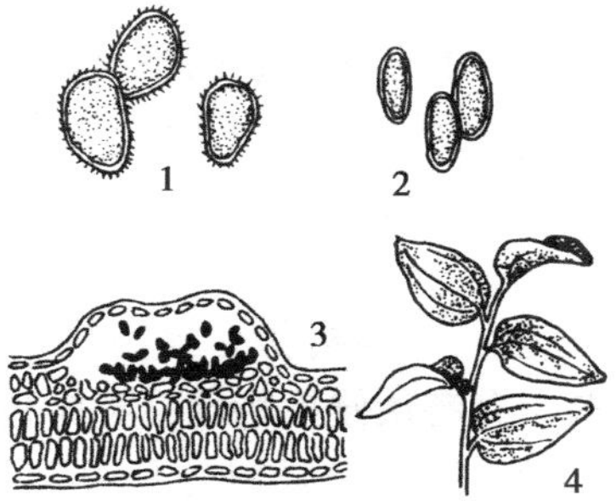


**图 8－4　枣锈病**

1. 夏孢子　2. 冬孢子　3. 夏孢子堆　4. 被害状

**3. 防治方法**

（1）加强枣园的栽培管理，增强树势，可减轻果锈发生，果实发育良好，果锈显著减少。春季土壤干旱时及时灌水，也可减轻果锈病。

（2）及时防治锈壁虱，也可减轻果锈。

（3）落花后10天喷多菌灵胶悬剂600倍液或其他杀菌剂。

## 七、枣轮纹病

**1. 分布与为害**

枣轮纹病又称枣浆果病，是近年来发生在豫北枣区的一种严重为害枣树的病害。枣轮纹病主要分布于河南、河北、山东、安徽等省的枣区，目前各大枣区均有该病分布，一旦发病很难控制，主要为害枣果实和1、2年生枝条。在果实近成熟期发病，发病后常造成枣果提前脱落，品质降低，甚至不能食用。

**2. 症状**

该病主要在枣果脆熟期，也即转色期开始发生。枣果受害后，以皮孔为中心出现水渍状浅褐色小病斑，而后病斑迅速扩大为红棕色圆形大斑，病斑上有深浅颜色相间的轮纹。受害轻的果肉变褐变软，有酸臭味但无苦味，不能食用；受害重的全果浆烂，最终导致大量落果。

**3. 防治方法**

（1）加强栽培管理，增强树势，提高抗病性。由于枣轮纹病病原菌是弱寄生菌，有潜伏侵染特性，枣树树势强壮时，抗病性强，很少发病。科学施肥，增强树势是关键，要施以氮、磷、钾为主的多元复合肥，并适当配以腐熟鸡粪，切忌偏施氮肥或氮磷肥。合理修剪，剪除病虫干枯枝，及时疏除密挤枝、徒长枝、重叠枝、交叉枝，打开层间距，改善树体通风条件。枣树休眠期：刮除粗翘皮，集中收集并烧毁，花期不要重开甲，这样会严重削弱树势，引起发病。

（2）枣树行间要间作矮秆作物。可间作红薯、花生等，以利于枣园通风透光，降低空气湿度，减轻发病。

（3）防治好其他病虫害。科学防治桃小食心虫、红蜘蛛、绿盲蝽等害虫，减少枝、果上伤口的形成，科学防治枣锈病等病害，增强树势，提高抗病性。

（4）清除病原菌。枣树发芽前喷 5 波美度石硫合剂，生长期及时摘除和捡拾落地病果、病枝，并集中深埋或烧毁。枣果晾晒期和贮藏期及时捡拾虫果、病果。对用过的晒箔和库房，第 2 年再用前，要用高锰酸钾或 40% 多菌灵可湿性粉剂消毒。

（5）生长季节喷药保护。经过连续 3 年田间防治试验，对防治枣轮纹病的时期和使用药剂进行了研究，收到较好防治效果，病果率可控制在 5% 以内。一是抓好早期喷药保护，6 月底至 7 月初是防治枣轮纹病的关键时期。二是用药以内吸性杀菌剂为主，如 70% 甲基托布津可湿性粉剂 800～1 000倍液或 50% 多菌灵可湿性粉剂 600～800 倍液，以后每隔 15 天左右与波尔多液交替喷布，进入 8 月雨季后再加入 40% 大生 M－45 可湿性粉剂 600～800 倍液，效果更好。三是注意雨后补喷。要保证喷药质量，要求均匀周到细致。

（6）科学晾晒。为避免枣果创伤，采果要用手细心采摘，以减少伤口发生。成熟度不同的枣果含水量不同，因此要分别晾晒。提倡用炕烘法制干。

（7）贮藏期要严格控制温湿度，保持贮藏库（场）通风良好，防止由于贮藏库高温、高湿引起枣轮纹病的发生。

## 八、枣褐斑病

### 1. 分布与为害

枣褐斑病又名枣黑腐病，是我国北方枣区的一种重要病害之一。主要分布于河南、河北、山西、陕西、北京和安徽等地。近10多年来，该病和发生日趋严重，流行年份病果率达50%左右，严重者可达70%以上，甚至绝收。

**2. 症状**

该病主要侵害枣果，引起果实腐烂和提早脱落。一般在8—9月枣果膨大发白，将要着色时，大量发病。枣果前期受害，则先在肩部或胴部出现浅黄色不规则的变色斑，边缘较清晰，以后病斑逐渐扩大，病部稍有凹陷或皱褶。颜色也随之加深变成红褐色，最后整个病果呈黑褐色，失去光泽。剖开病果，可看到病部果肉为浅土黄色小斑块，严重时大片直到整个果肉普为褐色，最后呈灰黑色至黑色。病组织松软呈海绵状坏死，味苦，不堪食用。后期（9月）受害枣果果面出现褐色斑点，并逐渐扩大成长椭圆形病斑，果肉呈软腐状，严重时全果软腐。一般枣果出现症状2~3天后即出现提前脱落。当年的病果落地后，在潮湿条件下，病部可长出许多黑色小粒点，即为病原菌的分生孢子器。越冬病僵果的表面产生大量黑褐色球状凸起，即为病原菌的分生孢子器（图8-5）。

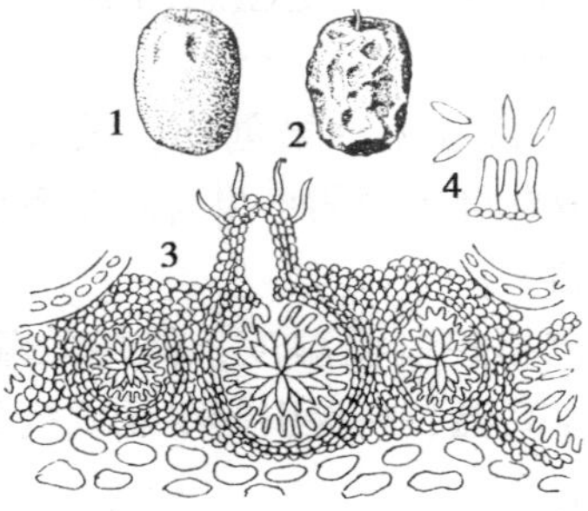


**图8-5 枣褐斑病**

1. 被害叶果初期 2. 被害果后期 3. 分生孢子器 4. 分生孢子

根据观察，发病的早晚与坐果后的雨水早晚和空气相对湿度密切相关。当空气相对湿度在 80% 时，即可预测始发期的到来。连续 3 天空气相对湿度达到 99% 以上，当病果率达到 5% ~10% 为盛发期的低限。进入盛发期的早晚，决定于 8 月下旬和 9 月上旬，即以果实近成熟期的降雨天数为依据，若连续降雨 2 ~3 天，相对湿度达到 98% 以上，即可测报发病盛期的到来。

**3. 防治方法**

（1）搞好清园工作。清除落地僵果，对发病重的枣园或植株，应结合修剪剪除枯枝、病虫枝集中烧毁，以减少发病来源。

（2）加强栽培管理。对发病的枣园增施腐熟的农家肥，可以增强树势，提高抗病能力。枣行间种花生等低秆作物，使枣林通风透光，降低湿度，以减少发病。不提倡环割枣树，因容易削弱树势，降低抗病性，会使发病加重。

（3）喷药保护。发芽前 15 天喷一遍铲除剂，3 ~5 波美度石硫合剂，能杀灭树体上越冬的病害来源。防治褐斑病要从幼果期（6 月下旬）开始喷药保护。对历史病株和重病区的枣园应优先防治。根据所用药剂残效期的长短，隔 15 天左右喷布 1 次，共喷 3 ~4 次。可喷 61% 花麦特可湿性粉剂 800 ~1 000倍液（河南农业大学康托公司生产），50% 退菌特可湿性粉剂 600 ~800 倍液，或用 2% 农抗 120 的 200 倍液，与 1∶2∶200 倍的尔多液交替使用时均需加粘着剂（如 0. 03% 皮胶等），以提高药效。在喷药时可加上 $10\times10^{-6}$ ~$20\times10^{-6}$ 的膨果龙（河南农业大学华丰科技开发公司生产）可以提高坐果率，增大果实。

## 九、枣疮痂病

**1. 分布与为害**

枣细菌性疮痂病又叫溃疡病，是一种近几年新流行的细菌性病害。它侵染枣叶子、枣吊、枣头等部位，致使枣吊断裂，落叶，落花，落果。发生严重时，常使花蕾不能形成，叶片大量脱落，直接影响枣的坐果率。

**2. 症状**

（1）枣吊发病，细菌性疮痂病为害后，有的枣吊发病部位坏死，枣吊则出现断裂现象，引起花蕾脱落。发生严重时花蕾较少甚至形不成花蕾，坐果率显著降低，甚至坐不住果。后期则枣吊干枯，枣吊上坐住的果实，由于营养不良，品质受到很大影响。

（2）枣头发病时，枣头弯曲，生长点失去顶端优势，不能形成健壮枣头，对树体发育影响较大。发病后期，随着树体的生长发育，形成干裂的疤痕。

（3）枣叶发病一般从6月开始，病菌初期侵染的部位是叶脉。初侵染时叶脉出现浅褐色病变，并顺叶脉逐步延伸，变为褐色或黑色，伴有菌脓的溢出。菌脓风干后，形成黑色的菌脓斑，酷似真菌的病原物。随着疮痂病的不断侵染蔓延，叶脉坏死，叶面开始出现水渍状，渐渐干枯，形成“缘枯”，并大量脱落，所以又叫“缘枯病”。

**3. 防治方法**

（1）抓好春季芽前关，做好越冬病虫害防治，压低虫源基数。芽前（3月底至4月上旬）对树体喷布3～5波美度石硫合剂一次。

（2）4月下旬对园田环境用霹雳马（40%吡虫啉）8 000倍液加40%星标（氟硅唑）8 000倍液或金库（25%戊唑醇）3 000（青岛星牌生产，对各种真菌性斑点类病害治疗效果好）倍液喷雾，防治早春盲蝽象、蓟马等害虫和越冬病害。

（3）根据细菌性疮痂病的发生规律，从发芽开始，结合防治盲蝽象，使用40%霹雳马8 000倍液或40%壹等勇8 000倍液，加细美800倍（青岛星牌生产，细菌性病害特效杀菌剂）等进行防治。应根据田间具体情况每间隔5～7天用药1次。

## 十、枣疯病

**1. 分布与为害**

枣疯病是我国枣树上的严重病害之一。枣树一旦发病，翌年就很少结果。病树又叫“公枣树”，发病 3 ~4 年后即可整株死亡，对生产威胁极大。我国各枣区均有分布，河北、山东、山西、河南、陕西、甘肃、新疆、辽宁、安徽、广西、湖南、江苏、浙江等省、自治区均有不同程度的发生。但以河北、河南、山西、山东等省发病最重。

**2. 症状**

枣疯病主要侵害枣树和酸枣树。一般于开花后出现明显症状。其具体症状如下。

（1）花变成叶。花器退化，花柄延长，萼片、花瓣、雄蕊均变成小叶，雌蕊转化成小枝。

（2）芽不正常萌发。病株 1 年生发育枝上的正芽和多年生发育枝上的隐芽均萌发成发育枝，其上的芽又大部分萌发成小枝，如此逐级生枝。病枝纤细，节间缩短，叶片小而萎黄。

（3）叶片病变。先是叶肉变黄，叶脉仍绿，以后整个叶片黄化，叶的边缘向上反卷，暗淡无光，叶片变硬变脆，有的叶尖边缘焦枯，严重时病叶脱落。花后长出的叶片都比较狭小，具明脉，翠绿色，易焦枯。有时在叶背面的主脉上再长出一片小的明脉叶片，呈鼠耳状。

（4）果实病变。病花一般不能结果。病株上的健枝仍可结果，果实大小不一，果面着色不匀，凸凹不平，凸起处呈红色，四处是绿色，果肉组织松软，不堪食用。

（5）根部病变。病树主根上由于不定芽的大量萌发，往往长出一丛丛的短疯根，同一条根上可出现多丛疯根。枝叶细小，黄绿色，有的经强日光照射枯死呈刷状。后期病根皮层腐烂，严重者全株死亡（图 8－6）。

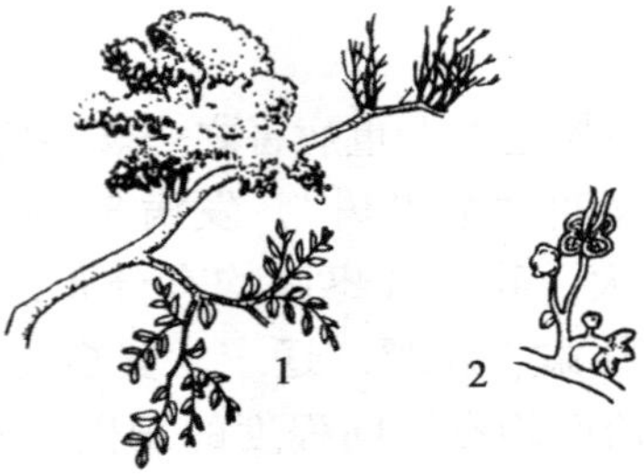


**图 8－6　枣疯病**

1. 丛生细小枝叶　2. 花器返祖成细小枝叶

**3. 防治方法**

（1）彻底挖除重病树和病根蘖，修除病枝。枣疯病病株是传病之源，发病后不久即会遍布全株，失去结果能力，有必要及早彻底刨除病株，并将大根一起刨干净，以免再生病蘖。对小疯枝应在树液向根部回流之前，阻止类菌原体随树体养分而运行。从大分枝基部砍断或环剥，类菌原体到下行不超过砍断或环剥部位时即可治愈。连续 2～3 年，可基本控制枣病病的发生。

（2）培育无病苗木。应在无枣疯病的枣园中采取接穗、接芽或分根繁殖，以培育无病苗木。苗圃中一旦发现病苗，应立即拔掉。

（3）选用抗病品种和砧木。注意发现和利用抗病品种，选用抗病的酸枣和具有枣仁的大枣作砧木，以培育抗病品种。

（4）药物治疗。对发病轻的枣树，用四环素族的药物治疗，有一定效果。其具体方法：一是 1 年施药 2 次。第 1 次于早春树液流动前，对病株主干 50～100 厘米高处，沿周围钻孔 3 排，深达木质部，塞入棉捻，并敷上浸有 400～500 毫升盐酸四环素 250 倍液的药棉，用塑料布包严，同时修除病枝。第 2 次于秋季在树液回流根部前（10 月）以同样的方法再施药一次，对轻病树疗效显著。二是夏季在病树干四周，钻孔 4 个，深达木质部，插入塑料曲颈瓶，用蜡封严钻孔，每株注入含土霉素原粉 1 000 万单位液 400 毫升，10 余小时后，药液即被吸收，病枝渐渐枯焦，疗效与施药带相似。此法简便，且药液不易流失。

（5）防治虫媒。消除杂草及野生灌木，减少虫媒滋生场所，6 月前喷药防治枣尺蠖时即可防治虫媒叶蝉类。或在 6 月下旬至 9 月下旬，喷 4 次杀灭菊酯或杀螟松等以防治虫媒。

（6）加强枣园管理。注意加强水肥管理，对土质条件差的要进行深翻扩穴，并增施农家肥，以改良土壤性质，提高土壤肥力，增强树体的抗病能力。

## 十一、枣锈病

### 1. 分布与为害

枣果锈病在各大枣区均有发生，但为害较轻。

### 2. 症状

当果皮表面受到外界摩擦或刺伤时，木栓层代替了表皮起保护作用，所以果面出现一层锈斑，影响外观。发生果锈与栽培管理的水平有关，凡管理条件好、树势壮、叶片完整，果锈发病就轻或不发生；反之则重。在多湿、低温、冷风时易引起果锈，特别是盛花后 16 ~ 20 天内的空气湿度超高，果锈率也就超高。所以不同年份果锈发生有轻有重。果实含氮、磷高，果锈轻；反之则重。锈壁虱为害重的枣园，果锈也重。幼果期喷洒含硫酸铜高的药剂也能产生果锈（图 8 – 7）。

### 3. 防治方法

（1）加强枣园的栽培管理，增强树势，可减轻果锈发生，果实发育良好，果锈显著减少。春季土壤干旱时及时灌水，也可减轻果锈病。

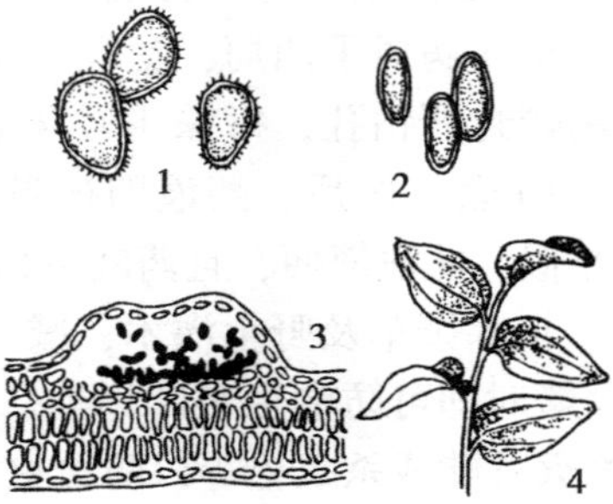


**图 8-7　枣锈病**

1. 夏孢子　2. 冬孢子　3. 夏孢子堆　4. 被害状

（2）及时防治锈壁虱，也可减轻果锈。

（3）落花后 10 天喷多菌灵胶悬剂 600 倍液或其他杀菌剂。

## 十二、枣煤污病

### 1. 分布与为害

枣煤污病又称黑叶病，四川、云南等各枣区均有发生。枣树感病后影响枣树的生长和结实，降低枣的产量。该病除侵害枣树外，还侵害毛白杨、柳树、榆树、槐树等林木。

### 2. 症状

主要侵害枣树的叶片和枝条。枣树感病后在叶片表面和枝条、叶柄上产生暗褐色小霉斑，后扩大布满一层黑色的煤粉状物。感病后影响光合作用。煤粉状物有时可剥落或被暴雨冲刷掉。

### 3. 防治方法

（1）及时清除病原菌，并集中烧毁，秋季清扫落叶，结合施肥集中深埋，减少病源。

（2）选择无病苗木或脱毒苗栽植。

(3) 加强枣园管理，及时清除林间杂草，保持枣树周围干净。可适当多施钾肥，有利于防止烂根和促生新根。

(4) 适时防治枣龟蜡介壳虫，将其控制在经济为害范围内，则可避免煤污病的发生。

(5) 发现有病株发生，可用刀刮除病斑，并将病斑集中烧毁，用25%施保克乳油（咪解胺）700～1 000倍液、15%抗菌素402的50倍液消毒伤口。同时，将发病地面用石灰消毒。

(6) 保护利用天敌。5—6月是龟蜡介壳虫寄生蜂的羽化期，应避免喷洒杀虫药，保护天敌。

## 十三、枣白粉病

### 1. 分布与为害

青枣白粉病是一种严重为害叶片和果实的病害，在攀西青枣种植区一般大田发病率都在30%以上，严重时可达100%。该病的发生大大影响青枣的产量和商品价值，已成为青枣主产区产业发展的限制性因素之一。毛叶枣白粉病在云南的各地枣园均有发生。

### 2. 症状

叶片受害，先从中下部叶片开始，逐渐向上部叶片蔓延。发病初期在叶背出现白色菌丝，随后白色菌丝和白色粉状物（病菌的分生孢子）可布满叶背，叶片正面出现褪绿色或淡黄褐色不规则病斑。受害叶片后期呈黄褐色，易脱落。发病严重时可为害幼嫩枝条，白色菌丝和白色粉状物布满整个枝条，嫩叶呈黄褐色皱缩，枯死。果实受害以膨大期果实为主，幼果次之，被害果实上先出现白色菌丝，随后扩展，严重时白色菌丝和白色粉状物可布满全果。果实受害后果皮变麻，皱缩，呈褐色或黄褐色，易脱落或枯死。花器受害较少。

**3. 防治方法**

（1）在果实采收后，结合主要更新进行清园工作，以减少病源。

（2）结合修剪工作，将过密枝、重地枝、病枝剪除，以利于通风透光。

（3）在发病初期进行全园喷药，可用25%粉锈宁2 500倍液、50%粉锈清800倍液、5%百菌清500倍液防治。在晴天傍晚进行，每4～7天喷1次，连续2～3次。

## 十四、枣叶斑点病

**1. 分布与为害**

枣树斑点病俗称黑斑病、褐斑病，是一种为害果实的重要病害。斑点病的为害，对枣的产量和品质影响极大，枣树斑点病的发病点是炭疽病、轮纹病等病害的侵染点，对后期烂果性病害的流行，有着不可忽视的作用。

**2. 症状**

幼果期发病症状：斑点病自果实豆粒大小就可侵染。初侵染时果表面出现针状大小的浅色至白色突起，后迅速变大，积挤压破裂后可见菌脓出现。随后，形成各种形状不一的病斑。随着果实的发育，病斑变大，引起烂果、落果。可分4个类型：红褐型、灰褐型、干腐型和开放性疮痂型。

开放性疮痂型：自果实豆粒大小就可侵染。初侵染时果表面出现针状大小的浅色至白色突起，后迅速变大，破裂后可见菌脓出现，并形成穿孔，空洞大小不等，较深，形状不很规则，然后风干，形成疤痕，随着果实的发育，疤痕变大。斑点病初发病时防治及时，可以获得较好的防治效果，其中有发病初期使用井冈·多菌灵、链霉素、叶枯唑等药剂的防治效果较好。如果防治不及时，发病的果实所形成的疮口，是真菌性病害的侵染点，极易感染其他真菌性病害，常感染的病害种类主要有炭疽病、轮纹病等烂果性病害，这些病害是造成后期大量烂果、落果的主要因素。

**3. 防治方法**

根据冬枣斑点病的侵染特点和发生规律，要认真贯彻“预防为主，综合防治”的植保工作方针，综合运用农业的、物理的、化学的防治措施，从健康栽培入手，努力培养树势，提高枣树的抗病能力，配合有效地药物，要病虫并举，特别要重视控制盲蝽象的发生与为害，抓住有力的防治时机，积极开展防治。

（1）农业防治措施。

①培肥地力，改良土壤，努力提高土壤有机质含量，增加有机肥料和钾肥的使用量，特别是杜绝和减少速效化肥的施用，从长远着想，创造适宜冬枣树体生长发育的良好环境；尤其是花前肥杜绝单独施用尿素、磷酸二铵等纯速效氮磷肥料，充分协调营养与生殖生长的关系，努力创造不利于病害发生的条件。

②注意适时浇水。提早花前水的使用，不仅可以满足冬枣的坐果需要，还能降低花期病害的侵染程度，花期和幼果期是冬枣斑点病和细菌性疮痂病的发病高峰期，要特别注意避免花期和坐果期用水，降低发病高峰期的土壤湿度，努力创造不利于病害发生的环境条件。

（2）化学防治措施。抓好春季芽前关，做好越冬病虫害防治，压低虫源基数。

①芽前（3 月底至 4 月上旬）对树体喷布 3 ~ 5 波美度石硫合剂 1 次。

②4 月下旬对园田环境用杜邦万灵 2 000 倍液加 40% 福星 80 000 倍液或特普唑 2 000 倍液喷雾，防治早春盲蝽象、蓟马等害虫和越冬病害。

③病害发生时期的防治要根据病害的发生规律，第 1 次用药应抓住开花前的有利时机重点防治。以后的用药应根据田间具体

情况每间隔10天左右用药1次。

防治药物：农用链霉素、克菌康等防治细菌性病害的药物加20.67%万兴2 500～3 000倍液或40%福星8 000～10 000倍液配合68.75%易保1 500倍液或加特谱唑1 500～2 000倍喷雾防治，10～15天防治1次。要注意不同作用机理的药物交替使用，以免产生抗性。

## 十五、枣灰斑病

**1. 分布与为害**

枣灰斑病分布于安徽、河南等地。一般为害较轻。

**2. 症状**

主要为害叶片，叶片感病后，病斑暗褐色，圆形或近圆形。后期中央变为灰白色，边缘褐色，其上散生黑色小点，即为病原菌的分生孢子器。

**3. 防治方法**

（1）秋季清扫落叶，结合施肥集中深埋，减少病源。

（2）加强综合管理，增施有机肥料，科学使用“天达2116”，提高树体抗病性能。

（3）发病初期结合喷洒“天达2116”喷洒50%退菌特可湿性粉剂600～800倍液，或用50%多菌灵可湿性粉剂800倍液。

## 十六、枣焦叶病

**1. 分布与为害**

该病分布于中国河南、甘肃、安徽、浙江、湖北等部分枣区，其中河南新郑枣区最为严重。

**2. 症状**

主要表现在叶、枣吊上。发病初期出现灰色斑点，局部叶绿素解体，之后病斑呈褐色，周围呈淡黄色，半月后病斑中心出现组织坏死，叶缘淡黄色，由病斑连成焦叶，最后焦叶呈黑褐色，叶片坏死，部分出现黑色小点。

**3. 防治方法**

冬季清园，打掉树上宿存的枣吊，收集枯枝落叶，集中焚烧灭菌。萌叶后，除去未发叶的枯枝，以减少传播源。加强肥水管理，增强树势。雨季防止枣园积水，保持根系良好的透气性，也能减轻或防止该病的发生。从 6 月上旬开始，喷施下列药剂：70%甲基硫菌灵可湿性粉剂800～1 000倍液；50%多菌灵可湿性粉剂500～800 倍液；77%氢氧化铜悬浮剂400～500 倍液；2%宁南霉素水剂200～300 倍液等药剂，间隔10～15 天喷 1 次，连喷3 次，即可控制该病发生。

于落花后喷施下列药剂：25%咪鲜胺乳油 1 000～2 000倍液；10%苯醚甲环唑水分散粒剂2 000～3 000倍液，每隔 15 天喷 1 次，连喷3～4 次。

## 十七、枣花叶病

**1. 分布与为害**

枣花叶病在河南、安徽省枣区均有分布。苗木和大树的嫩梢叶片受害明显，影响枣树的生长和枣的产量。有枣疯病的枣树均有花叶病发生。

**2. 症状**

叶片变小、扭曲、畸形，在叶片上呈现深浅相间的花叶状。

**3. 防治方法**

增强树势，提高抗病能力。及时治虫可防止病毒传播。

## 十八、枣叶黑斑病

**1. 分布与为害**

该病主要侵害毛叶枣（别名滇刺枣、印度枣、缅枣）。毛叶枣分布于非洲、印度和澳大利亚。在我国主要产于云南、海南岛、中国台湾等地。在我国，1985 年云南农业科学院热带亚热带经济作物研究所的果园中发现毛叶枣发病，到 1987 年调查，病害已遍及整个果园，造成果实变小，品味降低，影响品质和产量。该病除侵害毛叶枣外，当地野生酸枣也受感染。

**2. 症状**

该病主要侵害叶片，病株叶片背面先产生零星黑色小点，以后逐渐扩大成圆形或不规则形的黑色病斑，直径 0.5 ~6 毫米，严重时病斑可联合成大片，在叶片背面则呈现烟煤状的大黑斑。叶面呈现黄褐色斑点。受害叶片呈卷曲或扭曲状，易脱落。果实变小，品质下降（图 8 –8）。

**3. 防治方法**

严格实行检疫措施，防止该病向内地传播。

## 十九、枣树腐烂病

**1. 分布与为害**

枣树腐烂病又称枝枯病。分布于河南省濮阳、内黄等枣区。侵害幼树和大树，常造成小枝枯死，影响结果量。

**2. 症状**

主要侵害衰弱的树枝，干桩部位也较多受害。树枝皮层开始变红褐色，渐渐枯死，以后在枯枝上从枯皮裂缝处长出黑色突起点，即为病原菌的子座（图 8 –9）。

**3. 防治方法**

（1）加强管理，多施农家肥料，增强树势，提高抗病能力。

（2）彻底剪除树上的病枝条，集中烧毁，以减少病害的侵染来源。

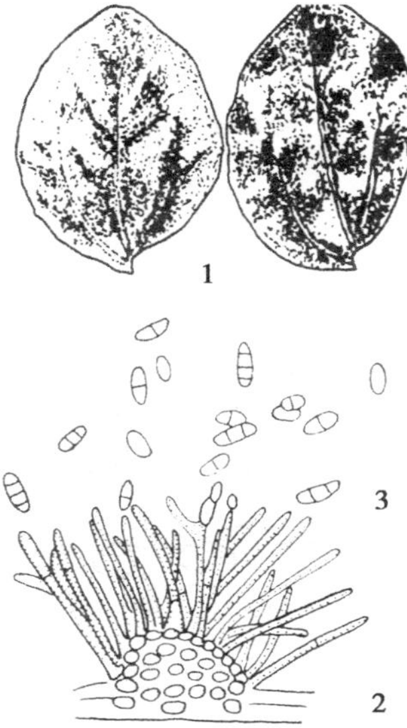


**图 8－8　枣叶黑斑病**

1. 病叶（左叶面，右叶面）　2. 病原菌的分生孢子梗　3. 分生孢子

## 二十、枣树干腐病

### 1. 分布与为害

该病现分布全国各个枣区，除枣树外，还为害栗、梨、栎柳、杨。多从主枝伤口感染，自上而下造成心材腐朽，干部不定处常有褐色树液外溢，造成枣树纵向破腹形成树洞。该病属真菌感染，有较长的隐发期，常由主枝交叉处或主枝风折后。断口积水病菌浸入而发病，病程长，一般对盛果期树产量影响不大。

### 2. 症状

枣树感病后，经过数年时间，导致心材（细胞已失去生活力）自内向外腐朽，进而形成树洞，造成树体老衰、落果重、

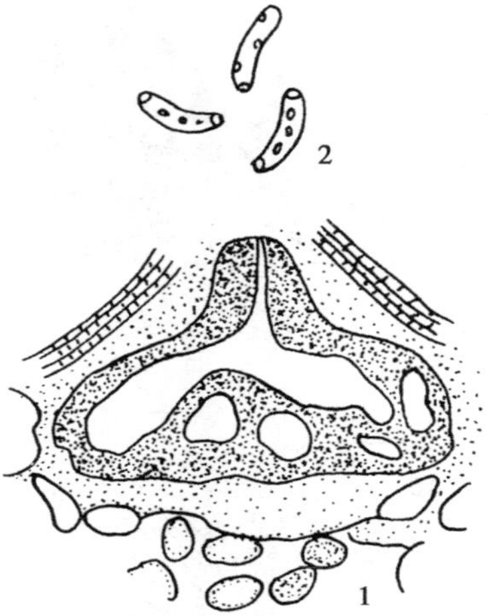


**图 8-9　枣树腐烂病病菌**

1. 分生孢子器　　2. 分生孢子

株产低。但枣树再生能力强，靠皮部边材仍能支持树冠，保持一定的产量。枣树感病后，在人们不易发觉的情况下，出现立木心材褐腐，5~10 年树干出现小洞，树液在生长季节不停的外渗，10~20 年树洞不断扩大，20~30 年造成枣树纵向破腹，地上 1.0~1.5 米树洞形成，60%~80% 已被病菌分泌物所腐蚀，坚硬的枣干形成块状解体，年轮裂缝间常可见到白色菌膜。对腐朽的木材搓之，皆成棕色粉面状。有时边材从树洞内长出须根，而成为新的再生根系。本病系由真菌感染。具有长期的隐发性，且多发生于主枝分杈处的干部。总之，同主枝风折后，断口积水带菌有关。木材腐朽是缓慢的，而且是自上而下，由内向外进行的。当发现干部有棕色树液外渗时，说明在数年前已经感病。

**3. 防治方法**

（1）防治枣干腐病的方法是注意观察，发现伤口后要进行消毒处理，以防病菌侵入。

（2）发现折断的树，立即采取措施，提高树体抗病能力，加强肥水管理。

（3）发现树洞后，注意刮治，并用1%甲醛消毒，然后用水泥等封住伤口。

## 二十一、枣树木腐病

**1. 分布与为害**

河南省周口市西华县枣区有分布，侵害衰老的枣树皮及边材木质部。病斑多出现在老枣树主枝受伤或锯断后的伤口下方，病菌寄生后促进木质部由外向内、自上而下腐朽。

**2. 症状**

在死亡的树皮及木质部上散生或群生子实体，多呈覆瓦状。子实体大小不等，有卵形、纺锤形、长椭圆形等。初夏子实体为灰褐色，质软，水分多，表面光滑；秋天子实体干后，表面呈灰白色，内部褐色，有裂纹，较坚硬。病原为担子菌的裂褶菌，主要为害树干，病原菌多从伤口侵入。春季高温、多雨季节，平均气温25～32℃时子实体发生程度重，到8月上旬子实体停止增大。老龄、树势衰弱、主枝折断、皮部伤口多、管理粗放、病虫害发生严重的枣园发病较重。另外，林间湿度大有利于子实体的产生和孢子的传播。

**3. 防治方法**

（1）合理施肥。加强肥水管理，多施有机肥，以增强土壤透气性，复壮树势。控制氮肥施用量，适当增施磷、钾肥，提高树体抵抗力。

（2）保护树体。及时收集并烧毁修剪下来的枝条、病枝以及刮下来的病皮等。同时，还要及时防治害虫，减少树体病虫伤口和机械伤口，杜绝病菌侵入。

（3）薄膜缠绕治病。若树干腐烂程度过重，好皮过少，不能按常规法进行刮治，可适量刮皮后涂抹石硫合剂、多菌灵、退菌特等杀菌剂，然后用黏泥涂抹病部。待黏泥晾干后再用薄膜将其缠紧，创造一种缺氧的环境条件，以抑制或杀死病菌。持续缠绕 1 个月，治疗效果良好。

（4）药剂防治。发现病斑后及时刮除，并用 25% 多菌灵可湿性粉剂 500 倍液、50% 甲基硫菌灵可湿性粉剂 400 倍液、80% 代森锌可湿性粉剂 600 倍液、30% 王铜悬浮剂 300 倍液等常用杀菌剂涂抹伤口，防治病菌再次感染。

## 二十二、枣树枝枯病

### 1. 分布与为害

分布于安徽等地。主要侵害营养枝和结果枝（枣吊）。重得可造成枝条枯死。

### 2. 症状

当年生营养枝发病后先出现变色病斑，6—7 月新生枝条感病后出现长圆形或纺锤形乳白色的小突起，后逐渐变褐色。疣点中间裂开，可见乳白色物。翌年春天疣点增大，直径约 1 毫米，遇雨或环境潮湿的情况下，从中挤出乳白色卷丝状分生孢子角。

### 3. 防治方法

第一，结合修剪除去病、虫枯枝，可减少发病来源；第二，加强管理，增施农家肥料，提高土壤肥力，增强抗病力；第三，雨季应注意排涝，避免积水，并应防治其他病虫害。

## 二十三、枣树茎腐病

### 1. 分布与为害

该病分布于河北等地。主要为害苗木和幼树，严重的可造成苗木和幼树整株死亡。

**2. 症状**

苗木初发病时，茎基部出现水渍状黑褐色斑，随即包围全茎，并迅速向上扩展，此时叶片变黄，枯萎，并逐渐枯死。受害茎基部下陷，皮层紧贴在茎上，缢缩，不易剥离。发病后期病部产生许多小黑点（即病原的分生孢子器），潮湿时有灰色霉堆（即病原的分生孢子）。

幼树感病后，与苗木的症状相同，但病斑初现到包围茎干一圈的时间比苗木要慢一些。感病轻的苗木和幼树偶有根部不死的，从根颈处萌发新芽。

**3. 防治方法**

（1）加强管理，增施优质有机肥料，促进寄主生长健壮，提高抗病力。施用厩肥作基肥，每亩500千克，可大大减轻病害率。同时可能影响土壤中拮抗微生物群体的变化，抑制病菌的生长蔓延。

（2）及时排水和灌水。地势低洼、排水不良的地块，要加强开沟排水工作。夏季炎热干旱季节要及时进行灌水，降低地表温度，防止高温地表灼伤茎基部，以增强寄主生活力，提高抗病性，使发病减轻。

（3）根部施药。用40%五氯硝基苯可湿性粉剂（75%）加50%多菌灵可湿性粉剂（配比为3：1）混合剂，再加入落地生0.3克（河南农业大学华丰科技开发公司生产）500倍灌根，或对颈基部涂抹，既可防病又可促进根系生长，提高抗病能力。或用40%五氯硝基苯可湿性粉剂（75%）加黑矾（硫酸亚铁）（25%）加落地生0.3克500倍液灌根均可。

## 二十四、枣树根癌病

**1. 分布与为害**

枣树根癌病是一种细菌性病害，在河南省枣区有发生。枣树根部受害后，地上部生长缓慢，植株矮小，严重时叶片变黄，早落。病菌除侵害枣树外，还能侵害苹果、梨、杨、桃、李、柿、核桃、柑橘、板栗、无花果、毛白杨、柳等多种果树和林木。

**2. 症状**

主要发生在枣树的根颈部，也发和于侧根和支根。受害部位形成癌瘤，开始产生的病瘤青灰色或肉红色，光滑柔软，以后随着瘤的增大变为褐色或棕褐色，木质坚硬的球形或扁球形癌瘤，表面粗糙，龟裂或凹凸不平。有的癌瘤后期变为腐朽（图 8－10）。

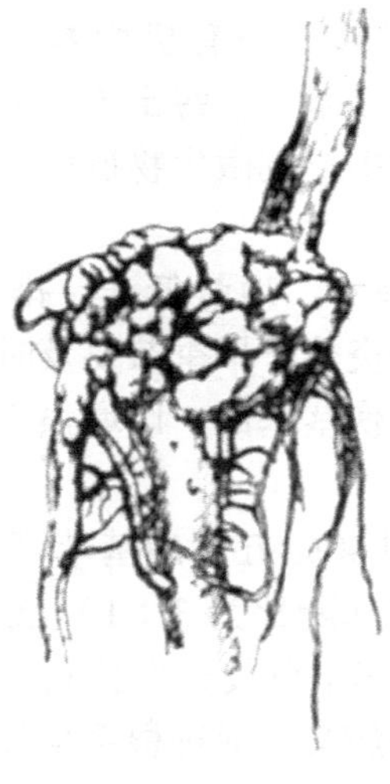

图 8－10　枣树根癌病

**3. 防治方法**

（1）严格苗木的检查和消毒处理。在苗木出圃时，若发现病株应及时除掉。苗木栽植前可用 1% 硫酸铜溶液浸根 5 分钟，再用清水冲洗，以防止药害。

（2）病株周围土壤用抗菌素 402 的 2 000倍液灌土消毒。轻病株可切除病瘤，再用 1% 升汞水消毒后，涂波尔多浆保护伤口。

（3）避免切接苗木，而采用芽接，可防止土壤中的病菌从伤口侵入。

## 二十五、枣树根朽病

### 1. 分布与为害

根朽病又称藤菇根腐病，分布于河南等地。由病原菌形成的子实体蘑菇状，可食用。因该病菌可造成林木、果树及建筑木材枯死和腐朽，所以根朽病是我国常见的重要根部病害之一。它能引起根部腐朽，地上部枯萎，叶片枯黄早落，最后整株株枯死。病菌的寄主范围很广，500 多种植物受害，包括针叶树、阔叶树及果树等。除为害枣树外，还为害桃、核桃、苹果、葡萄、梨、樱桃、板栗等，草本植物受害的有马铃薯、胡萝卜、芜菁、美人蕉、草莓和大丽花等。

### 2. 症状

受害枣树地上部分常常表现叶片变黄，早落，或是叶片发育受阻，叶片变小，枝叶稀疏等生长不良的现象，最后整株枯死。病树根颈部及根部皮层腐烂，皮层与木质部之间常有白色扇形的菌膜存在。木质部呈白色海绵状腐朽，并放出蘑菇香味。同时，在病根的皮层内、病根的表面以及病根附近的土壤内，可见深褐色或黑色根状菌素。夏秋季节，在腐朽根上和附近地面上，生长出成丛的蜜黄色小蘑菇子体（图 8－11）。

### 3. 防治方法

（1）加强管理，雨后应及时排出积水，增施肥料，促使根系生长旺盛，提高抗病能力。可在枣园适当种植小黑豆、毛叶苕子等绿肥作物，以改良土壤性质，提高土壤肥力。

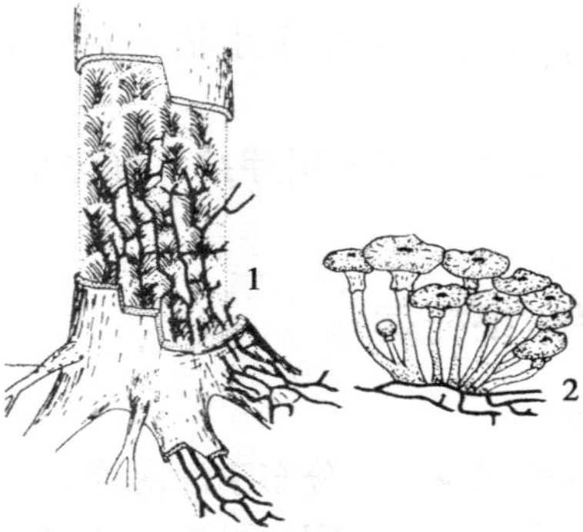


**图 8－11　枣树根朽病**

1. 病根和菌索　2. 病原菌的子实体

(2) 及时采集病菌子实体（蜜环菌），既可供食用，又可减少病害的侵染来源。

(3) 发现病株，应挖沟隔离，以防止向周围扩展。对病根要及时切除并烧毁，伤口进行消毒后，再涂波尔多液浆保护。病株周围的土壤可用二硫化碳浇灌处理。这样既能对土壤进行消毒，又能促进绿色木霉的大量繁殖，病菌被木霉侵染后会导致弱化，从而起到抑制蜜环菌滋生的作用。

## 二十六、日本菟丝子害

### 1. 分布与为害

菟丝子又名树阎王、菟儿丝，分布于四川、广西等省、自治区和华北、华东等地区，常将苗木和幼树缠绕至死。

### 2. 症状

日本菟丝子为害枣树苗圃、果园常有为害。日本菟丝子缠绕枣树、荔枝、龙眼等多种果树苗木或枝条，靠吸根深入树皮中吸收寄主的水分和养料，致果树叶片变黄或凋萎，严重的枯死。

**3. 防治方法**

（1）日本菟丝子为害严重的地方，翌年播种前应深翻使菟丝子种子不能萌生出土。

（2）春末夏初发现有菟丝子立即拔除，深埋或烧毁，以防扩大。

## 二十七、枣树缺镁症

**1. 分布与为害**

镁元素是枣树体中叶绿素的构成成分，缺镁叶绿素难以生成。镁也是很多酶的活化剂，它能加强酶促反应，促进作物体内的新陈代谢，促进脂肪的合成，参与氮的代谢作用。镁参与了磷酸基的转移作用，在糖代谢中，每一个磷酸化作用的酶都需要有镁的存在才能发挥作用。

**2. 症状**

缺镁症是树体中镁元素缺少，土壤中镁元素不足或氮元素使用过多，抑制了根系对镁元素的吸收引起的。当枣树缺镁时，叶绿素含量减少，叶片褪绿，光合作用受到影响，作物不能正常生长。枣树的缺镁症先表现在新梢中下部叶片失绿变黄、后变黄白，后逐渐扩大至全叶，进而形成坏死焦枯斑，但叶脉仍然保持绿色。缺镁严重时，大量叶片黄化脱落，仅留下端的、淡绿色、呈莲座状的叶丛。果实不能正常成熟。

**3. 防治方法**

基肥和追肥时增施硫酸镁，每亩使用5～10千克；撒施保得土壤生物菌接种剂，改善土壤结构，提高土壤透气性能，释放被固定的肥料元素，增加土壤中速效养分的含量；叶面喷施0.3%硫酸镁＋1 000倍果树专用型“天达2116”水溶液，15天1次，连续喷洒3～4次。

注意事项：镁肥的施用效果与土壤有关，在中性和碱性土壤中，以施用硫酸镁为宜；在一般的酸性土壤中，则以施用碳酸镁为宜；不可与磷肥混用，以免发生反应生成不溶于水的磷酸镁，使枣树根系无法吸收。

## 二十八、枣树缺硼症

### 1. 分布与为害

当土壤中硼的含量在0.1毫克/千克以下时、或树体内硼的含量在2毫克/千克以下时，即表现缺硼。

### 2. 症状

枣树缺硼时首先是枝稍顶端停止生长，从早春开始发生枯梢，到夏末新梢叶片呈棕色，幼叶畸形，叶片呈扭曲状，叶柄紫色，顶梢叶脉出现黄化，叶尖和边缘出现坏死斑，继而生长点死亡并由顶端向下枯死。第二地下根系不发达。第三花器发育不健全，落花落果严重，表现“花而不实”。第四大量缩果，果实畸形，以幼果最重，严重时尾尖处出现裂果，顶端果肉木栓化，呈褐色斑块状，种子变褐色，果实失去商品价值。

### 3. 防治方法

（1）结合施肥，成年树每株施硼砂或硼酸0.1~0.2千克。

（2）穴施“保得”土壤生物菌接种剂，改善土壤结构，提高土壤透气性能，释放被固定的肥料元素，增加土壤中速效养分的含量。

（3）枣树始花期、盛花期、谢花后各喷施1次0.5%红糖+0.2%硼砂+1 000倍果树专用型“天达2116”液，效量更好。

注意事项：施用硼砂时一定要均匀，避免局部硼浓度过大而引起中毒；硼在枣树体内运转力差，应多次喷雾为好，至少保证两次，才能真正起到保花保果的作用。

## 二十九、枣树缺铁症

枣树在生长季节中，由于缺少某种微量元素，或者土壤中某些元素不能被枣树吸收利用时，植株就表现出各种发育不良的现象。缺铁就是常见的一种缺素症。

**1. 症状**

枣树缺铁症又叫黄叶病，常发生在盐碱地或石灰质过高的地方。以苗木和幼树受害最重。新梢上的叶片变黄或黄白色，而叶脉仍为绿色，严重时，顶端叶片焦枯。

**2. 防治方法**

增施农家肥，使土壤中铁元素变为可溶性，有利于植株吸收。也可用3%硫酸亚铁与饼肥或牛粪混合施用。其具体做法是：将0.5千克硫酸亚铁溶于水中，与5千克饼肥或50千克牛粪混合后施入根部，有效期约半年。在生长期也可以向植株喷洒4%硫酸亚铁溶液，均有良好效果。

# 第二节　枣树虫害及防治

## 一、枣黏虫

学名：*Ancylis sativa*，鳞翅目，小卷叶蛾科。

**1. 分布与为害**

分布于河北、河南、山东、山西、陕西、江苏、湖南、安徽、浙江等省。以幼虫吐丝缠卷叶片做包取食为害叶片，并串食花蕾、花、咬食幼果。后期幼虫将枣叶与枣果用丝粘在一起食害枣叶及果柄处果肉，造成枣花枯死，枣果脱落，对枣果产量影响很大。

**2. 形态特征**

成虫体长5~7毫米，展翅14毫米左右。黄褐色，触角丝状。复眼暗绿色。前翅褐黄色，前缘有黑白色相间的黑褐色斜短纹10余条，在前几条下方，有3条银灰色线，翅中央有3条黑色纵线纹；顶角突出，向下弯曲呈钩镰形；外缘色稍深，生有细长缘毛。雄成虫腹尖，尾部有毛束。卵扁圆或椭圆形，长0.5毫米左右。初产时乳白色，后变为黄色、红黄色、橘红色或紫红色，近孵化时变为黑红色。幼虫初孵时的头部黑褐色，体长0.8毫米，腹部浅黄色，取食后变为绿色。老熟幼虫头部黄褐色，体长10~15毫米；全身黄白色，体疏生有黄白色短毛；前胸背板黄褐色；胸足3对，褐色；腹足4代，尾足1对，色较浅。蛹纺锤形，长约7毫米，被有白色的薄茧。化蛹初为绿色，渐变为黄褐色。

**3. 生活习性及发生规律**

枣黏虫在一般一年发生3代，在华东和华中地区，一般为4~5代，世代重叠。以蛹在树皮缝和树洞中结茧越冬。第2年3月下旬开始羽化，4月上中旬为羽化盛期，出现第1代幼虫，成虫多在白天羽化后潜伏，晚上活动，趋光性很强。卵散生在光滑的小枝或叶片上。幼虫吐丝缀叶或卷叶，在其中取食叶肉。5月中旬幼虫老熟后在卷叶内结茧化蛹。第1代成虫发生盛期在6月中下旬。第2代幼虫发生盛期在6月下旬至7月上旬，成虫发生盛期在7月下旬。成虫寿命7天左右。第3代幼虫发生盛期在8月上中旬。第2代幼虫除卷叶为害外，还为害幼果。第3代幼虫除卷叶为害外，还将叶片黏缀在果面上于其中食害果肉，这代幼虫为害直至9月上旬，然后陆续老熟爬行到树皮缝或树洞中做茧、化蛹转入越冬，10月中旬全部转入越冬。

**4. 防治方法**

（1）束草诱虫。9月上旬前，在主枝基部或树干靠近分叉处绑草把，将枝干围严，草厚在3厘米以上，诱集越冬幼虫在草中化蛹。冬季或翌春解下草把集中烧毁。

（2）刮皮灭蛹。枣树休眠期刮除粗老树皮、锯去残破枝头，集中烧掉，以除蛹灭虫。此外，树干涂白、用黄泥堵树洞等措施也有利于灭蛹。

（3）黑光灯等诱杀。在成虫发生期，利用其趋光性和趋化性，用黑光灯、糖醋液、性诱剂等诱杀成虫。

（4）摘除黏虫苞。查找黏虫苞摘除干净，可有效控制其为害。

（5）药剂防治。根据虫情测报结果在各代幼虫孵化盛期前用药。选用药剂有75%辛硫磷乳剂3 000倍液、50%杀螟松乳剂1 000~2 000倍液、25%西维因500倍液、25%亚胺硫磷800~1 000倍液等。

（6）生物防治。保护和利用松毛虫赤眼蜂、卷叶蛾小姬蜂、白僵菌等天敌，以虫治虫。

## 二、桃小食心虫

简称“桃小”，又名桃蛀果蛾，俗称“钻心虫”，属鳞翅目，蛀果蛾科。

**1. 分布与为害**

桃小食心虫广泛分布于东北、西北、华北、华中等地，在华北和西北的枣和苹果产区为害最重。除为害枣树外，还可为害苹果树、梨、桃、山楂等。幼虫在枣果内枣核周围蛀食为害，被害果内充满虫粪，提前变红、脱落，严重影响枣果的产量和质量。

**2. 形态特征**

成虫体长5~8毫米，翅展13~18毫米，全体灰褐色。前翅前缘近中部有一蓝黑色近似三角形的大斑，翅基部及中央部分具有黄褐色或蓝褐色的斜立鳞毛，后翅灰白色。卵椭圆形，初产时淡红色，之后渐渐变为深红色。卵壳上有许多近似椭圆形的刻纹，顶部环生2~3圈“Y”字形毛刺。末龄幼虫体长13~16毫米，头褐色，前胸背板暗褐色，体背其余部分桃红色，无臀栉。蛹长6~8毫米，淡黄色至黄褐色。茧分为两种：一是冬茧，扁圆形，茧丝紧密；二是夏茧，纺锤形，质地疏松（图8-12）。

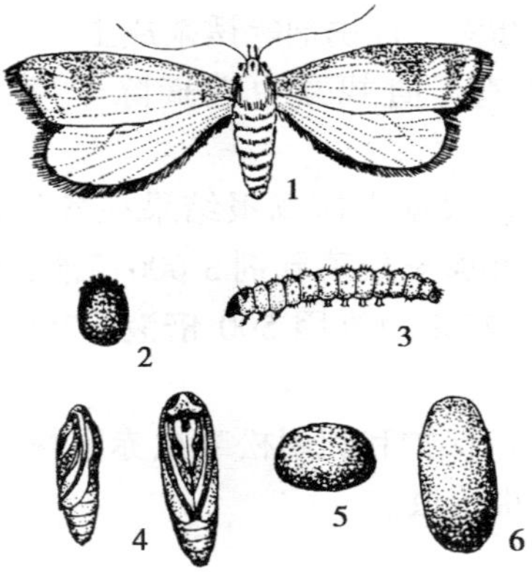


**图8-12　桃小食心虫**

1. 成虫　2. 卵　3. 幼虫　4. 蛹　5. 冬茧　6. 下茧

### 3. 生活习性及发生规律

1年发生1~3代，以2代为主，以老熟幼虫在土中结扁圆形茧越冬。越冬浓度最浅可在土表，最深可达15厘米，以3~8厘米处为多；越冬幼虫的平面分布范围主要在树干周围的1米以内。翌年5月中旬幼虫开始破茧出土，可一直延续到7月中旬；6月上旬为盛期。幼虫出土时间的早晚、出土数量的多少与5—6月的降雨情况关系密切：降雨早，则出土早，雨量充沛且集中，则出土快而整齐；反之，雨量小，降雨分散，则出土晚而不整齐。幼虫出土后，1天内即可在树干基部附近的土缝、石缝或杂草根际处吐丝结成纺锤形的夏茧化蛹。蛹期9~15天。6月下旬至7月上旬为成虫发生较多的时期，直到9月仍有成虫发生。成虫白天潜伏于枝杆、树叶及草丛等背阴处，日落后开始活动，深夜最为活跃，交尾产卵，卵多产在枣叶背面基部，少数产在枣果梗洼处。幼虫孵出后多从枣果近顶部和中部蛀入。幼虫蛀入果后，先在果皮下潜食，果面可见淡褐色潜痕，不久便可蛀至枣核，并在枣核周围边取食、边排粪，使枣核四周充满虫粪。幼虫在果实内生活17～20天后老熟，脱果入土结茧。第1代幼虫盛发期8月下旬至9月上旬。不同的枣树品种，其受害程度不同。

**4. 防治方法**

（1）树下防治。适用于桃小重发区。在越冬幼虫出土期进行树冠下的地面施药，将越冬幼虫毒杀于出土过程中。常用药剂有50%辛硫磷囊剂、40%甲基异柳磷乳油、50%地亚农乳油等，将药剂稀释200～300倍，在树冠下距树干1米范围内的地面喷雾，每株用药液10升左右。也可以将药剂稀释200～300倍后，喷于50千克细土中，混合均匀制成毒土，或用机油与2.5%溴氰菊酯按100∶12的比例混合再与混拌制成毒沙，撒于树下。也可用3%辛硫磷颗粒剂或3%地亚农颗粒剂，每亩用7千克，均匀撒于树盘周围。每亩还可将白僵菌粉2千克与25%对硫磷微胶囊剂0.13千克稀释为100倍液混合后喷洒地面。无论采用上述哪种方法，施药后都应浅除或盖土，以延长药剂残效期，提高杀虫效果。另外，还可在虫枣落地前进行入土防治，方法同上。

树下防治措施还包括及时清除虫果，从7月下旬开始，每隔7～10天振落虫果1次，集中处理，减轻下代或翌年桃食心虫的为害。5月上旬之前筛茧；树冠下地膜覆盖或培土6～10厘米；幼虫脱果期地面施药等。

（2）树上喷药。应根据测报结果，严格掌握喷药时机，重点毒杀卵及初孵幼虫。常用药剂有50%杀螟松乳油1 000倍液、40%水胺硫磷乳油100倍液、2.5%溴氰菊酯乳油3 000倍液、

2.5%功夫乳油3 000倍液、20%杀灭菊酯乳油2 500倍液。也可使用20%灭扫利（甲氰菊酯）乳油2 000～2 500倍液防治该虫，同时兼防枣壁虱、叶蝉等害虫的作用。使用5%氯氰菊酯乳油2 000倍液、5%来福灵乳油1 000倍液，还可同时兼治枣黏虫。

（3）保护利用天敌。桃小食心虫的寄生天敌昆虫有中国齿腿姬蜂和甲腹茧蜂。寄生菌主要是白僵菌，在适宜地区自然寄生率可达30%～50%。另外，从澳大利亚引进的新线虫和我国山东发现的泰山1号线虫对桃小食心虫的寄生能力都很强，杀虫效果分别为91.8%～95%和70%。

另外，还需要注意对附近枣园和苹果园内桃小食心虫的防治，以巩固防治效果。

## 三、桃蛀螟

桃蛀螟（*Dichocrocis punctiferalis* Guenee），又名桃蠹、桃斑蛀螟，俗称蛀心虫、食心虫，属鳞翅目，螟蛾科。

**1. 分布与为害**

此虫分布较广，在中国长江流域及其以南各地区均有分布。以幼虫为害冬枣、桃、李、柿、栗、苹果、梨、石榴、山楂等多种植物果实或种子。果实受害时其中充满虫粪，引起腐烂，严重时，对产量和品质影响都很大。

**2. 形态特征**

成虫：黄色或橙黄色，体长12毫米，翅展22～25毫米，前后翅散生多个黑斑，类似豹纹。卵：椭圆形，宽0.4毫米、长0.6毫米，表面粗糙，有细微圆点，初时乳白色，后渐变橘黄至红褐色。幼虫：长成后长22毫米，体色多暗红色，也有淡褐、浅灰、浅灰蓝等色。头、前胸盾片、臀板暗褐色或灰褐色，各体节毛片明显，第1～8腹节各有6个灰褐色斑点，呈2横排列，前4个后2个。蛹：长14毫米，褐色，外被灰白色椭圆形茧。

**3. 生活习性及发生规律**

桃蛀螟食性杂，发生期长，有多种寄主的地区常转移为害。在北方1年发生2代，黄淮地区3～4代，长江流域4～5代。在山东第2、第3代幼虫为害石榴、枣、冬枣、桃为害最重，第2代为害向日葵和玉米及各种果实。以老熟幼虫越冬。翌年5月越冬代成虫羽化，白天静伏背阴暗处，夜间趋光20—22时交尾产卵。卵主要产在花萼中，1～6粒不等单粒散产。初孵幼虫多从萼内或复果、贴叶等隐蔽处蛀食钻入果内。幼虫有转主为害特征。幼虫老熟后多在被害果内或果间及树皮缝中结长椭圆形白色丝茧，在茧内化蛹。

**4. 防治方法**

消灭越冬幼虫。早春刮树皮，堵树洞。及时处理向日葵花盘、玉米、高粱等残株，消灭越冬幼虫，减少虫源。捡拾落果及摘除被害果，集中沤肥，利用黑光灯诱杀成虫。

成虫发生期和产卵盛期喷布50%辛硫磷1 000倍液，或50%敌敌畏乳剂1 200倍液，或用拟除虫菊酯类农药。第1代幼虫孵化初期喷50%杀暝松或40%乐果乳剂1 200倍液，1周后再喷1次，效果良好。

用50%辛硫磷或20%中西除虫菊酯或90%敌百虫0.5千克加土温2倍及水10克左右，和成药泥，团成团堵塞萼筒，不仅防治第1代幼虫，还可防治第2、第3代幼虫，有效期70～80天。利用桃蛀螟产卵对向日葵花盘有较强趋性的特点，在果园种植一些向日葵，开花后引诱成虫产卵，定期喷药消灭。

## 四、枯叶夜蛾

枯叶夜蛾，昆虫名，为鳞翅目，夜蛾科。

**1. 分布与为害**

分布于江西、上海、中国台湾、湖北、云南、贵州、河南、安徽、辽宁、内蒙古等省、自治区。为害柑橘、苹果、枣、葡萄、枇杷、杧果、梨、桃、杏、李、柿等植物的果实。成虫以锐利的虹吸式口器穿刺果皮。果面留有针头大的小孔，果肉失水呈海绵状，以手指按压有松软感觉，被害部变色凹陷、随后腐烂脱落。常招致胡蜂等为害，将果实食成空壳。

**2. 形态特征**

成虫：体长35～38毫米，翅展96～106毫米，头胸部棕色，腹部杏黄色。触角丝状。前翅枯叶色深棕微绿；顶尖很尖，外缘弧形内斜，后缘中部内凹；从顶角至后缘凹陷处有1条黑褐色斜线；内线黑褐色；翅脉上有许多黑褐色小点；翅基部和中央有暗绿色圆纹。后翅杏黄色，中部有1肾形黑斑。其前端至M2脉；亚端区有牛角形黑纹。卵：扁球形1～1.1毫米，高0.85～0.9毫米，顶部与底部均较平，乳白色。幼虫：体长57～71毫米，前端较尖，第1、第2腹节常弯曲，第8腹节有隆起、把第7～10腹节连成1个峰状。头红褐色无花纹。体黄褐或灰褐色，背线、亚背线、气门线、亚腹线及腹线均暗褐色；第2、第3腹节亚背面各有1个眼形斑、中间黑色并具有月牙形白纹，其外围黄白色绕有黑色圈、各体节布有许多不规则的白纹，第6腹节亚背线与亚腹线间有1块不规则的方形白斑、上有许多黄褐色圆圈和斑点。胸足外侧黑褐色，基部较淡内侧有白斑；腹足黄褐色，趾钩单序中带，第1对腹足很小，第2～4对腹足及臀足趾钩均在40个以上。气门长卵形黑色，第8腹气门比第7节稍大。蛹：长31～32毫米，红褐至黑褐色。头顶中央略呈1尖突，头胸部背腹面有许多较粗而规则的皱褶；腹部背面较光滑，刻点浅而稀。

**3. 生活习性及发生规律**

在浙江黄岩1年发生2～3代，以成虫越冬。田间3—11月均可发现成虫，但以秋季较多。卵在野外发生较多的时间为6月上旬、8月和9月上旬，但由于卵孵化率低，幼虫死亡率高，幼虫的发生量并不多。在广东，成虫为害柑橘的时间为8月中旬至12月，其中为害早熟温州蜜柑从8月中旬开始，8月下旬至9月上旬为害最盛，中熟的甜橙品种从9月中旬开始受害，9月下旬至10月下旬受害最盛。成虫多将卵产在叶片背面，常数粒产在一起。初龄幼虫有吐丝习性，静止时常以3对腹足着地，全体呈“U”字形或“?”形。已发现的幼虫寄主有木防己、木通、通草和十大功劳等。成虫略具假死习性，白天潜伏，天黑后飞入果园为害果实，喜选择健果为害。柑橘果实被害后，初为小针孔状，并有胶液流出，后扩展为木栓化，水渍状的椭圆形褐斑，最后全果腐烂，发出酒糟味。

**4. 防治方法**

（1）农业防治。合理规划苗圃，新建苗圃时，尽可能远离果园。

（2）人工防治。在成虫产卵、幼虫孵化期，加以捕杀。

（3）铲除苗圃周围的木防己、通草等寄主植物。

（4）灯光诱杀成虫，在成虫高发期，根据成虫具有趋光性，安装黑光灯或频振式杀虫灯进行诱杀。

（5）药剂防治。在成虫产卵后，幼虫孵化后，及时喷施杀虫剂进行防治。常用药剂有90%晶体敌百虫800~1 000倍液，4.5%高效氯氰菊酯乳油1 500倍液，防治效果可达到95%以上。

（6）生物防治。注意保护利用天敌。

## 五、隐头枣叶甲

隐头枣叶甲属鞘翅目，叶甲科，隐头叶甲亚科。

**1. 分布现为害**

隐头枣叶甲是近年来在河南省新郑地区发现的一种专食枣花的新害虫。该虫为害相当严重，对产量影响很大，在生产中应当引起注意，及时防治。

**2. 形态特征**

成虫体长4～5毫米，长椭圆形，翅鞘及腹面均为黑色，腿为褐色，雄虫体较小。幼虫及卵没有发现。

酸枣隐头叶甲比隐头枣叶甲体型略大，体黑色，翅鞘淡黄棕色且具4对黑斑。

**3. 生活习性及发生规律**

在郑州地区，5月中下旬，随着枣花的开放，隐头枣叶甲陆续出现，并食害枣花的雌蕊和雄蕊；盛花期为成虫出现高峰，大量取食花蕊及蜜盘，并在树膛内飞舞；谢花后，成虫随即消失。成虫具有假死性，碰触后立即掉下树，落在地上。由于该虫的为害，枣树坐果率直线下降，受害严重的枣树几乎绝收。

**4. 防治方法**

（1）利用其假死性，在成虫为害期，树下铺上塑料布，摇动树枝，成虫落下后，立即将甲虫收集起来消灭。

（2）物理防治。枣花开放前，成虫还未出土，在树冠下覆盖与树冠同宽的塑料膜，四周用土压紧，防止成虫出土、上树食害枣花，以降低当年的害虫基数，提高枣果产量。

（3）化学防治。如果虫量较大，在枣花开放前，成虫还未出土，在树冠下土表均匀喷布50%辛硫磷乳油300～500倍液或2.5%敌杀死2 500～3 000倍液或40%乐斯本乳油1 000～1 500倍液，浅助表面使药剂与土壤混匀，以杀死出土的成虫，可大大减轻其为害。枣树谢花前，也可在地面再喷1次上述任一种药剂，以消灭入土的成虫，降低越冬基数，保证翌年枣花免受其害。

## 六、阔胫赤绒金龟

阔胫赤绒金龟，拉丁名：*Malandera verticalis* Fairm，又名阔

胫鳃金龟，为鞘翅目，鳃金龟科。

**1. 分布与为害**

分布于东北、华北、黄淮等产区。主要为害枣、樱桃、李、苹果、梨等果树的芽和叶。为害特点：主要以成虫食害果树的蕾花、嫩芽和叶。

**2. 形态特征**

成虫体长约 8 毫米。全体赤褐色有光泽，密生绒毛。鞘翅布满纵列隆起纹。

**3. 生活习性及发生规律**

1 年发生 1 代，以成虫在土中越冬。6 月在果树根系周围土中产卵。成虫有假死性和趋光性，昼伏夜出，晚上取食为害。天敌有红尾伯劳、灰山椒鸟、黄鹂等益鸟和朝鲜小庭虎甲、深山虎甲、粗尾拟地甲及寄生蜂、寄生蝇、寄生菌等。

**4. 防治方法**

此虫虫源来自多方面，特别是荒地虫量最多，故应以消灭成虫为主。

（1）早、晚张网震落成虫，捕杀之。

（2）保护利用天敌。

（3）地面施药，控制潜土成虫。于早晨成虫入土后或傍晚成虫出土前，地面 5% 辛硫磷颗粒剂每亩撒施 3 千克，或每亩用 50% 辛硫磷乳油 0.3 ~0.4 千克加细土 30 ~40 千克拌成的毒土撒施；或用 50% 辛硫磷乳油 500 ~600 倍液均匀喷于地面。使用辛硫磷后及时浅耙，提高防效。

（4）树上施药。成虫发生期，喷洒 52.25% 蜱 · 氯乳油或 50% 杀螟硫磷乳油、45% 马拉硫磷乳油、48% 毒死蜱乳油 1 500 倍液；2.5% 溴氰菊酯乳油 2 000 ~3 000倍液、10% 醚菊酯乳油 800 ~1 000倍液等。

## 七、枣尺蠖

枣尺蠖又名枣步曲，属鳞翅目，尺蛾科。

**1. 分布与为害**

该虫在我国枣产区普遍发生，以河北、山西、辽宁、山东、安徽、浙江、陕西、河南等省受害较重。以幼虫为害枣、苹果、梨的嫩芽、嫩叶及花蕾，严重发生年份，可将枣芽、枣叶及花蕾吃光，不但造成当年绝产，而且影响翌年坐果。

**2. 形态特征**

雌蛾体长12～17毫米，灰褐色，无翅；腹部背面密被刺毛和毛鳞；触角丝状，喙（口器）退化，各足胫节有5个白环；产卵器细长、管状，可缩入体内。雄蛾体长10～15毫米；前翅灰褐色，内横线、外横线黑色且清晰，中横线不太明显，中室端有黑纹，外横线中部折成角状；后翅灰色，中部有一条黑色波状横线，内侧有一黑点。中后足有一对端距。卵椭圆形，有光泽，常数十粒或数百粒聚集成1块。初产时淡绿色，逐渐变为淡黄褐色，接近孵化时呈暗黑色。1龄幼虫黑色，有5条白色横环纹；2龄幼虫绿色，有7条白色纵条纹；3龄幼虫灰绿色，有13条白色纵条纹；4龄幼虫有13条黄色与灰白色相间的纵条纹；5龄幼虫（老龄幼虫）灰褐色或青灰色，有25条灰白色纵条纹。胸足3对，腹足1对，臀足1对。蛹枣红色，体长约15毫米（图8－13）。

**3. 生活习性及发生规律**

1年发生1代，有少数个体2年完成1代。以蛹在树冠下3～20厘米深的土中越冬，近树干基部越冬蛹较多。翌年3月中旬至5月上旬为成虫羽化期，盛期在3月下旬至4月中旬。雌蛾羽化后于傍晚大量出土爬行上树；雄蛾趋光性强，多在下午羽化，出土后爬到树干、主枝阴面静伏，晚间飞翔寻找雌蛾交尾。雌蛾交尾3天后大量产卵，每雌产卵量1 000～1 200粒，卵多产

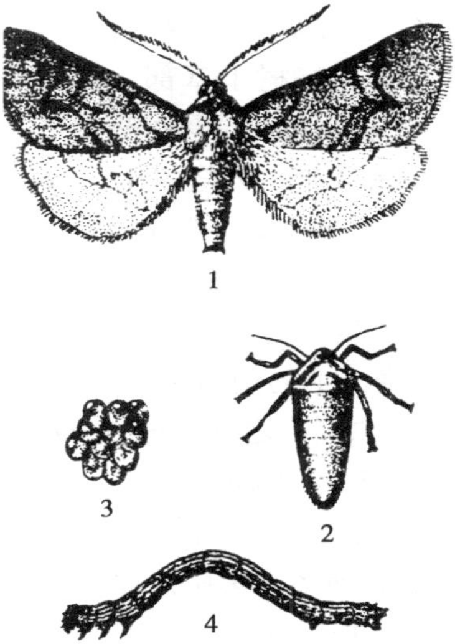


**图 8－13　枣尺蠖**

1. 雄成虫　2. 雌成虫　3. 卵　4. 幼虫

在植杈粗皮裂缝内，卵期 10～25 天。枣芽萌发时幼虫开始孵化，盛期在 4 月下旬至 5 月上旬，末期在 5 月下旬。幼虫为害期在 4—6 月，以 5 月为害最重。幼虫喜分散活动，爬行迅速并能吐丝，1～2 龄幼虫爬过的地方即留下虫丝，常借风力垂丝传播蔓延，具假死性，遇惊扰即吐丝下垂。幼虫的食量随虫龄的增长而急剧增大，老熟后即入土化蛹越夏、越冬，入土化蛹的过程从 5 月中下旬开始，6 月中旬结束。

枣尺蠖虫的成虫羽化受天气影响很大，气温向的晴天出土羽化多，气温低的阴天或降雨天则出土羽化少。据在河南省新郑市的调查，有一种枣尺蠖肿跗姬蜂和两种寄生蝇（即家蚕追寄蝇和彩艳宽额寄蝇），对枣尺蠖老熟幼虫的寄生率可达 30%～50%。

**4. 防治方法**

（1）阻止成虫、幼虫上树。成虫羽化前在树干基部堆30～40厘米高的锥形沙滩，环绕树干基部，沙堆的坡度越大越好，可阻止无翅雌蛾爬行上树，每天清晨处理树下雌蛾。或于树干基部绑10厘米宽的塑料薄膜带，环绕树干，下缘用土压实，接口处钉牢，上缘涂上粘虫药带，既可阻止雌蛾上树，又可防止树下幼虫孵化后爬行上树。粘虫药剂由黄油10份、机油5份、药剂1份（杀螟松或敌杀死或杀灭菊酯）充分混合即成。

（2）杀卵。在环绕树干的塑料薄膜带下方绑5圈草绳，引诱雌蛾产卵其中。自成虫羽化之日起每半个月换1次草绳，换下后烧掉，如此更换草绳3～4次即可。

（3）挖蛹。秋季和早春成虫羽化前，在树干周围1米范围内、3～10厘米深处挖出越冬蛹集中处理。

（4）敲树振虫。利用1～2龄幼虫的假死性，可摇树振落幼虫及时消灭。

（5）药剂防治。在幼树3龄前向树上喷药防治。施用的药剂有75%辛硫磷乳油3 000倍液或90%敌百虫1 000倍液或2.5%溴氰菊酯乳油4 000～6 000倍液或20%杀灭菊酯1 500倍液或100亿芽孢/克苏云金杆菌可湿性粉剂300～500倍液。可用5%顺反高效氯氰菊酯乳油或4.5%高效氯氰菊酯乳油1 500倍液防治对杀灭菊酯产生抗性的尺蠖。但是单纯用一类农药防治害虫往往会导致害虫抗药性的增强，避免在枣区长期使用单一类农药，要力求做到每隔3～5年换一次用药种类。

## 八、枣豆虫

桃天蛾又名枣天蛾、枣豆虫，属鳞翅目、天蛾科。

**1. 分布与为害**

桃天蛾分布广泛，全国大部分地区都有发生，寄主较多，除为害枣树外，还可为害桃、杏、李、樱桃、苹果等果树，桃天蛾以幼虫啃食枣叶为害，常逐枝吃光叶片，严重时可吃尽全树叶片，之后转移为害。

**2. 形态特征**

成虫：体长 36～46 毫米，翅展 84～120 毫米。体、翅灰褐色，复眼黑褐色，触角淡灰褐色，胸背中央有深色纵纹。前翅内横线、双线、中横线和外横线为带状、黑色，近外缘部分均为黑褐色，边缘波状，近后角处有 1～2 个黑斑。后翅粉红色，近后角处有 2 个黑斑。卵：椭圆形，绿至灰绿色，光亮，长 1.6 毫米。幼虫：老熟幼虫体长 80 毫米左右，黄绿至绿色，头小，三角形，体表生有黄白色颗粒，胸部两侧有颗粒组成的侧线，腹部每节有黄白色斜条纹。气门椭圆形、围气门片黑色，尾角较长。蛹：长约 45 毫米，黑褐色，臀棘锥状。

**3. 生活习性及发生规律**

在辽宁 1 年发生 1 代，在山东、河南、河北等省 1 年发生 2 代，江西、浙江等省 1 年发生 3 代。以蛹在 5～10 厘米深处的土壤中越冬。翌年 5 月中旬至 6 月中旬越冬代成虫羽化，成虫有趋光性，多在傍晚以后活动。卵散产于枝干的阴暗处或枝干裂缝内，有的产在叶片上。每头雌蛾平均产卵 300 粒左右，卵期 7～10 天。第 1 代幼虫 5 月下旬至 7 月发生，6 月中旬为害最重，6 月下旬开始入土化蛹。7 月上中旬出现第 1 代成虫。7 月下旬至 8 月上旬第 2 代幼虫开始为害，9 月上旬幼虫老熟，入土化蛹。越冬蛹在树冠周围的土壤中最多。

**4. 防治方法**

（1）灭蛹。冬季耕刨树下土壤，翻出越冬蛹，杀灭之。

（2）人工扑杀。为害轻微时，可根据树下虫粪搜寻幼虫，扑杀之。幼虫入土化蛹时地表有较大的孔，两旁泥土松起，可人工挖除老熟幼虫。

（3）药剂防治。发生严重时，可在3龄幼虫之前喷洒1 500倍25%天达灭幼脲3号，或用2 000倍20%天达虫酰肼，或用2 000倍2%阿维菌素药液1~2次，可有效地消灭之。

（4）保护天敌。绒茧蜂对第2代幼虫的寄生率很高，1只幼虫可繁殖数十只绒茧蜂，其茧在叶片上呈棉絮状，应注意保护。

## 九、枣顶冠瘿螨

枣瘿螨又名枣树瘿螨、枣叶壁虱、枣锈壁虱，属蛛形钢、蜱螨目、瘿螨科。

### 1. 分布与为害

分布于河北、河南、山东、山西、安徽、江苏等省。以成螨、若螨为害枣和酸枣的叶、花蕾、花和幼果，影响产量和品质，严重时可造成整枝、整株绝产。

### 2. 形态特征

成螨体长约0.15毫米，宽约0.06毫米，胡萝卜形。初为白色，后为淡褐色，半透明。体前端有2对足，腹部有40余个明显环纹，腹部散生6根刚毛，末端有1对等长的尾毛（图8-14）。卵圆球形，极小，乳白色，表面光滑，有光泽。若螨体白色，初孵时半透明。体形与成螨相似。

### 3. 生活习性及发生规律

枣瘿螨在河南1年发生3代以上，多以成螨在枣股老芽鳞内越冬，1年有3次为害高峰，分别是4月末、6月下旬和7月中旬，每次10~15天。8月上旬开始转入芽鳞缝隙内越冬。在山东北部枣区，4月中旬枣树萌芽期越冬成螨开始活动，为害嫩芽及展叶后的叶片。6月上旬（枣花期）进入为害盛期，6月中旬虫口数量显著减少。9月虫口密度最小，9月底便全部进入越冬状态。1年的为害期达5个多月。

枣树叶片受害的初期，其革部及沿叶脉部位首先呈现轻度的

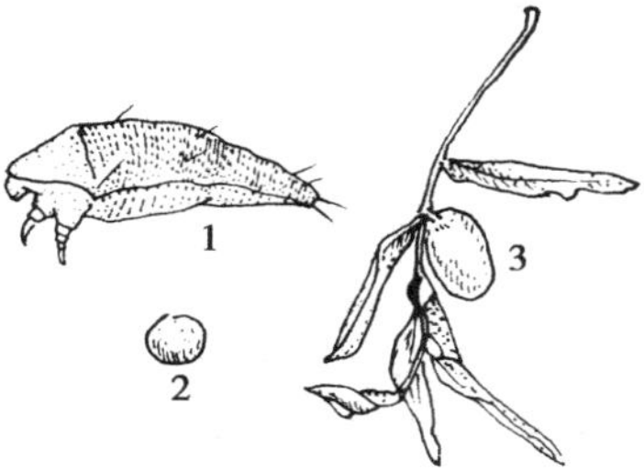


**图 8－14　枣瘿螨**

1. 成螨　2. 卵　3. 为害状

灰白色，随着虫口密度的增加，整个叶片极度灰白，叶面尤为明显，叶衰老，质感厚而脆，并沿中脉微向叶面合拢，严重时，叶缘枯焦，提早落叶。花蕾及花受害后，逐渐变为褐色，干枯脱落。果实受害，一般多在梗洼及果肩部位呈现银灰色锈斑，严重时锈斑逐渐扩展，后期则果实凋萎脱落。该虫为害猖獗时，平均每叶可有螨 130 多头，多的达 500～600 头。受害叶片变灰白色后，光合速率明显降低，光合产物一般减少 1/2 左右，严重影响树体的生长和枣的产量。

枣瘿螨在树冠上的分布比较均匀，卵多沿叶脉两侧散产。并以叶面居多；成螨、若螨则多在叶背为害。

**4. 防治方法**

（1）枣树发芽前喷洒 5 波美度石硫合剂，展叶后喷洒 0. 3～0. 5 波美度石硫合剂。

（2）5—6 月为害盛期前喷洒 20% 速螨酮 3 000～5 000倍液或 50% 悬浮硫 300 倍液或以 20% 灭扫利 3 000倍液加 40% 氧化乐果 1 500倍液的防治。

(3) 树下灌水，减轻为害。

## 十、枣瘿蚊

枣瘿蚊，属双翅目，瘿蚊科的一种昆虫。

**1. 分布与为害**

分布于河北、陕西、山东、山西、河南等各地枣产区。幼虫为害嫩叶，叶受害后红肿，纵卷，叶片增厚，先变为紫红色，最终变黑褐色，并枯萎脱落。

**2. 形态特征**

(1) 成虫。雌虫体长1.4～2.0毫米；复眼黑色肾形；触角念珠状14节，黑色细长，各节近两端轮生刚毛；头部较小，头、胸灰黑色；腹背隆起黑褐色；胸背与腹部有3块黑褐色斑；全身密被灰黄色细毛；翅椭圆形，前缘毛细密而色暗；足细长3对，黄白色，腿节外侧的毛呈灰黑色，前足与中足等长，后足较长；腹面黄白、橙黄或橙红色，共8节，第15节背面有红褐色带，第9节延伸成一细长的产卵管，第8与第9节间可以套缩。雄虫体型小于雌虫，体长1.0～1.3毫米，腹节狭长9节。

(2) 卵。白色微带黄，长椭圆形，长径约0.3毫米，短径约0.1毫米，一端削尖，外被一层胶质，有光泽。

(3) 幼虫。老熟幼虫体长1.5～2.9毫米，明状，乳白至淡黄色，体节明显，头小褐色，胸部具琥珀色胸叉1个。

(4) 蛹。长1.0～1.9毫米，略呈纺锤形。初化蛹乳白色，后渐变黄褐色。头顶具一对明显的刺。触角、足、翅芽均清晰。腹部8节。雌蛹足短，伸达第6节；雄蛹足长，达腹末。茧长1.5～2.0毫米，椭圆形，灰白色或灰黄色丝质，外附土粒。

**3. 生活习性及发生规律**

此虫在河北、河南、山东1年发生5～6代，以幼虫于树冠下土壤内做茧越冬，翌年枣树萌动后开始上升于近地面的表土中另做茧化蛹。山东烟台一带5月中下旬羽化为成虫，然后交尾产卵。第1～4代幼虫盛发期分别在6月上旬、6月下旬、7月中下旬、8月上中旬，8月中旬出现第5代幼虫，9月上旬枣树新梢停止生长时，幼虫开始入土做茧越冬。卵期3～6天，幼虫历期8～13天，蛹期6～12天，成虫寿命1～3天。

幼虫越冬茧入土深度因土壤种类不同而异，黄土地多在离地面2～3处，砂土地则多在离地面1～2处，砂土地则在2～4处。夏季雨水多时，幼虫入土做茧化蛹的深度比春秋干旱时浅。

成虫羽化多于6～9时进行，少数可延至11时，下午羽化的极少。成虫羽化后不久即飞翔，多于离地面20厘米以内。成虫喜阴暗，惧光，产卵多于夜间进行，卵产于枝端尚未开展的嫩叶上。单雌产卵量40～100粒。幼虫为害至老熟时，脱叶或随受害叶落地入土作茧化蛹。全年有5次以上明显的为害高峰。枣瘿蚊喜欢在树冠低矮、枝叶茂密的枣枝或丛生的酸枣上为害，树冠高大、零星种植或通风透光良好的枣树受害轻。

**4. 防治方法**

清理树上、树下虫枝、叶、果，并集中烧毁，减少越冬虫源。4月中下旬枣树萌芽展叶时，喷施下列药剂：40%氧乐果乳油1 000～1 500倍液；25%灭幼脲悬乳剂1 000～1 500倍液；52.25%毒·氯乳油2 500～3 000倍液；10%氯氰菊酯乳油2 000～3 000倍液；20%乳油氰戊菊酯1 000～2 000倍液；2.5%溴氰菊酯乳油2 000～4 000倍液；20%水胺硫磷乳油400～500倍液；25%噻嗪酮可湿性粉剂1 000～1 500倍液；80%敌敌畏乳油800～1 000倍液，间隔10天喷1次，连喷2～3次。

## 十一、牧草盲蝽

牧草盲蝽又名绿盲蝽，属半翅目，盲蝽科。

**1. 分布与为害**

牧草盲蝽广泛分布于黄河及长江流域诸省、自治区。寄主主要有枣、苹果、梨、李、大豆、烟草等。成虫和若虫刺吸枣树的幼芽、嫩叶枣吊、花蕾和果实。被害叶芽先呈现失绿斑点，随时着叶片的伸展，小点逐渐变为不规则的孔洞，俗称“破叶疯”；枣吊受害则呈弯曲状；花蕾受害后停止发育而枯死脱落，受害严重的枣树花蕾几乎全部脱落。幼果受害后，有的出现黑色坏死斑，有的出现隆起的小疤，其果肉组织坏死，大部分受害果脱落，严重影响枣果的产量。

**2. 形态特征**

成虫体长约 5 毫米，绿色。前胸背板深绿色，有许多小黑点。前翅基部革质，绿色；端部膜质，灰色。卵长约 1 毫米，黄绿色，长椭圆形，稍弯曲。若虫体绿色，有黑色细毛，翅芽端部黑色（图 8－15）。

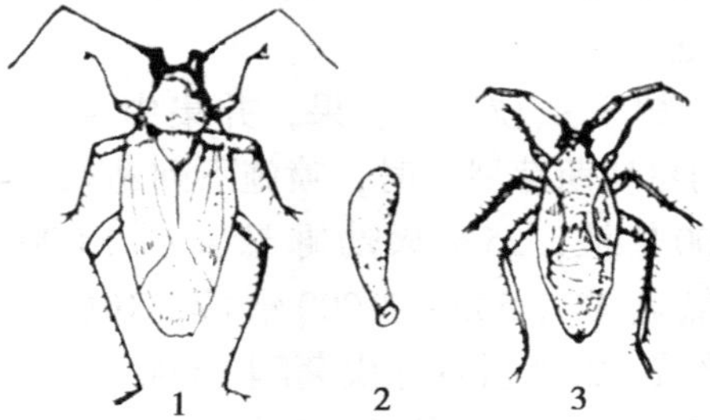


**图 8－15 牧草盲蝽**

1. 成虫 2. 卵 3. 若虫

**3. 生活习性及发生规律**

1 年发生 5 代，以卵在苜蓿、蚕豆、豌豆、蓖麻、木槿等的枝梢内及其附近的浅层土壤中越冬。翌年 3—4 月，平均气温 10℃以上，相对湿度达 70% 左右时，越冬卵开始孵化。该虫第 1

代发生盛期在5月上旬，为害枣芽；第2代发生盛期6月中旬，为害枣花及幼果，是为害枣树最重的1代；第3、第4、第5代发生时期分别为7月中旬、8月中旬和9月中旬。该虫世代重叠现象严重，主要为害豆类、玉米等作物。成虫寿命30～40天，飞翔力较强。常白天潜伏，不易发现。多在清晨和夜晚爬到叶、芽上取食为害，受惊后爬行迅速。

牧草盲蝽的发生与气候条件关系密切。相对湿度达65%以上时，其卵才能大量孵化。气温在20～30℃，相对湿度80%～90%时，最适于牧草盲蝽的发生，而高温低湿则不利于其发生。由于绿盲蝽成虫多在夜晚或清晨爬到叶、芽上取食为害，受惊后爬行迅速；同时因其个体较小，体色与叶色相近，不容易被发现，等到发现其对枣果为害严重时，绿盲蝽已长成成虫，飞翔能力极强，此时已错过喷药时机，防治困难。

**4. 防治方法**

（1）人工防治。冬季彻底清除杂草及其他植物残体，刮除树干及枝杈处的粗皮，剪除树上病残枝、枯枝并集中销毁，可以减少越冬卵量。

（2）药剂防治。在成虫若虫发生期集中统一用药，在春季日均气温稳定在10℃以上时，及时对枣园内及附近农作物喷药，防治初孵第1代若虫；之后在枣树萌芽期结合其他枣树害虫防治进行喷药，这两次用药是全年防治的关键，以后各代视发生情况进行防治，可喷洒4.5%高效氯氰菊酯乳油2 000～3 000倍液或50%二溴磷乳油1 000倍液或10%联苯菊酯乳油2 000～3 000倍液，着重喷树干、地上杂草及行间作物，做到树上树下喷严、喷全。

## 十二、枣绮夜蛾

枣绮夜蛾又名枣实虫、枣花心虫等，属鳞翅目，夜蛾科。

**1. 分布与为害**

该虫分布于河北、河南、甘肃、山东、安徽、湖北、浙江等省。幼虫取食枣花及枣果。枣树花期，幼虫吐丝缠花，钻在花序丛中取食花蕊和蜜盘，被害花只剩下花盘和花萼，不久即枯萎。严重时枣吊上的全部花蕊常被吃光，以致不能结果。枣果的生长期，幼虫可吐丝缠绕果柄，蛀食枣果，被害果逐渐枯干，但多不脱落。

**2. 形态特征**

成虫体长约5毫米，翅展约15毫米，体淡褐色，前翅暗褐色，有3条白色弯曲横纹，近顶角处有一明显黑斑。卵半球形，黄白色，透明，近孵化时为淡红色。老熟幼虫体长约13毫米。淡黄色，或黄绿色，长大后体背各节出现成对的近菱形紫红色斑纹。蛹长6毫米左右，头部腹面鲜绿色，背部及腹部黄绿色，近羽化时全体棕褐色。

**3. 生活习性及发生规律**

每年发生1～2代，以蛹在枣树老翘皮下、粗皮裂缝中或树洞内越冬。翌年5月上中旬成虫开始羽化，下旬为羽化盛期。成虫有趋光性。卵多散产于花梗杈间或叶柄基部，每头雌虫产卵100粒左右。5月下旬第1代幼虫开始孵化。幼虫孵化后即迁回到花丛间食害枣花，稍大后即可吐丝将1簇花缀连在一起，并在其中为害。直到变黄枯萎，其后又继续取食为害幼果。幼虫不活泼，行动迟缓，部分幼虫受惊后会吐丝下垂。第1代幼虫6月上旬老熟化蛹，7月上中旬结束。此代蛹中有一部分不再羽化而越冬，因此出现一年一代；另一部分在6月下旬开始羽化，7月中下旬结束，产生第2代。7月上旬第2代幼虫开始出现。此代幼虫多取食枣果，并有转果为害习性，一般一头幼虫可为害4～6个枣果。7月下旬至8月中旬此代幼虫先后老熟化蛹越冬。

**4. 防治方法**

（1）人工防治。于幼虫老熟前，在树皮光滑的枝条基部绑草绳，以引幼虫化蛹，在成虫羽化前集中处理。

（2）药剂防治。在幼虫发生期喷洒 80% 敌敌畏乳油 800 倍液，50% 马拉松乳油 1 000 倍液或 20% 灭扫利乳油 4 000 倍液。也可喷洒 100 亿芽孢/克苏去金杆菌可湿性粉剂 300～500 倍液。

## 十三、绿尾大蚕蛾

绿尾大蚕蛾（*Actias selene ningpoana* Felder）属鳞翅目、大蚕蛾科，别名大水青蛾。

**1. 分布与为害**

分布于我国华北，华东，中南各省、区，国外分布于南亚各国。寄主有枫杨、樟、木槿、乌桕、樱花、海棠、枣树、杏、楤木、枫香、白榆、加杨、垂柳等。幼虫体型大，故食叶量大，为害重，多发生在森林公园和风景园林区内。

**2. 形态特征**

成虫：雌性体长约 38 毫米，翅展 135 毫米；雌性体长 36 毫米，翅展 126 毫米。体表具浓厚白色绒毛，前胸前端与前翅前缘具一条紫色带，前、后翅粉绿色，中央具一透明眼状斑，后翅臀角延伸呈燕尾状。卵：球形稍扁，直径约 2 毫米，初产为米黄色，孵化前淡黄褐色，卵面具胶质粘连成块。幼虫：一般为 5 龄，少数 6 龄。老熟幼虫体长平均 73 毫米。1～2 龄幼虫体黑色，3 龄幼虫全体橘黄色，毛瘤黑色，4 龄体渐呈嫩绿色，化蛹前夕呈暗绿色。气门上线由红、黄两色组成。体各节背面具黄色瘤突，其中第 2、第 3 胸节和第 8 腹节上的瘤突较大，瘤上着生深褐色刺及白色长毛。尾足特大，臀板暗紫色。蛹：长 45～50 毫米，红褐色，额区有一浅白色三角形斑。蛹体外有灰褐色厚茧，茧外粘附寄主的叶片。

**3. 生活习性及发生规律**

绿尾大蚕蛾在华北1年2代；华中、华东1年2~3代；华南1年3~4代。以老熟幼虫在寄主枝干上或附近杂草丛中结茧化蛹越冬。1年发生2代地区，翌年4月中旬至5月上旬越冬蛹羽化，第1代幼虫5月中旬至7月为害，6月底至7月结茧化蛹，并羽化为第1代成虫；第2代幼虫7月底至9月为害，9月底老熟幼虫结茧化蛹越冬。1年发生3代地区，各代成虫盛发期分别为：越冬代4月下旬至5月上旬，第1代7月上中旬，第2代8月下旬至9月上旬。各代幼虫为害盛期是：第1代5月中旬至6月上旬，第2代7月中下旬，第3代9月下旬至10月上旬。成虫具趋光性，昼伏夜出。多在中午前后和傍晚羽化，夜间交尾、产卵。卵多产于寄主叶面边缘及叶背、叶尖处，多个卵粒集合成块状，平均每雌产卵量为150粒左右。在3个世代中，以第2、第3代为害较重，尤其第3代为害最重。初孵幼虫群集取食，3龄后幼虫分散为害。1、2龄幼虫在叶背啃食叶肉，取食量占全幼虫期食量5.7%；3龄后幼虫多在树枝上，头朝上，以腹足抱握树枝，用胸足将叶片抓住取食，取食量占全幼虫期食量94.3%。低龄幼虫昼夜取食量相差不大，但高龄幼虫夜间取食量明显高于白天。幼虫具避光蜕皮习性，蜕皮多在傍晚和夜间，在阴雨天、白天光线微弱处也有幼虫蜕皮现象。幼虫老熟后先结茧，然后在茧中化蛹，茧外常黏附树叶或草叶，结茧时间多在20时以后。

**4. 防治方法**

（1）农业防治。在各代产卵期和化蛹期，人工摘除着卵叶和茧蛹，减少虫口数量。

（2）物理防治。在成虫发生期，设置黑光灯或高压汞灯诱杀，效果明显。

（3）生物防治。在各代幼虫2龄时期，喷施Bt乳剂（含孢量120亿/升）100倍液，防效可达70%～80%。

（4）化学防治。尽量选择在低龄幼虫期防治。此时虫口密度小，为害小，且虫的抗药性相对较弱。防治时用45%丙溴辛硫磷（国光依它）1 000倍液，或用国光乙刻（20%氰戊菊酯）1 500倍液+乐克（5.7%甲维盐）2 000倍混合液，40%啶虫·毒（必治）1 500～2 000倍液喷杀幼虫，可连用1～2次，间隔7～10天。可轮换用药，以延缓抗性的产生。

## 十四、樗蚕蛾

樗蚕，又名乌桕樗蚕蛾。

**1. 分布与为害**

主要分布于东北、山东、江浙、两广等地。它的主要寄主是臭椿，第2代幼虫也为害枣树榆树和杏树。在椿树和枣树生长季节里，可将叶片全部吃光。此外，还为害冬青、法国梧桐、核桃、枫杨、刺槐、花椒、泡桐等。

**2. 形态特征**

成虫：体长25～30毫米，翅展110～130毫米。樗蚕蛾体青褐色。头部四周、颈板前端、前胸后缘、腹部背面、侧线及末端都为白色。腹部背面各节有白色斑纹6对，其中间有断续的白纵线。前翅褐色，前翅顶角后缘呈钝钩状，顶角圆而突出，粉紫色，具有黑色眼状斑，斑的上边为白色弧形。前后翅中央各有一个较大的新月形斑，新月形斑上缘深褐色，中间半透明，下缘土黄色；外侧具一条纵贯全翅的宽带，宽带中间粉红色、外侧白色、内侧深褐色、基角褐色，其边缘有一条白色曲纹。卵：灰白色或淡黄白色，有少数暗斑点，扁椭圆形，长约1.5毫米。幼虫：幼龄幼虫淡黄色，有黑色斑点。中龄后全体被白粉，青绿色。老熟幼虫体长55～75毫米。体粗大，头部、前胸、中胸对称蓝绿色棘状突起，此突起略向后倾斜。亚背线上的比其他两排更大，突起之间有黑色小点。气门筛淡黄色，围气门片黑色。胸足黄色，腹足青绿色，端部黄色。茧：呈口袋状或橄榄形，长约50毫米，上端开口，两头小中间粗，用丝缀叶而成，土黄色或灰白色。茧柄长40～130毫米，常以一张寄主的叶包着半边茧。蛹：棕褐色，长26～30毫米，宽14毫米。椭圆形，体上多横皱纹。

**3. 生活习性及发生规律**

北方年生1～2代，南方年发生2～3代，以蛹越冬。樗蚕蛾在四川越冬蛹于4月下旬开始羽化为成虫，成虫有趋光性，并有远距离飞行能力，飞行可达3 000米以上。羽化出的成虫当即进行交配。雌蛾性引诱力甚强，未交配过的雌蛾置于室内笼中连续引诱雄蛾，雌蛾剪去双翅后能促进交配，而室内饲养出的蛾子不易交配。成虫寿命5～10天。卵产在寄主的叶背和叶面上，聚集成堆或成块状，每雌产卵300粒左右，卵历期10～15天。初孵幼虫有群集习性，3～4龄后逐渐分散为害。在枝叶上由下而上，昼夜取食，并可迁移。第1代幼虫在5月为害，幼虫历期30天左右。幼虫蜕皮后常将所蜕之皮食尽或仅留少许。幼虫老熟后即在树上缀叶结茧，树上无叶时，则下树在地被物上结褐色粗茧化蛹。第2代茧期50多天，7月底8月初是第1代成虫羽化产卵时间。9—11月为第2代幼虫为害期，以后陆续作茧化蛹越冬，第2代越冬茧，长达5～6个月，蛹藏于厚茧中。越冬代常在柑橘、石榴等枝条密集的灌木丛的细枝上结茧，一株石榴或柑橘树上，严重时常能来到30～40个越冬茧。

**4. 防治方法**

（1）人工捕捉。成虫产卵或幼虫结茧后，可组织人力摘除，也可直接捕杀，摘下的茧可用于巢丝和榨油。

（2）灯光诱杀。成虫有趋光性，掌握好各代成虫的羽化期，适时用黑光灯进行诱杀，可收到良好的治虫效果。

（3）药剂防治。幼虫为害初期，喷布90%的敌百虫1 500～2 000倍液；也可用20%敌敌畏重烟剂，每亩0.5～0.7千克，防治幼龄幼虫效果很好。还可用除虫菊剂或鱼藤精等进行防治。

（4）生物防治。现已发现梧蚕幼虫的天敌有绒茧蜂和喜马拉雅聚瘤姬蜂、稻包虫黑瘤姬蜂、樗蚕黑点瘤姬蜂3种姬蜂。对这些天敌应很好地加以保护和利用。

## 十五、黑额光叶甲

黑额光叶甲，为鞘翅目，肖叶甲科。

**1. 分布与为害**

分布在辽宁、河北、北京、山西、陕西、山东、河南、江苏、安徽、浙江、湖北等。主要为害玉米、算盘子、粟、白茅属、蒿属等。取食叶片，将叶咬成一个个的孔洞或缺刻。一般是停留在叶正面取食，先啃去部分叶肉，然后再将余部吃去，很少将叶全食光。虫口多时，无论嫩叶或成熟叶片，大都留下数个或十数个孔洞。

**2. 形态特征**

成虫体长6.5～7毫米，宽3毫米，体长方至长卵形；头漆黑，前胸红褐色或黄褐色，光亮，有的生黑斑，小盾片、鞘翅黄褐色至红褐，鞘翅上具黑色宽横带2条，一条在基部，一条在中部以后，触角细短，除基部4节黄褐色外，余黑色至暗褐色。腹面颜色雌雄差异较大，雄多为红褐色，雌虫除前胸腹板、中足基节间黄褐色外，大部分黑色至暗褐色。本种背面黑斑、腹部颜色变异大。足基节、转节黄褐色，余为黑色。头部在两复眼间横向下凹，复眼内沿具稀疏短坚毛，唇基稍隆起，有深刻点，上唇端部红褐色，头顶高凸，前缘有斜皱。前胸背板隆凸。小盾片三角形。鞘翅刻点稀疏呈不规则排列。

**3. 生活习性及发生规律**

以成虫迁入猕猴桃园为害叶片，不在园中产卵繁殖，所以找不到其他虫态。成虫有假死性，喜在阴天或早晚取食，雨日或大太阳下的中午很少见，此时大都躲息于叶背面。

**4. 防治方法**

为害严重的可喷洒20%菊杀乳油2 000倍液或50%辛硫磷乳油1 000倍液、50%马拉硫磷乳油1 000～1 500倍液、20%虫死净可湿性粉剂2 000倍液。

## 十六、油桐尺蠖

油桐尺蠖，又名大尺蠖、桉尺蠖、量步虫，*Buasra suppressaria* Guenee，属鳞翅目尺蛾科。

**1. 分布与为害**

油桐尺蛾在中国海南、福建、广西、广东等省区有广泛分布，一般1年发生2～4代，而且普遍存在虫龄重叠现象。幼虫食性较广，主要为害油桐等经济林。随着速生桉大面积纯林的出现，油桐尺蠖在一些地区已成为速生桉主要害虫，可在短期内将大片速生桉树叶吃光，形似火烧，严重影响树势生长。

**2. 形态特征**

成虫：雌成虫体长24～25毫米，翅展67～76毫米。触角丝状。体翅灰白色，密布灰黑色小点。翅基线、中横线和亚外缘线系不规则的黄褐色波状横纹，翅外缘波浪状，具黄褐色缘毛。足黄白色。腹部末端具黄色茸毛。雄蛾体长19～23毫米，翅展50～61毫米。触角羽毛状，黄褐色，翅基线、亚外缘线灰黑色，腹末尖细。其他特征同雌蛾。卵：长0.7～0.8毫米，椭圆形，蓝绿色，孵化前变黑色。常数百至千余粒聚集成堆，上覆黄色茸毛。幼虫：末龄幼虫体长56～65毫米。初孵幼虫长2毫米，灰褐色，背线、气门线白色。体色随环境变化，有深褐、灰绿、青绿色。头密布棕色颗粒状小点，头顶中央凹陷，两侧具角状突起。前胸背面生突起2个，腹面灰绿色，别于云尺蠖。腹部第八节背面微突，胸腹部各节均具颗粒状小点，气门紫红色。蛹：长19~27毫米，圆锥形。头顶有一对黑褐色小突起，翅芽达第四腹节后缘。臀棘明显，基部膨大，凹凸不平，端部针状。

**3. 生活习性及发生规律**

河南年生2代，安徽、湖南年生2~3代，广东、广西年生3~4代。以蛹在土中越冬，翌年3—4月成虫羽化产卵。1代成虫发生期与早春气温关系很大，温度高始蛾期早。湖南长沙1代成虫寿命6.5天，2代5天；卵期1代15.4天，2代9天；幼虫期1代33.6天，2代35.1天；蛹期1代36天，越冬蛹期195天。广东英德成虫寿命3~6天，卵期8~17天，幼虫期23~54天，非越冬蛹14天左右。在柳州幼虫盛发期分别在5月上旬、7月中旬和9月上旬。成虫多在晚上羽化，白天栖息在高大树木的主干上或建筑物的墙壁上，受惊后落地假死不动或做短距离飞行，有趋光性。成虫羽化后当夜即交尾，翌日晚上开始产卵，卵多产在高大树木主干的缝隙中或茶丛枝叶间。每雌产卵2 000余粒，最多3 700余粒，分3~4次产完。卵孵化率98%以上。幼虫孵化后向树木上部爬行，后吐丝下垂，借风飘荡分散。幼虫共6~7龄。喜在傍晚或清晨取食，低龄幼虫仅取食嫩叶和成叶的上表皮或叶肉，使叶片呈红褐色焦斑，3龄后从叶尖或叶缘向内咬食成缺刻，4龄后食量大增，每头老熟幼虫每天食量达60~70平方厘米的叶面积。3龄后幼虫畏强光，中午阳光强时常躲在茶丛枝叶间。老熟后入土3~5厘米，在距根基30厘米半径内筑土室化蛹。

**4. 防治方法**

（1）物理防治。深翻灭蛹；在发生严重的果园于各代蛹期进行人工挖蛹；根据成虫多栖息于高大树木或建筑物上及受惊后有落地假死习性，在各代成虫期于清晨进行人工扑打，也是防治该尺蠖的重要措施；于成虫发生盛期每晚点灯诱杀成虫；卵多集中产在高大树木的树皮缝隙间，可在成虫盛发期后，人工刮除卵块；幼虫化蛹前，在树干周围铺设薄膜，上铺湿润的松土，引诱幼虫化蛹，加以杀灭。

（2）化学防治。掌握在孵化盛末期对枣园附近高大树木及树丛喷洒20%氰戊菊酯乳油1 500倍液或52.25%农地乐乳油1 500～2 000倍液。在3龄幼虫盛发前施药防治，可选用下列任一药剂：90%敌百虫晶体1 000倍稀释液、50%杀螟硫磷乳油500倍稀释液、20%克螨虫乳油1 000倍稀释液。

## 十七、双线盗毒蛾

双线盗毒蛾，学名：*Porthesia scintillans*（Walker），属鳞翅目毒蛾科。

**1. 分布与为害**

该虫分布于广西、广东、福建、中国台湾、海南、云南和四川等省区。寄主植物广泛，除为害龙眼荔枝外，还为害芒果、柑橘、梨、桃、玉米、棉花、豆类等，是一种植食性兼肉食性的昆虫。如在甘蔗上，其幼虫可捕食甘蔗绵蚜；在玉米和豆类上，幼虫既咬食花器，又可捕食蚜虫；而在芒果、龙眼荔枝上，幼虫咬食新梢嫩叶、花器和谢花后的小果。

**2. 形态特征**

成虫：体长12～14毫米，翅展20～38毫米。体暗黄褐色。前翅黄褐色至赤褐色，内、外线黄色；前缘、外缘和缘毛柠檬黄色，外缘和缘毛被黄褐色部分分隔成3段。后翅淡黄色。卵：卵粒略扁圆球形，由卵粒聚成块状，上覆盖黄褐色或棕色绒毛。幼虫：老熟幼虫体长21～28毫米。头部浅褐至褐色，胸腹部暗棕色；前中胸和第3～7和第9腹节背线黄色，其中央贯穿红色细线；后胸红色。前胸侧瘤红色，第 1、第 2 和第 8 腹节背面有黑色绒球状短毛簇，其余毛瘤污黑色或浅褐色。蛹：圆锥形，长约 13 毫米，褐色；有疏松的棕色丝茧。

**3. 生活习性及发生规律**

在福建年发生 3～4 代。在广西的西南部年发生 4～5 代，以幼虫越冬，但冬季气温较暖时，幼虫仍可取食活动。成虫于傍晚或夜间羽化，有趋光性。卵产在叶背或花穗枝梗上。初孵幼虫有群集性，在叶背取食叶肉，残留上表皮；2～3 龄分散为害，常将叶片咬成缺刻、穿孔，或咬坏花器，或咬食刚谢花的幼果。老熟幼虫入表土层结茧化蛹。在广西的西南部，4—5 月，幼虫为害龙眼、荔枝的花穗和刚谢花后的小幼果较重，以后各代多为害新梢嫩叶。

**4. 防治方法**

（1）人工防治。结合中耕除草和冬季清园，适当翻松园土，杀死部分虫蛹；也可结合疏梢、疏花，捕杀幼虫。

（2）药剂防治。对虫口密度较大的果园，在果树开花前、后，酌情喷洒 90% 晶体敌百虫或 80% 敌敌畏乳油 800～1 000倍液或 2. 5% 功夫乳油或 10% 氯氰菊酯乳油 2 500～3 000 倍液或 15% 8817 或 30% 双神乳油 2 500～3 000倍液。

## 十八、枣红蜘蛛

枣红蜘蛛属蛛形纲、蜱螨目、叶螨科。又称朱砂叶螨、棉红蜘蛛。

**1. 分布与为害**

南北各枣区均有发生，除为害枣树外，还为害棉花、豆类、茄子等大田作物和桑树、桃树等树木。枣红蜘蛛以成螨、幼螨和若螨集中在叶芽和叶片上取食汁液为害，被害植株初期叶片出现失绿的小斑点，后逐渐扩大成片，严重时叶片呈枯黄色，提前落叶、落果，引起大量减产和果实品质下降。

**2. 形态特征**

（1）成螨长0.42～0.52毫米，体色变化大，一般为红色，梨形，体背两侧各有黑长斑一块。雌成螨深红色，体两侧有黑斑，椭圆形。

（2）卵圆球形，光滑，越冬卵红色，非越冬卵淡黄色较少。

（3）幼螨近圆形，有足3对。越冬代幼螨红色，非越冬代幼螨黄色。越冬代若螨红色，非越冬代若螨黄色，体两侧有黑斑。

（4）若螨。有足4对，体侧有明显的块状色素。

**3. 生活习性及发生规律**

北方地区每年发生12～15代，南方各枣区每年发生18～20代。以雌成螨和若螨在树皮裂缝、杂草根际和土缝隙中越冬。翌年3月中下旬至4月中旬，枣树萌芽时出蛰为害活动。该虫除两性生殖外，还有孤雌生殖习性，成螨1生可产卵50～150粒，卵散产，多产于叶背。成螨、若螨均在叶片背面刺吸汁液为害。6—8月时该虫发生高峰期，高温、干旱和刮风利于该虫的发生和传播，气温高于35℃时，停止繁殖。强降雨对其繁殖有抑制作用。10月中下旬，开始越冬。

**4. 防治方法**

（1）农业防治。冬春季刮树皮、铲除杂草、清除落叶，结合施肥一并深埋，并仔细进行树干培土拍实，消灭越冬雌虫和若虫。

（2）化学防治。一是发芽前夕树体细致喷洒3～5波美度石硫合剂或200倍阿维柴油乳剂，最大限度地消灭越冬虫原。二是5月下旬若螨发生盛期，树冠细致喷洒3 000倍2%阿维菌素液或2 000倍20%哒螨灵乳油液或2 000倍28.3%噻螨·特乳油液或1 000倍10%浏阳霉素乳油液或1 000～1 500倍25%三唑锡可湿性粉剂液1~2次。喷洒以上药剂时，注意掺加1 000倍果树专用型“天达2116”，每15天1次，可显著提高防治效果，并能增强植株抗病、抗干旱等抗逆性能，增加产量，改善品质。

## 十九、枣刺蛾

### 1. 分布与为害

枣刺蛾 *Iragoides conjuncta*（Walker）是一种食叶性害虫。在阜平县等枣产区发现为害。在平山县、北戴河、迁西县、玉田县等地也有此虫发生。

### 2. 形态特征

成虫雄蛾翅展28~31.5毫米，触角短双栉状；雌蛾翅展29~33毫米，触角丝状。全体棕褐色。头小，复眼一对，灰褐色。胸背上部鳞毛稍长，中间微显棕红色，两边为褐色。腹部背面各节有似“人”字形的棕红色鳞毛。前翅基部棕褐色，中部黄褐色，近外缘处有两块近似菱形的斑纹彼此连接，靠前缘一块为褐色，靠后缘一块为红褐色，横脉上有一黑点。后翅为黄褐色。卵初产为鲜黄色，质软半透明，略呈椭圆形，扁平，长径1.2~2.2毫米，横径1.0~1.6毫米。幼虫老熟幼虫体长21毫米左右，头小，褐色，缩于胸前，体为浅黄绿色，背上有绿色的云纹，在胸背前3节上有长枝刺3对，为红色，体节中部的一对及尾部的两对皆为长枝刺，亦为红色，体的两侧周边各节上有红色短刺毛丛一对。蛹椭圆形，长11.0~14.5毫米，平均12.5毫米。初化蛹为黄色，腹节稍显黄白色，渐变为浅褐色，在外观可见翅芽、触角、腿、头及口器，半透明。羽化前为褐色，翅芽为黑褐色。茧土灰褐色，椭圆形，比较坚实，长11.0~14.5毫米，平均为12.5毫米。

### 3. 生活习性及发生规律

成虫有趋光性，寿命1~4天。白天不活动，静伏叶背，有时抓住枣叶悬系倒垂，或两翅做支撑状，翘起身体，不受惊扰，长久不动。晚间活动，追逐交配，交配时间可长达15个小时以上，交配后次日即可产卵，卵一般产在叶背面成片排列。成虫每日羽化时间，大都在17时至凌晨1时，但以19—20时较多，占总羽化虫数的38.5%。成虫羽化前，蛹的运动活跃，蛹体拉长，先由头胸背开裂，体节向前做波浪式的蠕动。头部钻出后，蜕出翅膀，拔出足，跃然而出，随即把蛹皮带出茧外约1/2，同时把茧也带出上表。成虫爬跳活跃，并排泄白色粪便状物，静伏，展翅，经15分钟左右，方成自然状态。蛹期17~31天，平均21.9天。一般以20~26天者占多数。化蛹时间以每日18时至24时前占多数，达34.09%。卵约经7天孵化。初孵幼虫爬行缓慢，集聚较短的时间，即分散枣叶背面，初期取食叶肉，留下表皮，虫体稍大即取食全叶。幼虫8月下旬老熟，开始下树做茧越冬。

**4. 防治方法**

冬春季挖取越冬虫茧；捕捉幼虫，摘掉虫叶；在幼虫发生为害期喷布50%敌敌畏乳剂800~1 000倍液或90%敌百虫600~800倍液或砷酸铅200倍液，杀虫效果都很好。

## 二十、褐边绿刺蛾

褐边绿刺蛾，别名绿刺蛾。属鳞翅目，刺蛾科。

**1. 分布与为害**

该虫分布很广，东北、中南、华东、华北地区及四川、云南、陕西等省均有发生。为害枣、苹果、梨、核桃、桑、榆、柳等多种果树和林木，以幼虫蚕食寄主植物的叶片，严重时可将叶肉吃光，仅剩叶柄，造成树势衰弱，影响产量。

**2. 形态特征**

成虫体长约16毫米，翅展38~40毫米。雄蛾触角栉齿状，形似梳子；雌蛾触角丝状，均为褐色。头顶、胸背绿色，胸背中央有一棕色纵线，腹部灰黄色。前翅绿色，基部有暗褐色大斑，外缘灰黄色，散生暗褐色小点，其内侧有暗褐色波状条带和短横线纹；后翅灰黄色。前后翅缘毛浅棕色。卵扁平，椭圆形，长约1.5毫米，黄白色。老熟幼虫体长25～28毫米。头小，体短而粗。初龄幼虫黄色，稍大后变为黄绿色。从中胸到第八腹节各有4个瘤状突起，瘤突上生有黄色刺毛丛；腹部末端有4丛球状蓝黑色刺毛。背线绿色，两侧有浓蓝色点线。蛹长约13毫米，椭圆形，黄褐色，外表包有丝茧。茧长约15毫米，椭圆形，暗褐色，极像寄主树皮（图8－16）。

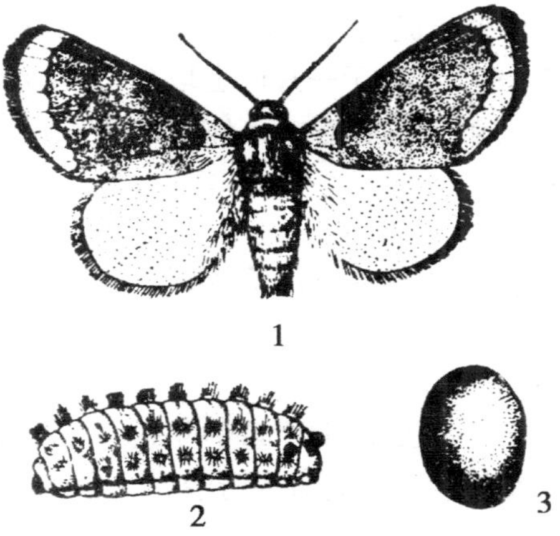


**图8－16　褐边绿刺蛾**

1. 成虫　2. 幼虫　3. 茧

### 3. 生活习性及发生规律

褐边绿刺蛾在东北及华北北部1后发生1代，在河南及长江下游1年发生2代，均以老熟幼虫结茧越冬。结茧的场所：1年发生1代的地区多在树冠下草丛的浅土层内，或在主干基部周围表土层内结茧；1 年发生 2 代的地区，除上述场所外，还可在落叶下、主侧枝的树皮上结茧。

1 年发生 1 代的地区，越冬幼虫于翌年 5 月中下旬开始化蛹，6 月上中旬开始羽化，陆续羽化至 7 月中旬。当年生幼虫 6 月下旬开始孵化，8 月下旬至 9 月逐渐进入老熟，因此，8 月幼虫为害丝比较严重。老熟幼虫在 8 月下旬至 9 月下旬陆续下树寻找适当场所结茧越冬。1 年发生 2 代的地区，越冬幼虫于翌年 4 月下旬至 5 月上旬化蛹，越冬成虫于5 月下旬至6 月上旬出现；第2 代幼虫于 8 月下旬至 9 月发生，10 月上旬入土结茧越冬。

褐边绿刺蛾成虫具有较强的无上趋光性，夜间交尾，卵产于叶的背面，数十粒聚集成块。每头雌蛾产卵量为 150 粒左右，初孵化的幼虫常 7 ~ 8 头群集于一片叶上取食。2 ~ 3 龄年逐渐分散为害。幼虫体上的刺毛丛有毒，人体皮肤接触后发生肿胀、奇痛，故称“洋辣子”。

**4. 防治方法**

（1）人工防治。冬春季节清除落叶下、树干及主侧枝树皮上的越冬茧，或结合树盘翻土挖除越冬茧，也可在初孵幼虫群集为突期摘叶除虫。

（2）药剂防治。该虫发生严重的年份，可于幼虫期喷药防治，用药种类和浓度参照黄刺蛾的防治。

## 二十一、黄刺蛾

黄刺蛾幼虫俗称洋辣子、八角，属鳞翅目，刺蛾科。

**1. 分布与为害**

黄刺蛾除宁夏、新疆、贵州、西藏等省、目前尚无为害记录外，几乎遍及我国其他各省、自治区。以幼虫为害枣、核桃、柿、枫杨、苹果、杨等 90 多种植物，可将叶片吃成很多孔洞、缺刻或仅留叶柄、主脉，影响树势和枣的产量。

**2. 形态特征**

成虫体长 13～16 毫米，翅展 30～34 毫米。头和胸部黄色，腹部背面黄褐色。前翅内半部黄色，外半部为褐色，有 2 条暗褐色斜线，在翅尖上汇合于一点，呈倒“V”字形，内面 1 条伸到中室下角，为黄色与褐色两个区域的分界线。卵扁平、椭圆形、黄绿色，长 1.4～1.5 毫米。老熟幼虫体长 19～25 毫米，头小、黄褐色。胸、腹部肥大，黄绿色。身体背面有一大型的前后宽、中间细的紫褐色斑和许多突起枝刺，以腹部第一节的最大，依次为腹部第 7 节，胸部第 3 节，腹部第 8 节；腹部第 2～6 节的突起枝刺小，其中第 2 节最小。蛹椭圆形。长 13～15 毫米，黄褐色。茧灰白色，质地坚硬，表面光滑，茧壳上有几道长短不一的褐色纵纹，形似雀蛋（图 8－17）。

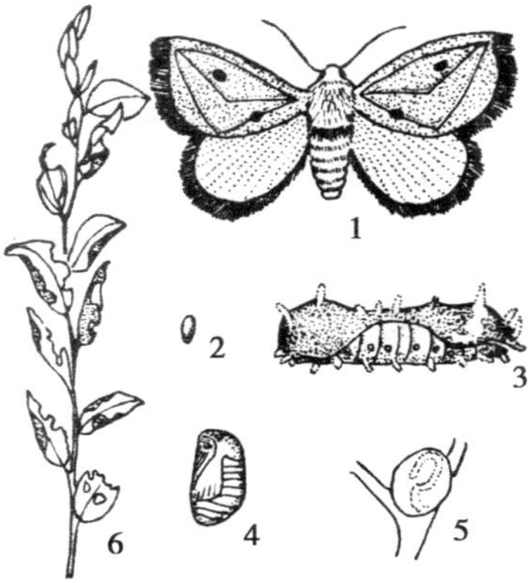


**图 8－17 黄刺蛾**

1. 成虫 2. 卵 3. 幼虫 4. 蛹 5. 茧 6. 被害状

**3. 生活习性及发生规律**

在辽宁、陕西、河北省北部 1 年发生 1 代，北京、江苏、安徽、河南及河北省中南部等地1年发生2代。以老熟幼虫在小枝的分杈处、主侧枝及树干的粗皮上结茧越冬。1年1代区，成虫于翌年6月中旬出现，产卵于叶背，常数十粒连成一片。卵期7~10天。幼虫于7月中旬至8月下旬发生为害。1年2代区，越冬代成虫于翌年5月下旬至6月上旬开始出现。第1代幼虫于6月中旬孵化为害，7月上旬为为害盛期，第2代幼虫于7月底开始为害，8月上中旬为为害盛期，8月下旬老熟幼虫在树干上结茧越冬。

黄刺蛾茧内上海青蜂的寄生率很高，控制效果显著。

**4. 防治方法**

（1）保护利用天敌。被寄生的黄刺蛾茧的上端有一寄生蜂产卵时留下的小孔，容易识别。在冬季或早春，剪下树上的越冬茧，挑出被寄生茧，保存在树阴处的铁纱笼中，让天敌羽化，后能飞回自然界。

（2）药剂防治。黄刺蛾发生严重的年份，其幼虫发生期可喷洒25%亚胺硫磷乳油600倍液，或用2.5%溴氰菊酯乳油6 000倍液，或用浓度为0.5亿芽孢/毫升的苏云金杆菌菌液。

## 二十二、白眉刺蛾

白眉刺蛾属鳞翅目、刺蛾科。

**1. 分布与为害**

已知分布于河南、河北、陕西等省。主要寄主有核桃、枣、柿、杏、桃、苹果及杨、柳、榆、桑等林木。幼虫取食叶片，低龄幼虫啃食叶肉，稍大可造成缺刻或孔洞。

**2. 形态特征**

成虫：体长约8毫米，翅展约16毫米。前翅乳白色，端半部有浅褐色浓淡不匀的云斑，其中以指状褐色斑最明显。幼虫：体长约7毫米，椭圆形，绿色。体背部隆起呈龟甲状。头褐色，很小，缩于胸前，体无明显刺毛，体背面有2条黄绿色纵带纹，纹上分布有小红点。蛹：长约4.5毫米，近椭圆形。茧：长约5毫米，灰褐色，椭圆形。顶部有一褐色圆点，其外为一灰白色环和褐色环。

**3. 生活习性及发生规律**

1年发生2代，以老熟幼虫在树杈上和叶背面结茧越冬。翌年4~5月化蛹，5—6月成虫出现，7—8月为幼虫为害期。成虫白天静伏于叶背，夜间活动，有趋光性。卵块产于叶背，每块有卵8粒左右，卵期约7天。幼虫孵出后，开始在叶背取食叶肉，留下半透明的上表皮；然后蚕食叶片，造成缺刻或孔洞。8月下旬开始幼虫陆续老熟后即寻找适合场所结茧越冬。

**4. 防治方法**

参考黄刺蛾。

## 二十三、扁刺蛾

扁刺蛾又名黑点枣刺蛾，其幼虫俗称洋辣子，属鳞翅目，刺蛾科。

**1. 分布与为害**

在东北、华北、华东、中南地区及四川、云南、陕西等省均有分布，黄河故道以南、江浙太湖沿岸及江西中部发生较多、为害枣、苹果、梨、桃、梧桐、枫杨、白杨、泡桐等多种果树和林木，以幼虫取食叶片，发生严重时，可将主叶片吃光，造成减产。

**2. 形态特征**

雌蛾体长13~18毫米，翅展28~35毫米。体暗灰褐色，腹面及足的颜色更深。前翅灰褐稍带紫色，中室的前方有一明显的暗褐色斜纹，自前缘近顶角处向后缘斜伸；雄蛾中室上角有一黑点（雌蛾不明显）。后翅暗灰褐色。卵扁平光滑，椭圆形，长1.1毫米，初为淡黄绿色，孵化前呈灰褐色。老熟幼虫体长21~

26毫米，宽16毫米，体扁、椭圆形，背部稍隆起，形似龟背。全体绿色或黄绿色，背线白色。体两侧各有10个瘤状突起，其上生有刺毛，每一体节的背面有2根小丛刺毛，第四节背面两侧各有一红点。蛹长10～15毫米，前端肥钝，后端略尖削，近似椭圆形。初为乳白色，近羽化时变为黄褐色。茧长12～16毫米，椭圆形，暗褐色，形似雀蛋（图8－18）。

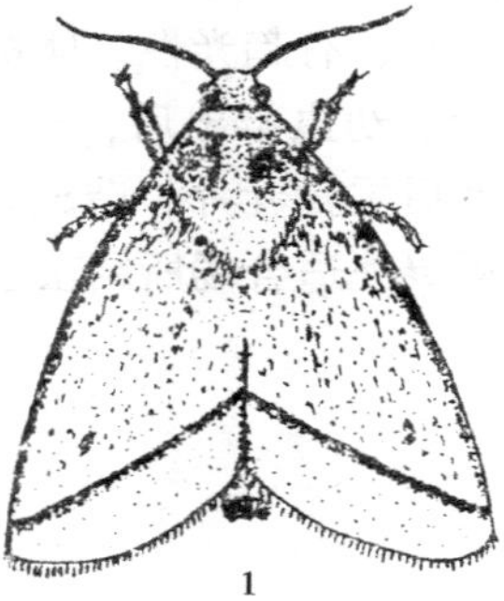

1

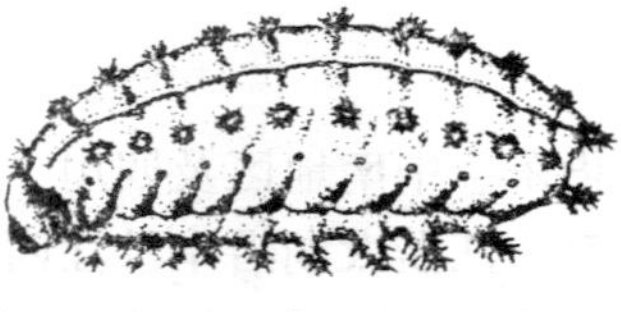

2

**图8－18　扁刺蛾**

1. 成虫　2. 幼虫

**3. 生活习性及发生规律**

扁刺蛾在河北、陕西等省1年发生1代，长江下游1年发生2代，少数3代。均以老熟幼虫在寄主树干周围土中结茧越冬。在江西1年发生2代，越冬幼虫4月中旬化蛹，5月中旬至6月初成虫羽化。第1代幼虫发生期为5月下旬至7月中旬，盛期为6月初至7月初；第2代幼虫发生期为7月下旬至9月底，盛期7月底至8月底。因此，6月、8月两个月是全年为害最严重的时期。

**4. 防治方法**

（1）松土诱虫。在幼虫下树结茧之前，疏松树干周围的土壤，以引诱幼虫集中结茧，然后收集虫茧以消灭。

（2）药剂防治。在扁刺蛾发生严重的年份，可于幼虫期喷药防治，药剂种类和使用浓度参照黄刺蛾的防治。

## 二十四、金毛虫

昆虫名，属鳞翅目，毒蛾科。

**1. 分布与为害**

中国分布较普遍。为害苹果、梨、桃、山楂、杏、李、枣、柿、栗、海棠、樱桃、桑、柳等。幼虫喜食嫩叶，将叶咬食成缺刻或孔洞，甚至食光或仅剩叶脉。

**2. 形态特征**

成虫：全体白色，复眼黑色，前翅后缘近臀角处有一褐色斑纹；雌蛾腹部末端有黄毛；雄蛾腹部后半部均有黄毛。卵球形，灰黄色，数十粒排成带状卵块，表面覆有雌虫腹末脱落的黄毛。幼虫：老熟时体黄色，头黑褐色，背线红色，体背各节有两对黑色毛瘤，腹部第一、第二节中间两个毛瘤合并成横带状毛块。蛹：褐色，茧灰白色，附有幼虫体毛。

**3. 生活习性及发生规律**

1年发生2～3代。以低龄幼虫在枝干裂缝和枯叶内作茧越冬。翌春，越冬幼虫出蛰为害嫩芽及嫩叶，5月下旬至6月中旬出现成虫，第2代幼虫在8月上旬，第3代幼虫在9月中旬，10月上旬第3代幼虫寻找合适场所结茧越冬。雌蛾将卵数十粒聚产在枝干上，外覆一层黄色绒毛。刚孵化的幼虫群集啃食叶肉，长大后即分散为害叶片。第 2 代成虫出现在 7 月下旬至 8 月下旬，经交尾产卵，孵化的幼虫取食不久，即潜入树皮裂缝或枯叶内结茧越冬。

**4. 防治方法**

在越冬前（即 10 月上旬）在树干上绑草把，引诱幼虫潜伏越冬。早春可解除集中处理。也可刮除树皮，清扫果园落叶，消灭越冬幼虫。在发生为害初期，及时摘除卵块。小幼虫群集为害未分散之前，摘掉虫叶，杀灭幼虫。幼虫发生为害期，可喷施下列药剂：8 000IU/毫升苏云金杆菌可湿性粉剂 400～600 倍液；25%灭幼脲悬浮剂 2 000～2 500倍液；20%抑食肼可湿性粉剂 1 000倍液；20%甲氰菊酯乳油 1 000～2 000倍液；2. 5%溴氰菊酯乳油 1 500～3 000倍液；5%顺式氰戊菊酯乳油 1 000～2 000倍液；10%醚菊酯悬浮剂 800～1 500倍液；20%氰戊菊酯乳油 1 000～2 000倍液；2. 5%氯氟氰菊酯乳油 2 000～3 000倍液。虫口数量大时喷洒下列药剂：52. 25%农地乐（氯氰菊酯·毒死蜱）乳油 1 000倍液；90%晶体敌百虫 800～1 000倍液；80%敌敌畏乳油 1 000～1 500倍液；10%吡虫啉可湿性粉剂 2 000～3 000倍液。

## 二十五、美国白蛾

又名美国灯蛾、秋幕毛虫，属鳞翅目，灯蛾科。是世界性检疫害虫。

**1. 分布与为害**

现分布于辽宁、河北、山东、北京、天津、陕西、河南、吉林、江苏、安徽、湖北等省、直辖市，主要为害果树和观赏树木，尤其以阔叶树为重。对园林树木、经济林、农田防护林等造成严重的为害。目前已被列入我国首批外来入侵物种。

**2. 形态特征**

成虫：白色中型蛾子，体长 13 ~ 15 毫米。复眼黑褐色，口器短而纤细；胸部背面密布白色绒毛，多数个体腹部白色，无斑点，少数个体腹部黄色，上有黑点。雄成虫触角黑色，栉齿状；翅展 23 ~ 34 毫米，前翅散生黑褐色小斑点。雌成虫触角褐色，锯齿状；翅展 33 ~ 44 毫米，前翅纯白色，后翅通常为纯白色（雄虫越冬蛹个别前后翅都有黑斑）。卵：圆球形，直径约 0.5 毫米，初产卵浅黄绿色或浅绿色，后变灰绿色，孵化前变灰褐色，有较强的光泽。卵单层排列成块，覆盖白色鳞毛。幼虫：老熟幼虫体长 28 ~ 35 毫米，头黑，具光泽。体黄绿色至灰黑色，背线、气门上线、气门下线浅黄色。背部毛瘤黑色，体侧毛瘤多为橙黄色，毛瘤上着生白色长毛丛。腹足外侧黑色。气门白色，椭圆形，具黑边。根据幼虫的形态，可分为黑头型和红头型两型，其在低龄时就明显可以分辨。3 龄后，从体色，色斑，毛瘤及其上的刚毛颜色上更易区别。蛹：体长 8 ~ 15 毫米，宽 3 ~ 5 毫米，暗红褐色。雄蛹瘦小，雌蛹较肥大，蛹外被有黄褐色薄丝质茧，茧上的丝混杂着幼虫的体毛共同形成网状物。腹部各节除节间外，布满凹陷刻点，臀刺 8 ~ 17 根，每根钩刺的末端呈喇叭口状，中凹陷。

**3. 生活习性及发生规律**

美国白蛾在辽宁等地 1 年繁殖 2 代。近几年经观察，在山东省 1 年能繁殖 2 代。美国白蛾以蛹在树皮下或地面枯枝落叶处越冬，幼虫孵化后吐丝结网，群集网中取食叶片，叶片被食尽后，幼虫移至枝杈和嫩枝的另一部分织一新网。

**4. 防治方法**

（1）加强检疫。疫区苗木不经检疫或处理禁止外运，疫区内积极进行防治，有效地控制疫情的扩散。

（2）人工防治。在幼虫 3 龄前发现网幕后人工剪除网幕，并集中处理。如幼虫已分散，则在幼虫下树化蛹前采取树干绑草的方法诱集下树化蛹的幼虫，定期定人集中处理。

（3）利用美国白蛾性诱剂或环保型昆虫趋性诱杀器诱杀成虫。在成虫发生期，把诱芯放入诱捕器内，将诱捕器挂设在林间，直接诱杀雄成虫，阻断害虫交尾，降低繁殖率，达到消灭害虫的目的。

（4）利用生物和化学药剂喷药防治。在幼虫为害期做到早发现、早防治。在防治中，重点检查桑树、悬铃木、臭椿、榆树、金银木、桃树、白蜡等树种是否有幼虫为害，如果有幼虫为害，就要对所辖区域检查一遍，及时防治。药剂防治：0.12%藻酸丙二醇酯（藻盖杀）、2.5%高效氯氟氰菊酯微乳剂1 500倍喷雾；Bt乳剂400倍液喷雾；2.5%高效氯氰菊酯乳油1 500倍液均可有效控治此虫为害。

（5）生物防治。周氏啮小蜂是新发现的物种，原产中国，却成为美国白蛾的天敌。因幼虫在所出生的叶子上裹上了网，所以农药可能作用不大。

（6）在美国白蛾的大肆入侵的状况时，除了已经知道的自然天敌周氏啮小蜂外，在大豆田地里发现了美国白蛾的又一种天敌——臭大姐，也叫“蝽”，中国全国大部分地方都有此虫，因体后有一个臭腺开口，遇到敌人时就放出臭气，俗称“放屁虫”“臭大姐”等。身体扁平，体形小长90～110毫米，口器长成喙状，前翅的基部是革质，端部是膜质，后翅全部是膜质或退化消失。它主要是把长长的口器插入全身白毛的美国白蛾的幼虫体内，吸食幼虫的汁液，致其死亡。因此投放臭大姐成本低廉。

（7）在白蛾泛滥的林区，放养一些家禽也是一种最好的防治方法。通过日常观察，我们发现了另一种美国的白蛾天敌——鸡。在中国的广大农村中，家禽中的柴鸡也是一种食性很广的杂食禽类，昆虫以及微小的爬行类生物也是它经常喜欢吃的食物。

鸡常常喜欢啄食像苍蝇、蚂蚱、蜻蜓、蚯蚓、蜈蚣、毛毛虫等小型虫类。利用鸡的食性特点，我们在受害的林区采取放养鸡群来防治美国白蛾，尤其是在白蛾的幼虫阶段，鸡群将会吃掉下树化蛹的老熟幼虫，以减少白蛾对林区的为害，可达到林区虫害的综合治理目的。在乡村，农户饲养鸡群是很普遍的事情，凡是饲养鸡的家庭，其庭院树木遭受白蛾的为害就轻。

## 二十六、茶翅蝽

昆虫名，为半翅目，蝽科。

**1. 分布与为害**

在东北、华北、华东和西北地区均有分布，以成虫和若虫为害梨、苹果、桃、杏、李等果树及部分林木和农作物，近年来为害日趋严重。叶和梢被害后症状不明显，果实被害后被害处木栓化，变硬，发育停止而下陷。果肉变褐成一硬核，受害处果肉微苦，严重时形成疙瘩梨或畸形果，失去经济价值。为害部位：叶片、花蕾、嫩梢、果实。

**2. 形态特征**

成虫体长 12 ~ 16 毫米，宽 6.5 ~ 9.0 毫米，椭圆形，略扁平，体淡黄褐色、黄褐色、灰褐色、茶褐色等，均略带紫红色。触角 5 节，黄褐色至褐色，第 4 节两端及第 5 节基部黄色。前胸背板、小盾片和前翅革质部有密集的黑褐色刻点。前胸背板前缘有 4 个黄褐色小点。小盾片基部有 5 个小黄点。

**3. 生活习性及发生规律**

该虫在华北地区一年发生 1 ~ 2 代，以受精的雌成虫在果园中或在果园外的室内、室外的屋檐下等处越冬。翌年 4 月下旬至 5 月上旬，成虫陆续出蛰。在造成为害的越冬代成虫中，大多数为在果园中越冬的个体，少数为由果园外迁移到果园中。越冬代成虫可一直为害至 6 月，然后多数成虫迁出果园，到其他植物上产卵，并发生1代若虫。在6月上旬以前所产的卵，可于8月以前羽化为第1代成虫。第1代成虫可很快产卵，并发生第2代若虫。而在6月上旬以后产的卵，只能发生1代。在8月中旬以后羽化的成虫均为越冬代成虫。越冬代成虫平均寿命为301天，最长可达349天。在果园内发生或由外面迁入果园的成虫，于8月中旬后出现在园中，为害后期的果实。10月后成虫陆续潜藏越冬。

**4. 防治方法**

（1）在成虫越冬前和出蛰期在墙面上爬行停留时，进行人工捕杀。

（2）在成虫越冬期，将果园附近空屋密封，用“741”烟雾剂或25%对硫磷微胶囊加3倍的锯末进行熏杀。

（3）成虫产卵期，查找卵块摘除。

## 二十七、茶蓑蛾

**1. 分布与为害**

幼虫在护囊中咬食叶片、嫩梢或剥食枝干、果实皮层，造成局部茶丛光秃。该虫喜集中为害。

**2. 形态特征**

成虫：雌虫蛆状，无翅，体长1.2～1.6毫米，黄褐色，雄虫体长约13毫米，翅展23～30毫米，体翅均深褐色，前翅外缘近翅尖处有2个透明斑。卵：椭圆形，乳黄白色。幼虫：体黄褐色，胸部各节的硬皮板侧面上方有1条褐色纵纹，下方各有1个褐色斑。蛹：雄为被蛹，雌为围蛹，体长1.1～1.8毫米，黑褐色。护囊中型，囊外缀结纵向平行排列长短不一的小枝梗。

**3. 生活习性及发生规律**

雌成虫羽化后仍留在护囊内，雄成虫羽化飞出后即寻找雌虫，找到雌虫后将腹部插入护囊进行交尾。雌虫产卵于囊内蛹壳中，每雌产卵量约500粒，卵期10～15天。幼虫孵化后从护囊排泄孔爬出，随风飘散到枝叶上，后即吐丝结囊。1～3龄幼虫多数只食下表皮和叶肉，留上表皮成半透明黄色薄膜，3龄后咬食叶片成孔洞或缺刻。幼虫老熟后在囊内化蛹。

**4. 防治方法**

（1）采花或进行茶园管理时，发现虫囊及时摘除，集中烧毁。

（2）注意保护寄生蜂等天敌昆虫。

（3）掌握在幼虫低龄盛期喷洒90%晶体敌百虫800～1 000倍液或80%敌敌畏乳油1 200倍液、50%杀螟松乳油1 000倍液、50%辛硫磷乳油1 500倍液、90%巴丹可湿性粉剂1 200倍液、2.5%溴氰菊酯乳油4 000倍液。

（4）提倡喷洒每8克含1亿活孢子的杀螟杆菌或青虫菌进行生物防治。

## 二十八、枣龟蜡蚧

枣龟蜡蚧属同翅目，蜡蚧科，又叫日本龟蜡蚧、枣虱。

**1. 分布与为害**

在我国枣区分布较广，部分枣区为害严重。以若虫和成虫刺吸叶片和1～2年生枝条的汁液，并排泄黏液污染叶片和果实。枣龟蜡蚧的寄主植物有枣、柿、苹果、柑橘和石榴等多种果树。在北方地区，以柿树和枣树发生较严重。

**2. 形态特征**

成虫：雌虫体长2～3毫米，扁椭圆形，紫红色，体背覆白色蜡质蚧壳；中央隆起，表面有龟甲状凹陷；蜡壳中央有角状隆起，四周有8个突起。雄虫体长1.3毫米，翅展2.2毫米，淡红色，翅透明，有明显的两个大主脉。卵：椭圆形，长0.2毫米，产于雌虫蚧壳体下；初产卵橙黄色，孵化前变为紫色。若虫：初孵若虫体扁体平，长约0.5毫米，紫褐色。固着后，体背面成白色蜡壳，周缘有14个三角形蜡芒，形似葵花状。雌若虫蜡壳椭圆形，雄若虫蜡壳长椭圆形。蛹：为雄虫所有，梭形，棕褐色。

**3. 生活习性及发生规律**

枣龟蜡蚧1年发生1代，从受精雌成虫密集在1~2年生小枝上越冬。以当年生枣头上最多。3月下旬越冬雌成虫开始发育，6月上中旬为产卵盛期，7月上中旬为孵化盛期。9月下旬为羽化盛期、雌成虫在叶上为害，9月上中旬为回枝盛期，11月中旬进入越冬期。

**4. 防治方法**

根据枣龟蜡蚧的发生特点，防治的有利时期是雌成虫越冬期和夏季若虫前期。防治措施采用人工与药剂防治相结合，并注意保护自然天敌。

（1）人工防治。从11月到第2年3月，可刮刷越冬雌成虫，配合枣树修剪，剪除虫枝。若严冬季节遇雨雪天气，枣枝上结有较厚的冰凌时，及时敲打树枝震落冰棱，可将越冬虫随冰凌震落。

（2）药剂防治。枣树落叶后至早春喷布3~5波美度石硫合剂或5%的机油乳剂，可消灭越冬蜡蚧。6月底至7月初，若虫孵化盛期喷50%杀螟松乳剂500倍液，40%氧化乐果乳剂500~1 000倍液，防治效果都很好。

## 二十九、草履蚧

昆虫名，半翅目，绵蚧科。

**1. 分布与为害**

分布于河北、山西、山东，陕西、河南、青海、内蒙古、浙江、江苏、上海、福建、湖北、贵州、云南、重庆、四川、西藏等地。为害海棠、樱花、无花果、紫薇、月季、红枫、柑橘等花木。若虫和雌成虫常成堆聚集在芽腋、嫩梢、叶片和枝秆上，吮吸汁液为害，造成植株生长不良，早期落叶。

**2. 形态特征**

成虫：雌成虫体长达 10 毫米左右，背面棕褐色，腹面黄褐色，被一层霜状蜡粉。触角 8 节，节上多粗刚毛；足黑色，粗大。体扁，沿身体边缘分节较明显，呈草鞋底状；雄成虫体紫色，长 5 ~6 毫米，翅展 10 毫米左右。翅淡紫黑色，半透明，翅脉 2 条，后翅小，仅有三角形翅茎；触角 10 节，因有缢缩并环生细长毛，似有 26 节，呈念珠状。腹部末端有 4 根体肢。分别是上腿，下腿。卵：初产时橘红色，有白色絮状蜡丝粘裹。若虫：初孵化时棕黑色，腹面较淡，触角棕灰色，唯第 3 节淡黄色，很明显。雄蛹：棕红色，有白色薄层蜡茧包裹，有明显翅芽。

**3. 生活习性及发生规律**

1 年发生 1 代。以卵在土中越夏和越冬；翌年 1 月下旬至 2 月上旬，在土中开始孵化，能抵御低温，在“大寒”前后的堆雪下也能孵化，但若虫活动迟钝，在地下要停留数日，温度高，停留时间短，天气晴暖，出土个体明显增多。孵化期要延续 1 个多月。若虫出土后沿茎秆上爬至梢部、芽腋或初展新叶的叶腋刺吸为害。雄性若虫 4 月下旬化蛹，5 月上旬蛹羽化为雄成虫，羽化期较整齐，前后 2 星期左右。羽化后即觅偶交配，寿命 2 ~3 天。雌性若虫 3 次蜕皮后即变为雌成虫，自茎秆顶部继续下爬，经交配后潜入土中产卵。卵有白色蜡丝包裹成卵囊，每囊有卵 100 多粒。草履蚧若虫、成虫的虫口密度高时，往往群体迁移，爬满附近墙面和地面，令人厌恶。

**4. 防治方法**

（1）园艺防治。在雄虫化蛹期、雌虫产卵期，清除附近墙面虫体。

（2）生物防治。保护和利用天敌昆虫，例如红环瓢虫。

（3）药剂防治。孵化始期后 40 天左右，可喷施 30 号机油乳剂 30～40 倍液；或喷棉油皂液（油脂厂副产品）80 倍液，一般洗衣皂也可，对植物更安全；或喷 25% 西维因可湿性粉剂 400～500 倍液，作用快速，对人体安全；或喷 5% 吡虫啉乳油；或 50% 杀螟松乳油 1 000 倍液。施用化学药剂，尽量少损伤天敌。

## 三十、黑蝉

黑蚱蝉又名黑蚱、知了等，属同翅目，蝉科。

**1. 分布与为害**

该虫分布于全国大部分地区，为害柳、杨、槐、榆、桃枣等果树和林木。若虫在地下刺吸根部汁液，成虫产卵于当年生枝条，造成枣树枝条干枯。

**2. 形态特征**

雄成虫体长 44～48 毫米，翅展 125 毫米。体色漆黑，有光泽，复眼淡赤褐色。翅透明，翅脉淡黄色及暗黑色。体腹面黑色，足淡黄褐色。腹部第一、第二节有鸣器。雌虫体长 38～44 毫米，无鸣器，产卵器显著。卵长椭圆形，稍变曲，长 2.4 毫米，宽 0.5 毫米，乳白色，有光泽。末龄若虫体长约 35 毫米，黄褐色，前足开掘式，翅芽发达（图 8－19）。

**3. 生活习性及发生规律**

黑蚱蝉多年完成 1 个世代。以若虫在土壤中越冬，或以卵在寄主枝条内越冬。越冬卵翌年春天孵化，卵历期半年以上。若虫孵出后，由枯枝附落地面，潜入土中。若虫有 5 个龄期，各龄若虫在土中越冬时，均筑一椭圆形土室。土室内壁光滑坚硬，外壁紧靠植物根系，一虫一室。若虫在地下寄主根部刺吸汁液为生，经多年发育至老熟若虫。当平均气温达 22℃ 以上，老龄若虫于

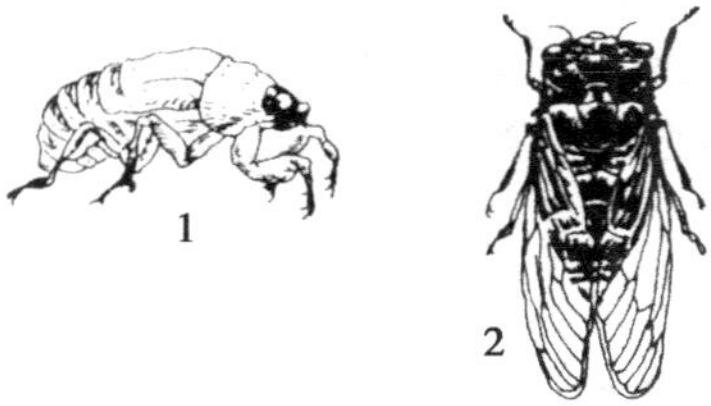

**图 8 – 19 黑蚱蝉**

1. 若虫　　2. 成虫

雨后的傍晚钻出地面，爬至树干或附近植物茎秆上蜕皮羽化。成虫羽化后静止 2 ~ 3 小时，即爬行或飞翔，刺吸取食树木汁液补充营养，交尾繁殖。雄成虫善鸣叫。产卵期自 7 月中下旬开始，8 月为产卵盛大期。成虫主要产卵于直径 5 ~ 7 毫米的当年生枝条上。产卵时用产卵器刺破枝条形成锥状穴，成为产卵窝。卵窝深达木质部，每窝中有卵 7 ~ 8 粒。产卵后，造成爪状裂口，被产过卵的枝条留下点点刺伤痕迹，且常有木质碎条露出表面，几天后产卵痕以上枝条失水枯死。

**4. 防治方法**

（1）秋季彻底剪除产卵枝条，及时烧毁，消灭虫卵。

（2）羽化出土期，于傍晚搜寻和杀死刚出土的老熟若虫，或在早晨捕捉刚羽化的成虫。

（3）成虫盛发期利用灯光诱杀，或在树行间点火，摇动树枝，使成虫投火自焚。

## 三十一、八点广翅蜡蝉

属鳞翅目，螟蛾科。

**1. 分布与为害**

各地均有分布，主要为害大丽菊、木槿、悬铃木、木芙蓉、蜀葵、青桐、梧桐、海棠、杨树、女贞等园林植物。为害时幼虫吐丝卷叶，将叶片卷成筒状，幼虫躲在叶筒内为害，虫粪排在卷叶内，将叶片咬得残缺不全，严重时，叶片全部受害，造成植株生长不良。

**2. 形态特征**

成虫：体长11.5～13.5毫米，翅展23.5～26毫米；黑褐色，疏被白蜡粉；触角刚毛状，短小，单眼2个，红色；翅革质密布纵横脉，呈网状，前翅宽大，略呈三角形，翅面被稀薄白色蜡粉，翅上有6～7个白色透明斑，后翅半透明，翅脉黑色，中室端有一小白色透明斑，外缘前半部有1列半圆形小的白色透明斑，分布于脉间；腹部和足褐色。卵：长1.2毫米，长卵形，卵顶具一圆形小突起，初为乳白色渐变淡黄色。若虫：体长5～6毫米，宽3.5～4毫米，体略呈钝菱形，翅芽处最宽，暗黄褐色，布有深浅不同的斑纹，体疏被白色蜡粉。

**3. 生活习性及发生规律**

每年发生1代，以卵于枝条内越冬。5月间陆续孵化，为害至7月下旬开始老熟羽化，8月中旬前后为羽化盛期。成虫经20余天取食后开始交配，8月下旬至10月下旬为产卵期，9月中旬至10月上旬为盛期。白天活动为害，若虫有群集性，常数头在一起排列枝上，爬行迅速，善于跳跃；成虫飞行力较强且迅速，产卵于当年发生枝木质部内，以直径4～5毫米粗的枝背面光滑处落卵较多，产卵孔排成1纵列，孔外带出部分木丝并覆有白色棉毛状蜡丝，极易发现与识别。成虫寿命50～70天，至秋后陆续死亡。

**4. 防治方法**

（1）农业防治。注意冬春修剪，剪除有卵块的枝条集中处理，减少虫源。

（2）药剂防治。为害期结合防治其他害虫兼治此虫。可喷洒菊酯类、有机磷及其复配药剂等，均有较好效果。由于该虫虫体特别是若虫被有蜡粉，所用药液中如能混用含油量 0.3% ~ 0.4% 的柴油乳剂或黏土柴油乳剂，可显著提高防效。

## 三十二、山东广翅蜡蝉

山东广翅蜡蝉，属同翅目，蜡蝉总科广翅蜡蝉科。

**1. 分布与为害**

以若虫及成虫刺吸寄主植物的枝、茎、叶的汁液为害，受害后叶片萎缩，枝条枯萎折断，严重时枝、茎、叶上布满白色蜡质，致使植株生长不良，同时排泄物可诱发煤污病，影响生长及观赏。

**2. 形态特征**

成虫：体长 8 毫米，翅展 30 毫米，体淡褐色，以背面和前端色较深，腹面和后端略呈黄褐。唇基无脊。前胸背板具中脊，两边点刻甚明显；中胸背板长，具纵脊 3 条，中脊长而直，侧脊从中部向前分叉，二内叉内斜端部互相靠近，外叉短，基部略断开。前翅淡褐色，前缘域与外缘域近褐色，与翅的中后部分相比较明显；前缘外方 1/3 处有一狭长的半透明斑，外缘后半在翅脉间有 1 列白色小点。后翅淡烟褐色，后缘色较浅，前缘基部呈黄褐色。后足胫节外侧具刺 2 个。卵长椭圆形，数十个卵集中排成 2 列插入嫩枝皮层内，深达木质部。若虫初孵若虫体长 2 ~ 3 毫米，2 龄后有明显白色蜡毛，老熟若虫体长约 5 毫米，体色渐变黄。

**3. 生活习性及发生规律**

山东广翅蜡蝉喜欢在阴暗、潮湿的环境中生存，初孵若虫群集在新叶或嫩梢的叶片上吸汁为害，2 ~ 3 龄时喜群集在嫩叶背面，3 龄后跳跃性很强，分散于叶片或枝干上为害，羽化前 2 ~ 3 天停止取食。若虫脱皮 4 次，历时约 50 天。6 月初始见成虫，成虫多在后半夜羽化，补充营养时喜在速生树种的植株上刺吸汁液，15 天左右开始产卵，产卵时在嫩枝或叶脉上刻 1 深达木质部的产卵痕，每条产卵痕内有 2 行排列整齐的卵，每行 6 ~ 25 粒，产卵后分泌白色蜡丝遮盖在卵上。第 1 代卵期较短，约 20 天，第 2 代越冬卵约半年才孵化。雌虫每次产卵 16 ~ 47 粒，在解剖镜下对 50 条产卵痕观察产卵情况，产卵量最多的是在枫香嫩枝上，平均产卵 41 粒，其次是红叶李，平均产卵 32 粒，杜英上产卵较少，平均 20 粒，最少的 2 行各 6 粒。

**4. 防治方法**

（1）营林抚育。由于山东广翅蜡蝉喜欢在阴暗、潮湿的环境中生存，因此宜选择阳光充足、干燥通风的农田作圃地，加强培育管理，及时清理圃地杂草和枯枝落叶，冬季结合树冠修剪整理，及时剪去带卵枝条，移出圃地销毁。

（2）药剂防治。成虫期：在成虫羽化期，利用成虫集中停栖在圃地边缘植株上补充营养的习性，用 18% 杀虫双水剂 1 000 ~ 1 500倍或 80% 敌敌畏乳油 1 000 ~ 2 000倍液喷雾，可大量杀死成虫，降低虫口密度。于 2004 年 7 月 9 日第 1 代 4 龄若虫期，在博济农场苗圃喷药防治为害枣树的山东广翅蜡蝉。2005 年 7 月 26 日，第 2 代若虫 2 ~ 3 龄期，在鹿山园林苗圃喷药防治为害马褂木、乐昌含笑的山东广翅蜡蝉。其结果表明，用 80% 敌敌畏乳油加 10% 吡虫啉乳油 1 000 ~ 1 500倍液喷施，效果最好；80% 敌敌畏乳油加 1. 5% 阿维菌素 1 000 ~ 2 000倍液次之；从经济效益来讲，使用喷烟机可大大节省成本，如果苗圃地面积较大，周边无蚕桑，可用于大面积防治。但由于广翅蜡蝉若虫多集中在新梢和嫩叶的叶背为害，因此，喷药时要注意喷在新梢和嫩叶的叶背处，其次，由于第 2 代若虫孵化期不整齐，最好隔 10 天或 15 天重复施药 1 次。另外，广翅蜡蝉若虫跳跃性较大，易向周边蔓延，要注意群防群治，或在防治时由花圃地周边向中间围歼。根据对比试验和苗圃地大面积防治的实践经验，掌握在若虫初孵期群集为害时或成虫集中栖息补充营养时，防治效果最佳。

## 三十三、豹纹木蠹蛾

豹纹木蠹蛾，又名咖啡黑点蠹蛾，属鳞翅目蠹蛾科。

**1. 分布与为害**

分布在河北、河南、东北、山东、山西等省。以幼虫蛀食苹果、枣、桃、柿子、山楂、核桃等果树及杨、柳等林木。被害枝基部木质部与韧皮部之间有 1 个蛀食环，幼虫沿髓部向上蛀食，枝上有数个排粪孔，有大量的长椭圆形粪便排出，受害枝上部变黄枯萎，遇风易折断。

**2. 形态特征**

成虫：雌蛾体长 20～38 毫米，雄蛾体长 17～30 毫米，前胸背面有 6 个蓝黑色斑点。前翅散生大小不等的青蓝色斑点。腹部各节背面有 3 条蓝黑色纵带，两侧各有 1 个圆斑。卵：长圆形，初为黄白色，后变棕褐色。幼虫：体长 20～35 毫米，赤褐色。前胸背板前缘有 1 个近长方形的黑褐色斑，后缘具有黑色小刺。蛹：体长约 30 毫米，赤褐色，腹部第二节至第七节背面各有短刺两排，第 8 腹节有 1 排。尾端有短刺。

**3. 生活习性及发生规律**

豹纹木蠹蛾一年发生 1 代，以幼虫在枝条内越冬。翌年春季枝梢萌发后，再转移到新梢为害。被害枝梢枯萎后，会再转移甚至多次转移为害。5 月上旬幼虫开始成熟，于虫道内吐丝连缀木屑堵塞两端，并向外咬一羽化孔，即行化蛹。5 月中旬成虫开始羽化，羽化后蛹壳的一半露在羽化孔外，长时间不掉。成虫昼伏夜出，有趋光性。于嫩梢上部叶片或芽腋处产卵，散产或数粒在一起。7 月幼虫孵化，多从新梢上部腋芽蛀入，并在不远处开一排粪孔，被害新梢 3～5 天内即枯萎，此时幼虫从枯梢中爬出，再向下移不远处重新蛀入为害。一头幼虫可为害枝梢2～3个。幼虫至10月中下旬在枝内越冬。

**4. 防治方法**

结合冬、夏剪枝，剪除虫枝，集中烧毁。于5月中旬开始设置黑光灯诱杀成虫，7月幼虫孵化期结合防治桃小食心虫，喷施40%水胺硫磷乳油1 500倍液或5%来福灵乳油、10%赛波凯乳油3 000～5 000倍液，能有效地杀死幼虫。

## 三十四、六星吉丁虫

六星吉丁虫，为鞘翅目，吉丁虫科。

**1. 分布与为害**

分布于上海、山东、天津、河北、江苏、湖南、宁夏、甘肃、陕西、吉林、辽宁、黑龙江等地区。为害梅花、樱花、桃花、海棠、无角枫等花本。以幼虫蛀食皮层及木质部，严重时，可造成整株枯死。

**2. 形态特征**

成虫：体长10～12毫米，蓝黑色，有光泽。腹面中间亮绿色，两边古铜色。触角11节，呈锯齿状。前胸背板前狭后宽，近梯形。两鞘翅上各有3个稍下陷的青色小圆斑，常排成整齐的1列。卵：扁圆形，长约0.9毫米，初产时乳白色，后为橙黄色。幼虫：老熟幼虫体扁平，黄褐色，长18～24毫米，共13节。前胸背板特大，较扁平，有圆形硬褐斑，中央有“V”形花纹。其余各节圆球形，链珠状，从头到尾逐节变细。尾部一段常向头部弯曲，为鱼钩状。尾节圆锥形，短小，末端无钳状物。蛹：长10～13毫米，宽4～6毫米，初为乳白色，后变为酱褐色。多数为裸蛹，少数有白色薄茧。蛹室侧面略呈长肾状形，正面似蚕豆形，顺着枝干方向或与枝干成45°角。

**3. 生活习性及发生规律**

六星吉丁虫每年繁殖1代，在10月前后以老熟幼虫在木质部内作蛹室越冬。翌年3月开始陆续化蛹，发生很不整齐。成虫出洞时间早的在5月，6月为出洞高峰期。白天栖息于枝叶间，可取食叶片成缺刻，有坠地假死的习性。卵产于枝干树皮裂缝或伤口处，每处产卵1～3粒。6月下旬至7月上旬为产卵盛期。幼虫蛀食寄主枝干的韧皮部和形成层，形成弯弯曲曲的虫道，虫粪不外排。为害景象与爆皮虫近似，但蛀食的虫道远比爆皮虫宽大，老熟幼虫的虫道宽度可达15毫米。幼虫老熟后蛀入木质部，作蛹室化蛹，但深度较浅。

**4. 防治方法**

该虫未发生的橘区应严格实施检疫措施，防止扩散蔓延。已发生此虫的地区，平时加强栽培管理，保持健康树势，及时清除死树死枝，特别在成虫出洞前要清除并烧毁六星吉丁虫为害所致的死树死枝，以减少虫源。药剂防治可采用3种方法：一是在成虫开始大量羽化而尚未出洞前，先刮除树干受害部的翘皮，再用80%敌敌畏乳油加黏土10～20倍和适量水调成糊状，或直接用水稀释到30倍液，也可用40%乐果乳油加等量煤油涂在被害处，使成虫在咬穿树皮时中毒死亡。二是在成虫出洞高峰期树冠喷药，杀死已上树的成虫。药剂有40%乐果乳油或90%晶体敌百虫或80%敌敌畏乳油1 000倍液、2.5%敌杀死乳油3 000倍液。三是在初孵幼虫盛期，先用刀刮去受害部的胶沫和一层薄皮，再用80%敌敌畏乳油3倍液或40%乐果乳油5倍液涂抹，可杀死皮层下的幼虫。注意，乐果不能在朱红、红橘、乳橘和柠檬等敏感品种上使用；用各种药剂涂干时，涂药面不应过大，否则可能产生药害。

## 三十五、金缘吉丁

金缘吉丁，为鞘翅目，吉丁虫科。

**1. 分布与为害**

中国各梨产区均有发生，管理粗放的老梨园受害较重。寄主于梨、桃、苹果、杏、山楂、樱桃等。以幼虫在梨树枝干皮层纵横串食，破坏输导组织，造成树势衰弱，枝干逐渐枯死，甚至全树死亡。

**2. 形态特征**

成虫：体长 13～16 毫米，翠绿色，有金属光泽，前胸背板上有 5 条蓝黑色条纹，翅鞘上有 10 多条黑色小斑组成的条纹，两侧有金红色带纹。卵：长约 2 毫米，乳白色，长圆形。幼虫：老熟后长约 30 毫米，由乳白色变为黄白色，全体扁平，头小，前胸第一节扁平肥大，上有黄褐色人字纹，腹部逐渐细长，节间凹进。蛹：长 15～19 毫米，乳白色、黄白色到淡绿色。

**3. 生活习性及发生规律**

1 年发生 1 代，以大龄幼虫在皮层越冬。翌年早春越冬幼虫继续在皮层内串食为害。5—6 月陆续化蛹，6—8 月上旬羽化成虫。成虫有喜光性和假死性，产卵于树干或大枝粗皮裂缝中，以阳面居多。卵期 10～15 天。孵化的幼虫即蛀入树皮为害。长大后深入木质部与树皮之间串蛀。虫粪粒粗，塞满蛀道。1 年发生 1 代，以老熟幼虫在木质部越冬。翌年 3 月开始活动，4 月开始化蛹，5 月中下旬是成虫出现盛期。成虫羽化后，在树冠上活动取食，有假死性。6 月上旬是产卵盛期，多产于树势衰弱的主干及主枝翘皮裂缝内。幼虫孵化后，即咬破卵壳而蛀入皮层，逐渐蛀入形成层后，沿形成层取食，8 月幼虫陆续蛀进木质部越冬。北方梨区 3 年发生 1 代。以不同龄期幼虫在被害枝干皮层下或木质部蛀道内越冬。翌年早春树液流动时，第 1～2 年越冬幼虫继续蛀食为害，第 3 年越冬的老熟幼虫开始化蛹，蛹期 15 ~ 30 天。成虫羽化期在 5 月上旬至 7 月上旬，盛期在 5 月下旬。成虫白天活动，取食梨树叶片呈不规则缺刻，早晚和阴雨天温度低时静伏叶片，遇振动有下坠假死习性。成虫产卵期 10 余天，要求高温，因此成虫前期产卵少，5 月下旬以后产卵量增多。卵多产于枝干皮缝和伤口处，每雌虫可产卵 20 ~ 100 粒。卵期 10 ~ 15 天，6 月上旬为幼虫孵化盛期。幼虫孵化后蛀入树皮，初龄幼虫仅在蛀入处皮层下为害，3 龄后串食，多在形成层钻蛀横向弯曲隧道，待围绕枝干一周后，整个侧枝或全树就会枯死。秋后老熟幼虫蛀入木质部越冬，当年或 1 年以上的幼虫多在皮层或形成层越冬。

**4. 防治方法**

人工防治：冬季刮除树皮，消灭越冬幼虫；及时清除死树，死枝，减少虫源。成虫期利用其假死性，于清晨振树捕杀。药剂防治：成虫羽化出洞前用药剂封闭树干。从 5 月上旬成虫即将出洞时开始，每隔 10 ~ 15 天用 90% 晶体敌百虫 600 倍液或 40% 氧化乐果乳油 800 ~ 1 000倍液喷洒主干和树枝。成虫发生期，在树上喷洒 80% 敌敌畏乳油或 90% 晶体敌百虫 800 ~ 1 000倍液，连喷 2 ~ 3 次。

## 三十六、黑翅土白蚁

黑翅土白蚁，为等翅目，白蚁科（Termitidae）。

**1. 分布与为害**

分布在中国黄河、长江以南各省市地区。主要为害樱花、梅花，亦可为害桂花、桃花、广玉兰、红叶李、月季、栀子花、海棠、蔷薇、蜡梅、麻叶绣球等花木。是一种土栖性害虫。主要以工蚁为害树皮及浅木质层，以及根部。造成被害树干外形成大块蚁路，长势衰退。当侵入木质部后，则树干枯萎；尤其对幼苗，极易造成死亡。采食为害时做泥被和泥线，严重时泥被环绕整个干体周围而形成泥套，其特征很明显。

**2. 形态特征**

成蚁：有翅繁殖蚁，发育共需要7龄，体长12～16毫米，全体呈棕褐色；翅展23～25毫米，黑褐色；触角11节；前胸背板后缘中央向前凹入，中央有一淡色“十”字形黄色斑，两侧各有一圆形或椭圆形淡色点，其后有一小而带分支的淡色点。蚁王：为雄性有翅繁殖蚁发育而成，体较大，翅异脱落，体壁较硬，体略有收缩。蚁后：为雌性有翅繁殖蚁发育而成，体长70～80毫米，体宽13～15毫米。无翅，色较深。体壁较硬，腹部特别大，白色腹部上呈现褐色斑块。兵蚁：发育共5龄，末龄兵蚁体长5～6毫米；头部深黄色，胸、腹部淡黄色至灰白色，头部发达，背面呈卵形，长大于宽；复眼退化；触角16～17节；上颚镰刀形，在上颚中部前方，有一明显的刺。前胸背板元宝状，前窄后宽，前部斜翘起。前、后缘中央皆有凹刻。兵蚁有雌雄之别，但无生殖能力。工蚁：发育共5龄，末龄工蚁体长4.6～6.0毫米，头部黄色，近圆形。胸、腹部灰白色；头顶中央有一圆形下凹的肉；后唇基显著隆起，中央有缝。卵：长椭圆形，长约0.8毫米。乳白色，一边较为平直。

**3. 生活习性及发生规律**

黑翅土白蚁建巢于地下，有翅繁殖蚁3月开始出现于巢内，在气温达到22℃以上，空气相对湿度达95%以上的闷热暴雨前夕、傍晚前后从羽化孔（圆锥形高出地面的开口）成群爬出，经外飞、脱翅，雌雄配对钻入土中建立新巢。兵蚁保卫蚁巢和工蚁外出采食活动。工蚁担负扩筑蚁巢、采食和喂饲幼蚁、蚁王、蚁后。工蚁采食时，在树干上做成泥线、泥被或泥套，隐藏其内进行采食树皮及木纤维。当日平均气温达12℃时，工蚁开始离巢采食，最高气温25℃，最低气温15℃，平均气温20℃左右，工蚁采食达到高峰，故在整个出土取食期中，4—5月和9—10

月（尤其在4月中下旬和8月下旬至9月初）为全年2次外出采食为害高峰。进入盛夏后，工蚁一般不进行外出活动。由此可见，黑翅土白蚁取食活动的适宜温度范围在25～27℃，相对湿度在85%左右，而高温32℃以上和低湿70%以下均不利于黑翅土白蚁的取食活动。11月底后工蚁停止外出采食，回巢越冬。黑翅土白蚁有翅成蚁一般叫做繁殖蚁。每年3月开始出现在巢内，4—6月在靠近蚁巢地面出现羽化孔，羽化孔突圆锥状，数量很多。在闷热天气或雨前19时左右，爬出羽化孔穴，群飞天空，停下后即脱翅求偶，成对钻入地下建筑新巢，成为新的蚁王、蚁后繁殖后代。繁殖蚁从幼蚁初具翅芽至羽化共7龄，同一巢内龄期极不整齐。兵蚁专门保卫蚁巢，工蚁担负筑巢、采食和抚育幼蚁等工作。蚁巢位于地下0.3～2.0米处，新巢仅是一个小腔，3个月后出现菌圃——草裥菌体组织，状如面包。在新巢的成长过程中，不断发生结构上和位置上的变化，蚁巢腔室由小到大，由少到多，个体数目达200万以上。黑翅土白蚁具有群栖性，无翅蚁有避光性，有翅蚁有趋光性。

**4. 防治方法**

园艺防治：清洁园圃中枯枝落叶。在被害植株基部附近用氯丹乳剂50～100倍液喷施或灌浇，可防治白蚁为害。人工防治：用松木、甘蔗、芦草等坑埋于地下，保持湿润，并施入适量农药，如施入“灭蚁灵”等，诱杀工蚁。每年从芒种到夏至的季节，如地面发现有草裥菌（鸡枞菌、三踏菌、鸡枞花），地下必有生活蚁巢，应进行人工挖除之。药剂防治：发现蚁路和分群孔，可选用70%灭蚁灵粉剂喷施蚁体，导致传播灭蚁的功能。物理防治：当繁殖蚁羽化分飞盛期时，可悬挂黑光灯诱系有翅成蚁。

## 三十七、星天牛

星天牛又名白星天牛，幼虫谷称盘根虫，属鞘翅目，天牛科。

**1. 分布与为害**

该虫广泛分布于全国各地。其寄主植物多达50余种，主要有枣、苹果、梨、杨、柳等。近年来在河南内黄、新郑枣区严重发生。幼虫子主要在枣树树干基部或根颈部蛀食为害，使树势衰弱，甚至整株枯死。

**2. 形态特征**

成虫体长20～40毫米，雌虫大于雄虫，漆黑色有光泽。角触较长，前胸背板两侧各有1个粗壮刺突，鞘翅上有白斑30～40个，基部颗粒状突起。卵长6毫米左右，长椭圆形，乳白色，孵化前变为黄褐色。老熟幼虫体长45～60毫米，乳白色，头部褐色，前胸背板基部有1块黄褐色“凸”字形大斑，此斑的前方有1对黄褐色飞鸟形纹。蛹长30～38毫米，纺锤形，乳白色，即将老熟时变为黑褐色（图8－20）。

**3. 生活习性及发生规律**

1～2年完成1代，以幼虫在树干基部木质部或主根内越冬。翌年4月越冬幼虫化蛹。5—8月出现成虫。成虫羽化后，取食细枝皮层或叶片作补充营养，约10天后开始交尾，交尾后10～15天开始产卵，卵多产于树干基部离地面10～50厘米高的范围内。产卵前雌虫先用上颚在树皮上咬成“T”字形或“人”字形伤口并用上颚稍微撬开皮层，然后转身将产卵管插入皮层产卵。多数雌虫一生可产卵30粒左右，多者达70余粒。卵经10天左右孵化为幼虫，初孵幼虫先在表皮与木质部之间蛀食，蛀道内充满虫粪，经1～2个月后再蛀入木质部，并在木质部内多数向上蛀食，蛀道不甚规则，并向外蛀有1～3个孔口，用以通气和排出粪便。11 月幼虫开始越冬。如当年幼虫已完成发育，则翌年春季化蛹，否则，翌年继续发育，直到老熟化蛹，幼虫期约 10 个月。

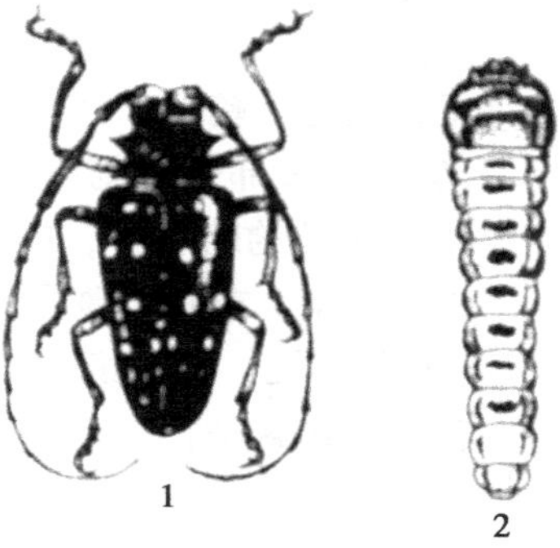


**图 8－20　星天牛**

1. 成虫　2. 幼虫

**4. 防治方法**

（1）人工防治。在成虫发生期，组织人力于中午前后捕杀成虫。发现产卵痕迹，可用刀挖出虫卵或小幼虫。也可用铁丝捅入蛀道，钩出或戳死幼虫。

（2）阻止产卵。成虫产卵期，将树干基部涂白，可阻止成虫产卵。涂白剂按石灰 1 份、细硫黄粉 1 份，水 40 份的比例配制。

（3）药剂熏杀。对蛀入木质部的幼虫，可先将虫孔附近的虫粪清除，然后在每个虫孔塞入约 1/6 片磷化铝片剂或浸透 80% 敌敌畏乳油的棉球，再用泥封口，效果良好。

## 三十八、红缘天牛

红缘天牛，又名红条天牛，属鞘翅目天牛科。

**1. 分布与为害**

它分布在东北、华北、华东及华南的北部，为害苹果、梨、枣、酸枣、葡萄、榆和刺槐等。幼虫于枝干皮层、木质部内蛀食，轻者削弱树势，重者使树枯死。

**2. 形态特征**

成虫体长9～17毫米，黑色。鞘翅基部有1对朱红色斑，外缘自前至后有1朱红色窄条。头部短，刻点稠密，被灰白色竖毛。触角细长，雌虫触角与体长约略相等，雄虫约为体长2倍；第4节长于第1节，第3节比第4节长；雌虫以第3节，雄虫以第11节最长。前胸宽度稍大于长，两侧缘刺突短钝，有时不甚明显。小盾片呈等边三角形。鞘翅窄长而扁，两侧缘平行，末端圆钝，翅面被黑色短毛。足细长，后足第1跗节长于第2、3跗节长度之和。卵：深灰色，光滑，长约1.4毫米，宽椭圆形。幼虫　老熟幼虫体长18～22毫米，前胸背板前缘具棕黄色斑，2个斑在盘面，2个分布在侧面，中间为浅白色空隙的弧形带。腹背部步泡突凸形，垫状，在盘面具有3条放射状洼沟。蛹：乳白色，长18厘米。

**3. 生活习性及发生规律**

红缘天牛在东北、华北、华东及华南等地，一年发生1代，幼虫在被害枝干内越冬。翌年3月，它恢复活动，继续为害。4月下旬至5月上旬，幼虫陆续老熟，于隧道端化蛹。5月下旬至6月上旬羽化为成虫，然后爬出，交尾，产卵，喜在0.5～3厘米粗的衰弱枝上产卵，多散产在各种缝隙内。幼虫孵化后先蛀入树皮下，在韧皮部与木质部之间为害，逐渐蛀入木质部髓心部分为害，严重时可将内部蛀空。10月以后，它们于隧道端越冬。幼虫为害处，从外表不易看出，没有通气排粪孔。

**4. 防治方法**

（1）用人工捕捉交尾和在枣树上的成虫，以避免成虫产卵。

（2）在枣圃地的行间挖沟，施10%呋喃丹后浇水然后盖土，可杀死取食的成虫。

（3）成虫期采用40%氧化乐果乳油800倍液，80%敌敌畏乳油500倍液喷洒防治。

## 第三节　枣园病虫害综合防治技术

病虫害防治是枣树生产中的一个重要环节，是枣树优质丰产的重要保证，在当前农业生态环境日益恶化的条件下，枣树病虫害越来越严重，并有新的种类发生。化学防治以其高效性和及时性在防治病虫害方面曾发挥了重要作用。但由于长期过量使用农药，造成红枣品质和质量下降。在防治喷雾过程中，有20%～30%飘散大气中，喷到枣树上的也因枣树叶片稀疏而使环境遭到了严重污染。

随着人们生活水平的提高，人们对枣果质量有了更高的要求，食品安全生产促使枣果生产必须走无公害、绿色、有机生产的道路。因此，实施综合防治，推广无公害化生产技术，已成为保证枣果质量的大事。要达到预期防治效果而又无公害，就必须采用“预防为主，综合防治”的技术措施。

自然界中天敌对抑制害虫的种群发展起决定性作用。天敌按取食方式可分为捕食性和寄生性两类。保护枣园原有天敌昆虫、补充天敌昆虫，招引和利用鸟类均可有效地抑制害虫的发生。防治中尽可能应用农业的、生物的以及物理的防治措施，合理使用化学农药是保护天敌的有效措施。

### 一、植物检疫

植物检疫是一个国家或地区的行政机构，法定禁止或限制危险性的病、虫、杂草人为地从一个国家或地区传入或传出，或传入后限制其传播蔓延的系列规章制度。主要是限制和杜绝通过调运繁殖材料、苗木、果实等而传播病虫害和杂草。

## 二、农业防治

农业防治就是根据枣树、病虫害、环境条件三者之间的关系，综合运用一系列农业措施，有目的地对果园生态体系进行调理，创造有利于果树生长发育的环境，促进枣树健壮生长，增强对病虫害的抵抗能力；同时，使环境条件不利于病虫害活动，繁衍生存，从而达到控制病虫害的发生和为害。主要措施如下。

**1. 选用优良的抗病虫品种及脱毒苗木**

因地制宜地选用适合当地气候条件、土壤条件的、抗病性、抗逆性、丰产性强的经检疫脱毒的无病虫为害的健壮苗木，以减少果树病虫害的发生，减轻对农药的依赖，减少化学防治的次数。

**2. 建园时要优先考虑病虫害的预防**

要选择合理栽植密度和间作物种类；清耕除草、清除转主寄主，减少或铲除果园内外初次和再次侵染来源；搞好果园卫生，清除落叶和杂草、摘除病虫果和虫苞、清除树干粗翘皮，做好四季修剪，减少病虫越冬或栖息场所，进行合理的土壤管理和肥水管理等栽培管理措施，创造一个有利于枣树生长发育，不利于病虫害滋生的环境条件。

## 三、化学（药剂）防治

化学防治就是用化学农药防治病虫害的一种手段。具有防治迅速、效果显著、应急性强和使用方便等优点。但长期广泛地使用化学农药会使许多病虫产生不同程度的抗药性，杀伤天敌，打破了自然生态平衡，污染果实及环境。生产无公害枣必须有选择地使用农药、改进用药技术。

**1. 严格执行农药品种的使用准则**

在无公害果品和平中，禁止使用高毒、高残留及致病农药，有节制地应用中毒低残留农药；优先采用低毒低残留或无污染农药。提倡采用以下农药：矿物农药如硫制剂、铜制剂、矿物油乳剂（石硫合剂、波尔多液）等；植物源农药如除虫菊素、苦楝素、烟碱、大蒜素及天然植物；动物源农药如昆虫信息素、活体制剂、寄生性或捕食性的天敌动物；微生物农药如病毒、细菌、真菌及微生物产物所制成的杀虫剂、杀菌剂。

**2. 科学合理的使用农药**

要根据病虫害的发生期，发生程度，科学诊断，对症下药，选用适宜的农药品种和剂量；根据病虫害发生规律，选择在害虫对药剂敏感的时期，并选用适当的用药方法；提倡不同农药交替使用，延缓病虫产生抗性；混合用药，病虫兼治，在保证防治效果的前提下，合理用药，严格执行安全用药标准，防治农药残留超标。

## 四、生物防治

生物防治就是利用生物或微生物代谢产物防治病虫，是综合防治病虫害持续、有效的措施。

**1. 保护和利用天敌**

自然界中天敌对抑制害虫的种群发展起决定性作用。天敌按取食方式可分为捕食性和寄生性两类。保护枣园原有天敌昆虫、补充天敌昆虫，招引和利用鸟类均可有效的抑制害虫的发生。防治中尽可能应用农业的、生物的以及物理的防治措施，合理使用化学农药是保护天敌的有效措施。

**2. 利用细菌、真菌、病毒、线虫等病源微生物制成杀虫剂**

微生物制剂如苏云金杆菌、白僵菌制剂等与化学制药相比，药效长，对天敌无害，但防治速度较慢，防治时间应适当提前。

**3. 昆虫性信息素的应用**

即种用雌蛾腹部末端性外激素腺体分泌的一种气味物质，作为引诱剂，诱杀大量雄蛾，造成雌雄昆虫比例失调，使雌虫不能繁衍后代，以达到消除害虫的目的。

## 五、物理防治

物理防治技术是根据果树害虫的生活习性，对物理现象不同反应而采取的机械方法防治害虫。主要有障碍阻隔法、捕杀法、黑光灯诱杀法、性激素诱杀法、温汤浸种法等。

# 第九章　枣果采收、贮藏与加工

## 第一节　枣果生长发育与成熟

### 一、枣果综述

枣果为真果，子房外壁形成外果皮，中壁形成果肉，内壁硬化成核，花梗形成果梗。根据这些特征，枣果属于核果类，但其梗洼环及其附近部分为蜜盘形成，又与桃、杏、李、梅等典型的核果类果实构造有所不同。

枣果的大小和形状因品种不同差异甚大。就大小而言，小者果平均4~6克，大者25克以上，果形则有圆形、扁圆形、长圆形、椭圆形、长椭圆形、倒卵形及葫芦形等。

核的形状变化较果实少些，一般多为扁纺锤形，顶端锐尖，基部钝或钝尖。此外，尚有纺锤形、近椭圆形等。

核内不具或具1~2枚种子，种子由胚珠发育而成，多为扁椭圆形。种皮两层，由内外珠被发育而成：外种皮坚硬具蜡质，有光泽，红褐色；内种皮较厚，棕色。种皮内具种仁，许多品种的种仁部分或全部败育，形成空核；也有个别品种核与种仁均退化，形成无核枣。在同株树上，一般具2粒种子的枣果最大，1粒种子的次之（若其中1粒种子早期败育则果形端正，种仁晚期中止发育则果形不正），无种子的果实最小。

## 二、枣开花结果习性

1. 花芽分化

枣树花芽分化不同于一般果树，具有当年分化、随生长随分化、单花分化期短、分化速度快、全树分化持续期长等特点。

当枣吊幼芽长 2 ~ 3 毫米，生长点侧方出现第一片幼叶时，叶腋间发生苞片突起，标志着花芽原始体即将出现；随枝条的不断生长，基部的花芽不断加深分化；至枣吊幼芽长 1 厘米时，最早分化的芽已完成花的形态分化。掰芽或移栽试验，证明枣花芽可多次分化。一个花序中，先中心花分化，再一级花、二级花、多级花。枣吊上的花芽从基部开始分化，渐及中部和上部。枣股上的吊，先萌发者先分化。枣头上先一次枝基部的枣吊分化，再各二次枝上的枣吊依发生先后渐次分化。换言之，只要树冠内有新的生长，就有花原始体形成的可能（表 9 – 1）。

单花分化过程分为未分化期、分化初期、萼片期、花瓣期、雄蕊期和雌蕊期（图 9 – 1）。

枣单花分化仅历时 6 天左右，单花序分化需 6 ~ 20 天，单个枣吊分化期一般 1 个月左右，单株分化则长达 2 ~ 3 个月。枣树从完成花芽发育到开花需时较短，仅 42 ~ 54 天（表 9 – 2）。

**表 9 – 1　掰芽后再萌发情况**（曲泽洲等　1962）

| 萌芽日期（日/月） | 再萌发日期（日/月） | 历经天数（天） | 开花期（日/月） | 历经天数（天） | 掰芽日期（日/月） | 再萌发日期（日/月） | 历经天数（天） | 开花期（日/月） | 历经天数（天） |
|---|---|---|---|---|---|---|---|---|---|
| 5/5 | 14/5 | 9 | 5/6 | 31 | 29/5 | 4/6 | 6 | — | — |
| 9/5 | 19/5 | 10 | 10/6 | 32 | 4/6 | 9/6 | 5 | — | — |
| 14/5 | 19/5 | 5 | 9/6 | 26 | 9/6 | 19/6 | 10 | — | — |
| 19/5 | 23/5 | 5 | 9/6 | 21 | 6/7 | — | — | — | — |
| 23/5 | 29/5 | 5 | 14/6 | 22 | | | | | |

* 每次处理 10 个中年枣股

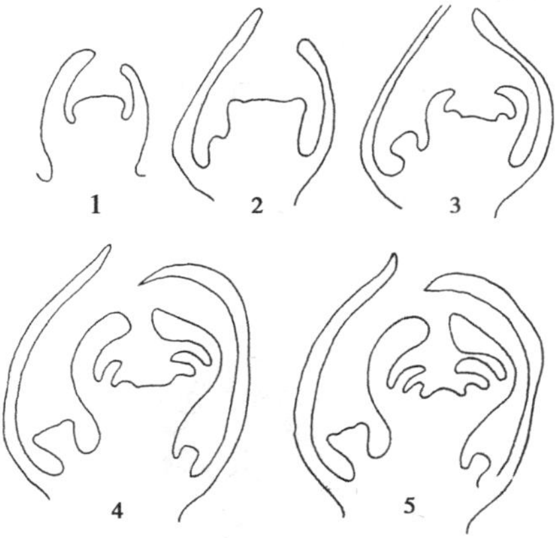


**图 9－1　枣花芽形态分化**

1. 分化初期　2. 萼片期　3. 花瓣期　4. 雄蕊期　5. 雌蕊期

**表 9－2　枣树种、品种花芽分化和物候期**

（曲泽洲等　1963）

| 项目 | 大枣 | 婆枣 | 小枣 | 长小枣 | 酸枣 | 项目 | 大枣 | 婆枣 | 小枣 | 长小枣 | 酸枣 |
|---|---|---|---|---|---|---|---|---|---|---|---|
| 萌芽期（月/日） | 4/12 | 4/14 | 4/13 | 4/14 | 4/10 | 花部分形成（天） | 13 | 12 | 12 | 4 | 4 |
| 花芽开始分化期（月/日） | 4/12 | 4/18 | 4/18 | 4/14 | 4/10 | 开花期（月/日） | 5.24 | 5.31 | 5.31 | 6.7 | 5.31 |
| 雌蕊形成期（月/日） | 4/25 | 4/30 | 4/30 | 4/18 | 4/14 | 完成芽发育周期（天） | 42 | 43 | 43 | 54 | 51 |

枣树花芽分化与树体营养状况密切相关。如连续多次掰芽，随掰芽次数增加，当养分枯竭时则枣吊不再萌发。又如枣树移栽后，一般枣吊基部或中部不具花，上部则可开花，即因移栽断伤根系，影响水分、养分吸收，造成营养不良而影响花芽分化，至

根系营养状况改善后，则形成花芽而开花。

**2. 开花、授粉和结实特性**

枣花开放以树冠外围最早，渐及树冠内部。枣吊开花顺序从近基部逐节向上开放；花序中则中心花先开，再一级花、二级花、多级花。枣的花序最多有6级，但6级多因质量差、发育不良而脱落（图9－2）。

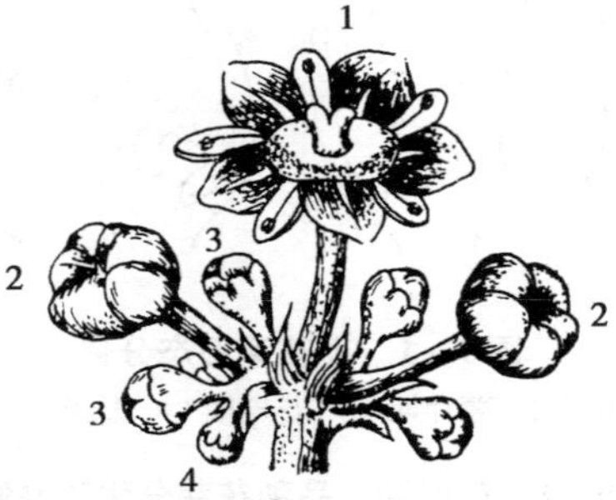


**图9－2　枣花序开放顺序**

1、2、3、4代表花序内的各级花

单花开放过程的分期，各地不同，一般分为裂蕾、初开、萼片展开（半开）、瓣立、瓣平（盛开期，大量散粉）、花丝外展和瓣萼凋萎7个时期。单花开放时间长短因品种而异，但单花开放均在一天内完成。

据观察，枣树品种的开花时间可分为两类：一为日开型，如金丝小枣、赞皇大枣、婆枣等；一为夜开型，如义乌大枣、灵宝大枣、灰枣等。单花开放都经过一个明暗交替的过程，两种类型虽裂蕾时间不同，但主要散粉及授粉时间均在白天，对生产影响不大。

枣花开放过程中，有的品种开花前花丝生长迅速，花瓣与雄蕊瞬间分离而产生弹力，可将花粉成团弹落在柱头和蜜盘上，可自动授粉。但有的品种仍需传粉媒介。

枣花盛开时蜜丰富，香味浓，为典型的虫媒花，传粉媒介以蜜蜂为主。

枣花单花寿命短，有效授粉期也短，在开花当天授粉的坐果率最高，随开花时间延长而坐果率大幅度下降。枣花授粉和花粉发芽均与自然条件有关。低温、干旱、多风以及阴雨天气不利授粉。枣花粉发芽以24～26℃为宜，湿度过低（RH < 40%）也影响花粉发芽。北方枣区花期空气过于干燥，易出现“焦花”现象。

枣花粉生活力和开花后的时间有关，以裂到半蕾期花粉发芽力最高。据南京植物研究所（1963）报道，在适宜条件下，花粉贮藏一个月仍有发芽能力。

枣多数品种虽可单性结实和自花结实，但适宜的授粉树可提高坐果率。据观察，金丝小枣附近栽有绵枣可提高坐果率。婆枣配斑枣，义乌大枣配马枣为授粉树则有明显的增产效果。灰枣、婆枣、骏枣均有一定的自花结实能力（表9－3、表9－4），但无核小枣则自花不实。有的品种对授粉树要求严格，有些品种存在反交不实现象，因此，枣的结实性是多种多样的。

**表9－3 枣授粉试验调查**（曲泽洲等 1982）

| 授粉组合 | 坐果率（%） | 授粉组合 | 坐果率（%） | 授粉组合 | 坐果率（%） |
|---|---|---|---|---|---|
| 无核×无核 | 0.00 | 婆枣×葫芦枣 | 24.70 | 灰枣×马牙枣 | 9.00 |
| 灰枣×灰枣 | 0.00（1980） | 婆枣×串枣 | 24.95 | 马牙枣×灰枣 | 0.00 |
| 婆枣×婆枣 | 0.41 | 斑枣×大婆枣 | 26.50 | 无核×马牙枣 | 0.00 |
| 斑枣×斑枣 | 0.76 | 斑枣×婆枣 | 28.50 | 无核×灰枣 | 0.00 |
| 婆枣×大婆枣 | 13.70 | 斑枣×串杆枣 | 33.50 | 灰枣×酸枣 | 19.00 |
| 婆枣×斑枣 | 23.15 | 斑枣×葫芦枣 | 33.90 | 圆枣×酸枣 | 0.00 |

表 9－4　骏枣自花和他花授粉结实率

（山西交城林业科学研究所　1982）

| 处理 | 结实率（%） | 处理 | 结实率（%） | 处理 | 结实率（%） |
|---|---|---|---|---|---|
| 去雄 | 0.00 | 骏枣×铃枣 | 0.00 | | |
| 自花套袋 | 3.40 | 骏枣×甜枣 | 0.00 | 骏枣×木枣 | 0.00 |
| 骏枣×骏枣 | 2.50 | 骏枣×团枣 | 0.00 | 骏枣×壶瓶枣 | 0.00 |
| 骏枣×郎枣 | 0.45 | 骏枣×板枣 | 0.00 | | |

### 3. 落花落果

枣树落花落果严重，据调查，自然坐果率通常只有开花总数的1%左右，如铃枣坐果率为0.13%～0.36%，郎枣为1.3%，晋枣为1.39%，金丝小枣为0.4%～1.6%，婆枣坐果率较高，也仅有1%～2%。

枣花在形成过程中还有落蕾现象。落蕾现象多发生在高级次花蕾，其主要原因是营养不良所致。

枣树花后一周左右就大量落花落果，落花落果波峰基本上与开花波峰相似。在北方枣区，落果高峰出现在6月中下旬至7月上旬，即幼果生长初期，此期落果量约占总量的50%；7月中下旬，生理落果基本结束。后期落果多因病虫或机械伤害引起。

### 4. 果实发育

枣花授粉受精后果实即开始发育，由于花期长，坐果期不一致，因而果实生长期长短也不同，但果实停止生长的时间则差不多。根据枣果细胞分裂和果形变化，可将果实发育划分为3个时期（图9－3）。

（1）迅速生长期。枣果发育最活跃的时期，为细胞分裂和迅速生长期。分裂期一般2～3周，大果型可达4周。至分裂期末，大果型单果细胞数量可达2 880万～8 350万个，小型果仅

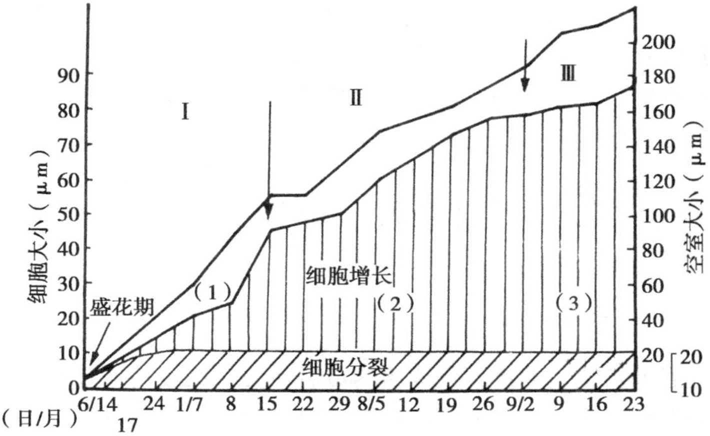


**图 9－3 枣果实发育的分期**

Ⅰ迅速生长期（1） Ⅱ缓慢生长期（2） Ⅲ熟前增长期（3）

有 900 万个左右。

在细胞分裂期细胞增长缓慢，且果实外形变化不大。细胞分裂一旦停止，细胞体积开始迅速增长，果实的各个部分也相继出现增长高峰。花后 10 天左右形成种子雏形，核开始硬化，种皮、胚乳、子叶清晰可辨。细胞迅速生长期因品种不同历时 2～4 周，此期果实纵径增长领先于横径，空胞（又称空室，即细胞间隙）逐渐明显。此期末，子房直径超过蜜盘直径，致使蜜盘上弯而形成梗洼环，果实由三角形变成圆锥形或倒卵形。

（2）缓慢生长期。果实的各个部分增长速度下降，核硬化完成，在核硬化期内，种仁进一步充实、饱满，期末种仁达增长高峰，随即停止生长。由于果核木质化和营养物质的积累，空胞迅速扩大，果实重量和体积不断增长。此期持续期因品种而异，一般约 4 周，持续期长的果实大。期末完成果形变化，具品种的形态特征。

（3）熟前增长期。细胞和果实的增长均很缓慢，主要进行营养物质的积累和转化：果实已达到一定大小，果皮退绿变浅，开始着色。糖分迅速增加，风味增进，后期果实完熟，具品种特有的色、形、味等。

## 第二节　枣果采收、分级、包装与运输

### 一、枣果采收

枣果采收是枣树高产栽培的最后一关，采收的适宜与否，直接关系到丰产丰收、枣果质量及其经济价值。采收过早，枣果尚未完全成熟，果实营养成分低着色不完全，商品价值降低。采收过晚，枣果质量虽有提高，但容易造成大量落果，如遇阴雨天，还容易造成大量裂果烂果，使丰产不能丰收。所以，适时采收是枣树无公害栽培的关键环节，不容忽视。

**1. 枣果的成熟时期**

目前，生产上按果皮颜色和果肉的变化情况把枣果的成熟期划分为白熟期、脆熟期和完熟期 3 个阶段。

（1）白熟期。从果实的充分膨大至果皮全部变白而未着红色。这一阶段果皮细胞中的叶绿素大量消减，果皮退绿变白而呈绿白色或乳白色，果实体积不再增加。内层较疏松，汁液少，含糖量低，果皮薄而有光泽。

（2）脆熟期。白熟期过后，果皮自梗洼、果肩开始逐渐着色，果皮向阳面逐渐出现红晕，直至全红。果肉含糖量剧增，质地变脆，汁液增多，果肉呈绿白色或乳白色，食时酥脆、香甜、爽口，色香味俱佳，内含营养物质亦最丰富。

（3）完熟期。果皮颜色进一步加深，养分进一步积累，含

糖量增加，水分和维生素逐步下降，果肉逐渐变软，果皮微皱。

**2. 适时采收**

生产中按不同用途和不同的加工方法来确定最适宜的采收时机。

（1）鲜枣采收时期。如冬枣、雪枣、梨枣、桐柏大枣等用于鲜食和鲜贮藏的枣，应在脆熟期采收，此时果实色泽艳丽，果肉脆甜多汁，耐贮运。

（2）制干枣的采收时期。如灰枣、鸡心枣、金丝小枣、骏枣等用于制干销售的枣应在完熟期采收。此时，果形饱满，果色深暗，果肉含糖最高，制干率高，果实富有弹性，易贮运。

（3）加工枣的采收时期。适应于加工的枣品种较多。加工的种类也很多。加工蜜枣、糖枣时应在白熟期采收。此时，采收加工品晶莹剔透，色泽诱人，商品性好。加工乌枣醉枣时在脆熟期采收，才能使加工品乌光发亮，暗里透红，提高商品价值。

另外，矮冠密植园，手采方便。可根据每一株树上不同部位枣的着色情况，实施分批采收，进一步提高经济效益和商品价值。

**3. 采收方法**

根据不同的用途，采用不同的采收方法，生产上采用的主要采收方法有一次性震撼法、手采法和乙烯利催熟法。

（1）震撼法。即木杆敲击枣树大枝基部，将枣果震落，用于制干的枣果可采用此方法。震枝之前，地上铺塑料布或草帘，便于枣果的收集。

（2）手采法。即用人工的方法逐个采摘枣果。用于鲜食和鲜枣品贮藏的枣果可采用此方法。采后要及时装箱。

（3）乙烯利催熟法。具体方法是在采前 5 ~ 7 天，喷 1 次 200 ~ 300 毫克/升的乙烯利催熟剂，3 ~ 5 天后在树下铺塑料布，摇动树干，枣果即全部脱落。此法适应于枣果制干或采后马上加工的品种。

**4. 注意事项**

枣果采收质量的好坏直接关系到枣果的商品价值和枣农的经济利益，尤其是做为鲜食贮藏的枣果，更应科学采摘。在适时采摘的基础上应注意以下几点。

（1）采收应在晴朗无风天进行。用于鲜销的枣果，随采随装箱。根据市场供应量多少适量采摘；用于贮藏保鲜的枣果，采摘后经过预冷及时入库；用于晒干的枣果，采后选择阳光充足，通风良好的场所及时晒干。

（2）采前首先捡拾树冠下的落地枣、石块砖头、枯枝等，防砸伤浆烂枣果。

（3）讲究科学采摘。做到轻摇、轻摘、轻放、轻装、轻卸，尽量避免人为造成的机械损伤。特别是做为贮藏保鲜的枣果，要尽量保留果柄，减少伤口，防止病菌侵入，延长保藏期。

## 二、果实的分级包装

红枣采收后立即分级包装上市销售。但目前我国的红枣分级标准还不很统一，特别是鲜枣还没有统一标准。各地根据自己的实际情况，按照不同品种类型和干鲜形态分别分级和包装。

**1. 分级包装**

按用途可分为鲜枣分级包装和干枣分级包装。

（1）干枣分级。我国用于制干的枣品种很多，1986 年国家规定了干枣的分级标准（GB/T 5835—1986），在这个标准中把干枣按果实大小分成了大枣和小枣两个类别，具体分级标准如下。

表 9－5、表 9－6 中的小枣包括金丝小枣和鸡心枣品种，大枣包括灰枣、板枣、郎枣、圆铃枣（核桃纹紫枣）、长红枣、赞皇大枣、灵宝大枣（屯屯枣）、壶瓶枣、相枣、骏枣、扁核酸

枣、婆枣、山西（陕西）木枣、大荔圆枣、晋枣、油枣等。

（2）鲜枣分级。鲜枣主要指梨枣、冬枣、雪枣、桐柏大枣等只能用于鲜食的红枣品种。目前，国家还没有明确的分级标准，在保证果实均匀、无病虫果、无浆烂果正常采收的情况下，我们按照果实大小把它分为4个级别：单果重质量在25克以上为特级，20～24克为一级，10～19克为二级，9克以下为三级。

（3）包装。用于上市销售的红枣一般都要有2次包装，即方便于贮藏和运输的贮藏包装和着重于销售的商品包装。贮藏包装要求使用无毒副作用、抗压耐冲击的高强瓦楞纸箱或塑料周转箱做包装材料。每个单箱装枣10～15千克。商品包装多用无毒塑料或纸盒制成，用于鲜食的枣盒内多设有果托。此包装印刷精致，外观大方，按商品要求设计有图案和照片，并加注商标、净重、保质期等有关事项。

**表9－5　小枣的等级规格及质量**

| 等级 | 果型和个头 | 品质 | 损伤及缺点 | 含水率 |
|---|---|---|---|---|
| 特级 | 果形饱满，个头均匀，具有本品种应有的特性，金丝小枣每千克不超过300粒 | 肉质肥厚，具有本品种应有的色泽、身干，手握不黏个，杂质不超过0.5% | 无霉烂、浆头、无不熟果，无病虫果，破头、油头两项不超过3% | 金丝小枣不超过28% |
| 一级 | 果形饱满，个头均匀，具有本品种应有的特性，个头均匀金丝小枣每千克不超过360粒，鸡心枣每千克不超过620粒 | 肉质肥厚，具有本品种应有的色泽、身干，手握不黏个，杂质不超过0.5%，鸡心枣允许肉质肥厚度较低 | 无霉烂、浆头、无不熟果，无病果，虫果、破头、油头三项不超过5% | 金丝小枣不高于28% |

（续表）

| 等级 | 果型和个头 | 品质 | 损伤及缺点 | 含水率 |
|---|---|---|---|---|
| 二级 | 果形良好，具有本品种应有的特性，个头均匀金丝小枣每千克果数不超过 420 粒，鸡心枣不超过 680 粒 | 肉质肥厚，具有本品种应有的色泽、身干，手握不黏个，杂质不超过 0.5% | 无霉烂、浆头、无病虫果，破头、油头干条四项不超过 10%（其中病虫果不超过 5%） | 鸡心枣不高于 25% |
| 三级 | 果形正常，具有本品种应有的特性，每千克数不限。 | 肉质肥厚不均，允许不超过 10% 的果实色泽较浅、身干，手握不黏个，杂质不超过 0.5% | 无霉烂、允许浆头、病虫果，破头、油头五项不超过 15%（其中病虫果不超过 5%） | |

**表 9－6　大枣等级规格质量**

| 等级 | 果形和果实 | 品质 | 损伤和缺点 | 含水率 |
|---|---|---|---|---|
| 一级 | 果形饱满，具有本品种应有的特征，个头均匀 | 肉质肥厚，具有本品种应有的色泽、身干，手握不黏个，杂质不超过 0.5% | 无霉烂、浆头、无不熟果、无病果，虫果、破头两项不超过 5% | 不高于 25% |
| 二级 | 果形良好，具有本品种应有的特征，个头均匀 | 肉质肥厚，具有本品种应有的色泽、身干，手握不黏个，杂质不超过 0.5% | 无霉烂、允许浆头不超过 2%、不熟果不超过 3%、无病果，病虫果、破头两项不超过 5% | |
| 三级 | 果形正常，个头不限 | 肉质肥瘦不均，允许不超过 10% 的果实色泽稍淡，身干，手握不黏个，杂质不超过 0.5% | 无霉烂、允许浆头不超过 5%、不熟果不超过 3%，病虫果、破头两项不超过 15%（其中病虫果不超过 5%） | |

**2. 上市销售**

我国是枣的原产地，占据了世界98%以上的产量和几乎100%的红枣贸易量，但目前我国红枣的出口量还很小，影响出口的主要因素是国际上的绿色壁垒和枣果质量，做为生产者能够做到的就是尽可能地提高枣果的品质，迎得外商的欢迎。

近几年，随着全国枣树面积的扩大，国内的红枣销售也红火异常，特别是一些优质的鲜食和制干枣深受消费者欢迎，价格也一路攀升。好的冬枣卖到每千克80元以上，特制的干制新郑灰枣的销售价也在每千克60元以上。但在这些红火的背后，也存在以下问题：红枣质量等级参差不齐；使用药物不当，致使药物残留超标；包装粗糙，外观不吸引人；注册商标少，名牌效应低；红枣营销人员少，营销网络不健全。所有这些都是我们今后红枣生产中工作的重点。要使红枣这一中国原产的营养保健果品占领国际国内市场，我们还有很多的工作要做。

**3. 安全运输**

红枣经过分级、包装、贮藏之后，要通过运输才能到达市场，进行销售。运输包括从产地到销售地和从枣园到贮藏库2个阶段。运输的方式有公路、水道、铁路、航空4种方式。无论在哪个阶段，采用哪种运输方式，都要遵循快装快运、轻装轻卸、防热防冻、远离污染源的原则。长途运输鲜枣要使用低温冷藏车，干枣长途运输可使用一般的运输车辆，但在运输过程中要注意防雨防热。目前被广泛使用的集装箱运输是红枣运输比较理想的运输工具。

另外，为确保红枣迅速安全地到达目的地，在装车之前还要办好准运证、检疫证、合格证等一些必要的出境手续，避免路上受阻，耽误行程，给枣果在运输过程中造成不必要的损失。好在我国目前正在实行的针对农副产品运输的绿色通道建设为红枣的运输提供了快速安全的运输保证。

# 第三节　鲜枣贮藏

鲜枣的保鲜方法很多，技术难易各不相同。目前生产上主要应用的有简易贮藏保鲜法和低温贮藏保鲜法。

(1) 简易保鲜法。利用自然低温及简单设备或材料维持枣果风味品质的一种办法。其特点是设备简单，投资少，简便易行。但受条件限制，贮量小，不能成为商品运作的主要方式。

①湿沙贮藏法。在阴凉潮湿处铺3厘米厚湿沙，放一层鲜枣在湿沙之上，再用湿沙一层。如此堆积30厘米高沙堆，上盖湿麻袋，并保持麻袋和砂的湿度。此法保鲜期在一个月以上。

②冰箱冷冻法。把采好的鲜枣装入塑料袋中，封口。放置于冰箱冷冻室中速冻成冰枣。食用时，提前取出，缓缓解冻，解冻后立即食用，仍保持鲜枣原有的脆度。解冻后不宜久放，否则失去原有风味。

(2) 低温保鲜法。用机械制冷的方法，使保鲜库始终保持(0±1)℃的温度。此法保鲜需建立冷库，冷库的大小视要贮存的枣果多少而定。冷库的种类有窑洞和砖混结构两种，枣农可依据自己的经济实力选择窑洞或砖混结构平房做自己的贮存库房。无论那种库房，鲜枣保鲜都必须经过以下几个步骤。

①库房准备。贮有鲜枣的库房要求有两台能使库房温度快速降到-2℃以下的制冷机组。设有通风装置、贮存架、附设预冷室。入库前半个月先清扫库房，再用硫黄熏蒸消毒，密封24小时，然后开库2~3天，排除有毒气体后，闭库制冷使库温降到0℃以下。

②鲜枣处理。选择适宜的鲜枣品种，按照保鲜枣果的要求条件，选择要贮存的枣果，选好枣果之后在库房外进行预冷处理，

把预冷后的枣果放入20%的氯化钙水溶液中浸果30分钟，做防腐处理。然后捞出，在7~8℃条件下预冷1~2天，在枣温降至7~8℃后，把经过两次处理的枣果装入容量为0.5~1千克、打有小孔的塑料袋（袋侧打直径3~4毫米的小孔各2~3个）中，入库贮存，库内架上之间要留有间距，以利通气和散热。

③库房管理。严格控制库温在（0±1）℃，防止温度波动。控制库内湿度在90%~95%，二氧化碳含量不超过2%。通过降湿、通风、加水、排气、排湿等手段来实现库房内温湿气的调节。

（3）气调贮藏法。包括塑料薄膜包装气调贮藏、硅窗气调贮藏和气调贮藏库贮藏等方法。这些方法都是利用自然的或人工的手段，调节保鲜袋内或库房内的氧、二氧化碳和乙烯的比例，以达到枣果保鲜的目的。此法枣农掌握起来较为困难，这里不再多述。

目前，世界上比较先进的果实贮藏保鲜方法还有减压贮藏、臭氧保鲜贮藏、电子保鲜贮藏等。

## 第四节　枣果加工

除了鲜食和制干之外，红枣还可通过一定的工艺流程加工成多种枣制品和保健酒及饮料等。通过加工可延长红枣生产的产业链条，增加附加值，提高经济效益。随着科技的进步，许多高档的红枣加工产品正逐步推向市场，受到越来越多的消费者的欢迎。

红枣的无公害加工技术，要遵照国家规定的果品无公害加工标准，严格限制各类色素和防腐剂的使用，并且各类加工品要达到国家规定的食品卫生标准。

## 一、枣系列食品的开发

大枣食品的特点是通过加工之后还要保持原枣的一些风味和形态特征，其加工品种相当多，加工技术比较简单，这里主要介绍市场上常见的几个主要品种。

### （一）大枣果脯

本品由红枣去核后糖制而得，主要特点是成品透明绵软，红枣营养成分保全较好，营养价值高。外形美观，保质期长。

**1. 主要原料**

红枣、砂糖、氢氧化钠、蜂蜜、柠檬酸、亚硫酸钠。

**2. 工艺流程**

原料→挑选→清洗→去皮去核→制干→护色→糖制→滚粉→包装。

**3. 加工过程**

（1）去皮去核。将洗净的鲜枣用去核机除去枣核，放入浓度为5%温度为100℃的氢氧化钠溶液中浸烫30～80秒。捞出后放到冷水溶液中搓去果皮，然后用清水洗净枣果。

（2）护色。将洗净去核后的枣果放入0.15%柠檬酸和0.1%的亚硫酸钠混合液中浸泡护色。

（3）制干。将护色后的枣果送入温度不超过60℃的烤房中脱水烤干。

（4）蒸煮浸糖。将制干后的枣果放入蒸笼蒸2～3小时后，再放入浓度为50%的浓糖液和5%的蜂蜜混合液中煮沸30分钟，涝出沥干糖液。

（5）调制。按100千克枣果加2千克砂糖的比例，把砂糖均匀撒在沥干的枣果上，摇滚均匀即成枣脯。

（6）包装。按一定的重量把制好的枣脯装入印刷精美的塑料袋内或纸盒内，封口装箱入库。

（二）红枣糖水罐头

红枣罐头以鲜枣为原料，通过加糖，最好地保留了红枣原有的风味和形状。其加工简单，适于大量制作。

**1. 主要原料**

红枣、砂糖、柠檬酸。

**2. 工艺流程**

选料→清洗→泡制→装罐→排气→杀菌。

**3. 加工过程**

（1）清洗。用清水反复清洗挑选好的大小适中的无病虫、无损伤、无畸形的枣果。

（2）浸泡。用温水浸泡枣果24小时，然后用流水冲洗。

（3）装罐。将浸泡洗净后的枣果装入干净的罐头瓶中，然后加入调制好的25%的砂糖和0.1%的柠檬酸混合液。

（4）排气密封。将装好瓶的罐头放入蒸笼中加热，待罐头中心温度达到70℃以上时，立即用真空封口机封盖。

（5）杀菌冷却。封盖后，将罐头放入100℃的沸水中保持30分钟，然后冷却至40℃左右，即可装箱入库。

（三）大枣果酱

枣酱的特点是酸甜适口、营养丰富，一般用肉厚核小、充分成熟的干枣制成。

**1. 主要原料**

干枣、砂糖、琼脂、淀粉、桂花液、花生油。

**2. 工艺流程**

原料→水洗→浸泡→蒸煮→打浆→浓缩→装罐→冷却杀菌→装箱。

**3. 加工过程**

（1）水洗。将初选后的干枣捡去杂质、去除果柄后放入容器中反复冲洗数遍。

（2）浸泡。将清洗后的枣果放入清水池中浸泡12～15小时，水的用量以浸没枣果为宜。

（3）蒸煮。将浸泡后的枣果放入水锅中蒸煮1.5小时左右，待枣果发软浆裂后捞出。

（4）打浆。用孔径0.2～0.5毫米的打浆机把蒸煮后的枣果打浆1～3遍，然后用尼龙纱布滤去枣皮和枣核，枣浆入容器备用。

（5）配料。各种原料的配合比例是：枣浆50千克、砂糖38千克、琼脂0.1千克、淀粉3千克、桂花香料2.3千克、花生油1.5千克。将砂糖加水配成75%的浓糖液，用纱布滤去杂质备用，琼脂加水5倍配成溶液后过滤备用，淀粉加水4.5千克搅拌均匀，过滤备用，桂花香料加水1倍，搅拌均匀过滤备用。

（6）浓缩。将糖浆、枣泥浆及淀粉水加入夹层锅中混合均匀，在2.5～3.0千克/平方厘米的蒸气压力下加热浓缩，当浓缩至可溶性固形物达到50%时，加入琼脂液，当可溶性固形物达到55%时，加入桂花液及花生油，继续浓缩10分钟。停止浓缩，快速装罐。

（7）装罐密封。在酱温不低于85℃时，用装罐机装罐，用真空封口机封口。

（8）冷却杀菌。把封好口的罐头瓶放入夹层锅中加水淹没，加热杀菌，升温5分钟，在沸水中煮15分钟，捞出放到流动的冷水中，冷却到38℃时装箱入库。

（四）红枣干

一般用干制后的红枣加工而成，特点是香脆可口、枣香浓郁，便于随身携带，是旅游休闲的好食品。

**1. 主要原料**

红枣。

**2. 工艺流程**

原料→清洗→去核→切干→烘干。

**3. 加工过程**

（1）清洗。将选好的干制红枣用清水反复清洗，直至干净。

（2）去核。将清洗晾干后的枣果用去核机除去果核。

（3）切干。用切片机将去核后的红枣切成厚度为2毫米的枣干。

（4）烘干。将枣干放入大烘房中烘干、出房，烘干后的枣干水分不超过5%。

（5）冷却包装。将冷却后的枣干装入小塑料袋中密封，每袋30克，每8～10袋为一个大包装，装箱入库。

（五）红枣粉

红枣经过粉碎过筛后，可加工成枣粉，饮用时加水冲制，特点是枣味浓郁，酸甜适度，营养丰富，素有“中国咖啡”美誉。

**1. 主要原料**

干枣、白砂糖、柠檬酸。

**2. 工艺流程**

原料→清洗→去核→烘干→粉碎→配料→膨化→包装。

**3. 加工过程**

（1）清洗。将成熟完好，干湿适度的干枣放入容器中反复清洗，直至干净。

（2）去核。用去核机除去枣果中的枣核。

（3）烘干。用干燥箱在70～80℃的温度下，将去核的枣果烘干，烘干后枣果含水量不超过5%。

（4）粉碎。用粉碎机将烘干后的枣果粉碎成直径0.05毫米的枣颗粒，过筛取粉。

（5）配料。依口味将适量的柠檬酸、砂糖、香精混合后调解成汁，与枣粉混合拌匀。

（6）膨化。用微风干制混合好的枣粉，用喷粉塔喷粉膨化干枣粉，即为成品。

（7）包装。用小塑料袋装盛枣粉封口，每小袋3～5克，每8～10个小袋为一个大包装，装箱入库。食用时每小袋冲沏一杯。

（六）速溶枣粉加工工艺

**1. 原料选择**

利用新鲜红枣，要求检出风落枣、病虫红枣、破头枣、青枣及霉枣等。洗涤破碎，首先用流动水冲洗或空压机搅拌清洗，再破碎成为直径为3～5毫米，去核。

**2. 浸提**

浸提是速溶枣粉加工过程中最为重要的步骤之一，直接影响枣粉的营养价值、提取率及速溶性等，应该尽可能完全的提取出红枣中的营养保健物质。方法一：采用果胶酶乙醇法，第1次浸提料水比为1∶5，调节溶液pH值为3.5，果胶酶浓度为50微克/毫升，温度为45℃，浸提时间为2小时，然后升温到95℃，灭酶1分钟，用100目滤布过滤，枣汁密闭保存备用；枣渣用60%乙醇溶液进行第2次浸提，料水比为1∶3，在沸腾回流条件下浸提1分钟，过滤，红枣汁与第1次浸提的枣汁混合。方法二：采用热水浸提，料水比为1∶5，在90℃温度下浸提3分钟，然后用100目滤布过滤得枣汁。

**3. 调配**

为了让制得的速溶枣粉适合大众口味，枣粉质量符合产品规格要求，加入少量异麦芽低聚糖、蔗糖、柠檬酸、食盐以及助溶剂等进行调配，可使枣粉营养丰富，酸甜可口，枣香浓郁。

**4. 胶磨处理**

将搅拌均匀的料液送入胶体磨，进一步微细化，以增强产品的稳定性。杀菌，红枣汁通过超高温瞬时杀菌机杀菌1～2秒。

**5. 真空浓缩**

在 ZJ 型真空浓缩设备中进行。真空度为 1 330 ~ 4 000 帕，温度为 45℃，枣汁出料质量浓度为 40% 左右。

**6. 真空干燥**

经过浓缩后的枣汁，盛入料盘，液体高度约 5 毫米，放入 ZGT 型真空干燥机内，在真空度为 270 ~ 400 帕，温度为 10 ~ 40℃下真空干制成粉。

实验证明，采用果胶酶和 60% 乙醇溶液进行二次浸提枣汁，工艺合理，出汁率较传统方法提高了 30% ~35%，固形物含量提高了 4% ~5%，维生素 C 含量提高了 0.28 ~0.35 毫克/毫升。利用正交实验确定了速溶枣粉的最佳配方为：30 毫升枣汁中加入 2.0 克蔗糖和 0.06 克柠檬酸，制得的枣粉风味较佳。实验证明，枣汁经胶体磨均质 2 次，在真空度为 1 330 ~4 000帕，温度为 45℃进行真空浓缩，使出料浓度为 40%，然后在真空度为 270 ~400 帕，温度为 30 ~40℃下进行真空干燥，可得到色、香、味俱佳且维生素 C 含量很高的速溶枣粉。

## 二、大枣保健酒的研制与开发

红枣作为一种优良的保健果品，通过一定的工业流程可加工成不同类型的保健酒，常饮红枣酒对人体健康有很大的益处，同时又为红枣的进一步增值开辟了一条新途径。

（一）红枣浸制酒的加工

**1. 主要原料**

红枣、酒精、香精、白糖、柠檬酸。

**2. 工艺流程**

原料→水洗→破碎→浸泡→提液→浸泡→混液→贮藏→配料→装瓶→入库。

**3. 加工过程**

(1) 水洗。选好的枣果先放入流水池中冲洗除杂、捞出沥干。

(2) 破碎。鲜枣要求压破果肉，一般生产上多用滚筒破碎机把枣果挤破皮即可，不要打成泥浆。

(3) 浸泡。如果选择用鲜枣，应用40~45℃的脱臭酒精对鲜枣进行浸泡，一般加酒精量为枣的3倍，然后在室温下浸泡7天，进行分离，分离出的浸泡液入缸贮存。干枣不经过破碎，可直接用脱臭酒精（45~50℃）浸泡48~56小时，进行第1次放汁，然后加香精浸泡，放2次汁。浸泡期间温度保持在30~40℃，浸泡器具加盖密封。

(4) 第2、第3次浸泡。在第1次浸泡过的过滤渣中加入等量的酒精，浸泡3~7天进行第2次分离，分离出的汁液与第1次分离出的汁液混合，然后再进行第3次浸泡，浸泡时间短于第2次浸泡，酒精加入量等同于第2次，第3次分离出的汁液同前两次合并贮藏。贮藏时间为15~20天。

(5) 贮藏。鲜、干枣的浸泡液在贮藏期间要不断倒池（桶），除去液面悬浮物和池底沉淀物。一般贮存15天只倒1次，也可根据悬浮物和胶体状物沉淀多少而定。但要求最后一次倒池时浸泡液清亮透明，无浑浊沉积物。

(6) 配料。按下列比例配料：枣浸出汁液30.5%~32%、白糖12%~14%、酒精6%~8%、柠檬酸0.3%~0.5%、水50%。

配制后充分混合均匀，静置7~10天，进行过滤，滤液加热75~80℃，15~20分钟杀菌后装瓶，加标签装箱库存。

(二) 红枣发酵酒的研制

**1. 主要原料**

红枣、酵母。

**2. 加工流程**

原料→脱水→去核→蒸煮→压榨→前发酵→分离→后发酵→分离→贮存→冷冻下胶→过滤→调整成分→过滤→装瓶→杀菌→冷却→装瓶→入库。

**3. 加工过程**

（1）清洗。将优质的干枣用清水充分清洗。

（2）去核。将清洗晾干后的枣果用去核机去核。

（3）浸泡。加30度低度白酒对去核的枣果浸泡7～10天。

（4）压榨。用压榨机将浸泡后的枣果进行压榨出汁。

（5）前发酵。加入人工酵母在20℃的温度下，将榨汁发酵7～10天，之后分离发酵汁液。

（6）后发酵。将第1次压榨后的枣渣加入低度白酒浸泡5天，压榨滤汁，将二次汁加入酵母进行第2次发酵，时间为7天，之后分离发酵汁液。

（7）贮存。将两次发酵汁液合并后入缸贮存一年，贮存环境要求干燥、阴凉，温度10℃左右。

（8）一年后对贮存液进行下胶过滤，除去胶质和悬浮物。

（9）调配。按照设计要求加入柠檬酸、白糖、香料等，调配酒液成分及色度，过滤备用。

（10）杀菌装瓶。在80℃温度下，对过滤酒进行杀菌装瓶，冷却后贴标签装箱入库。此发酵酒汁液透亮，色泽红艳、枣香浓郁、酒味醇厚绵长，营养丰富。

（三）红枣保健酒的研制

**1. 原料与配方**

干枣100千克、红曲3.8千克、白药0.24千克。

**2. 工艺流程**

大枣→清洗→破碎→蒸煮→降温→拌药→搭窝→拌曲开罐→搅拌→压榨→煎酒→过滤→装瓶。

**3. 加工过程**

（1）清洗。将干枣置于容器中，浸泡4小时，再经搅拌捞出，捞出大枣再用流动干净水冲洗一遍，捞出备用。

（2）破碎。用破碎机将红枣破碎，破碎后去除枣核。

（3）蒸煮。将破碎后的大枣，入蒸笼蒸煮15分钟。

（4）降温。自然降温至30～32℃，将蒸煮物倒入发酵罐中。

（5）拌药搭窝。每100千克干枣原料加0.24千克白药拌入降温后的枣泥中，枣泥在发酵罐中搭成“U”字形圆窝后，保温约18小时，至窝中发现甜液。此时保持温度不超过30～32℃。每天用勺从圆窝中取甜液浇酒液面3～5次，40小时后，温度逐渐下降到24～26℃，60小时后拌入红曲。

（6）拌曲开罐。枣泥拌入白药60小时后，每100千克干枣加入3.8千克红曲、15千克水，搅拌均匀。然后将两罐合并成一罐，以增加体积，使拌曲后品温保持稳定。

（7）搅拌。拌曲开罐20小时，品温上升到30℃左右，即需要进行搅拌。搅拌后品温下降至28～29℃。搅拌次数和时间要根据罐内发酵情况而定。经14天酒醪成熟，进行压滤。

（8）压滤。将成熟的发酵料入袋，置于压榨机内进行压榨，慢慢加重压力，保持淌出酒液清亮。压榨后的清酒，贮入缸内，经8天以上澄清，进行煎酒。

（9）煎酒。生酒中含有多种微生物和酶，不能长期贮存，必须经过加热杀菌灭酶。另外，加热还可以促进枣酒的熟化和蛋白质凝结，使产品清亮透明。煎酒时间15分钟，温度85℃。因为煎酒时温度高，酒精要挥发，所以煎酒器必须装有回收酒精的冷凝器，以减少酒精的损耗。

（10）过滤。将煎好的熟酒通过板框过滤机精滤后，得到具有保健作用的枣酒。

（11）装瓶。用罐装机装酒入瓶，加标签，装箱入库。

此红枣保健酒，酒色深红透亮，枣香浓郁，口感醇和。

## 三、大枣保健饮品的开发

红枣除了可加工成食品和保健酒之外，还可加工成系列的保健饮品，这些饮品加上小包装，利于携带和饮用，除了具有很好的保健作用之外，还可作为大众休闲饮料被人们普遍饮用。改变了长期以来红枣作为干鲜果品消费的习惯。

### （一）红枣汁的研制

**1. 主要原料**

红枣、明胶、单宁、白糖、柠檬酸、枣香精。

**2. 工艺流程**

选料→烘烤→清洗→浸提→澄清→调配→脱气→杀菌→装瓶→封口→倒瓶→冷却→成品。

**3. 加工过程**

（1）选料。选择充分成熟、色泽美观、饱满无病虫害的枣果为原料。

（2）烘烤。将选好的红枣在60℃左右的烘房中烘烤2小时，直至枣果发出焦香味。

（3）清洗。用清水将红枣清洗2～3次，捞出备用。

（4）浸提。将洗净的红枣放入锅中，加入2～3倍量的水，在55～60℃下浸提10小时，用双层白布过滤出汁液，再加与第1次等量的水继续浸提10小时，再用双层白布过滤出汁液，然后将2次汁液合并成粗果汁。

（5）澄清和过滤。先将明胶和单宁分别配成1%的溶液，先后加入粗果汁中，不断搅拌，使之充分混匀。每100升粗果汁需单宁10克，明胶20克。然后将粗果汁放在8～10℃的温度下静置6～10小时，使胶体凝聚、沉淀。吸收上层精液。用板框过滤机或真空过滤器过滤。

（6）均质。用高压均质机在100～120千克/平方厘米的压力下，使悬浮离子微细化，并均匀地分布在果汁中。

（7）调配。在不锈钢容器中，放入80千克均质果汁，加入20千克60%白糖溶液、0.2千克25%柠檬酸溶液和10克枣香精充分混合均匀。

（8）脱气。一般采用真空脱气机进行脱气。先将枣汁预热到50～70℃，在680～700毫米汞柱下脱气。

（9）杀菌。将脱气后的果汁直接输入瞬间杀菌器中，在(93±2)℃温度下保持15～30秒，进行杀菌。

（10）装瓶、密封、冷却。杀菌后的枣汁可直接装瓶密封。然后将瓶倒置1～2分钟，迅速用冷水冷却到35℃以下，沥干瓶上水分，贴标签装箱入库。

用此种方法生产的红枣汁，含有丰富的糖、有机酸、维生素和矿物质，具有较强的营养滋补作用，而且色泽诱人，酸甜可口，是一种很好的滋补饮料。

### （二）保健枣汁

保健枣汁是选用红枣加配枸杞、蜂蜜制成。由于枣能补脾胃、枸杞子能补肝肾、蜂蜜含有维生素和人体所需的多种微量元素，三者相结合，更增强了补虚扶正、滋补肝肾、调解代谢的作用。下面介绍其生产技术。

**1. 浓缩枣汁制取**

（1）原料挑选。选择成熟、颜色黑紫、果实紧凑、枣香浓郁的红枣。剔除成熟度差、霉烂、虫蛀的枣。除去原料中的杂物，用流动清水充分洗净，控干水分。

（2）烘烤。将控干水分的红枣均匀地摊放在浅盘中，置于烘房或烤箱中烘烤。初期温度为60℃左右，烘烤1小时左右，至枣发出香味为止。然后将温度升到90℃左右。再烘烤1小时，至枣发出焦香，枣肉紧缩，枣皮微皱即可。

（3）浸提。将烘烤的枣置于夹层锅或容器中温浸提。4 次浸提时间分别为 24、20、16、12 小时，每次均保温 60℃左右。加水量每次以浸没红枣为度。

（4）真空浓缩。浸提后枣汁置于容器中静置，移取上层清液，经细绒布或过滤机、恒压板框过滤后合并。将过滤后的枣汁吸入到单效真空浓缩罐中，在真空度 640 ~ 680 毫米汞柱下进行浓缩脱水，待可溶性固形物浓度达 27% ~30% 时，可破除真空，迅速升温至 90℃以上，然后出料备用。

**2. 枸杞子煮制**

取当年产、颜色深红的枸杞子，于清水中反复淘洗，洗净泥沙等脏物，置于夹层锅中，加水煮制 3 次。每次加水量以浸没枸杞为度，煮沸后保持 70 ~ 80℃即可，3 次煮制时间分别为 1 小时、1 小时、0. 5 小时。将 3 次煮制液合并一处，用双层纱布过滤，得到枸杞子悬浮液。

**3. 离心分离**

将粗滤后枸杞子汁置于离心机中，于 4 000转/分钟下分离 5 分钟，除云泥状悬浮液，可得红色、透明枸杞子汁。某浓度为 5% 左右。

**4. 调配**

浓缩枣汁（可溶性固形物 30%）30%、枸杞子汁（可溶性固形物 5%）30%、蜂蜜 1%、糖液（浓度 75%）39%、枣香精 0. 2%、柠檬酸 0. 1%。将柠檬酸用少许温水化开，加入糖液中，然后分别加入浓缩枣汁和枸杞汁，混合均匀后，迅速升温至 90℃以上。

**5. 装瓶、密封**

调配好的枣汁立即装瓶，并加入 0. 2% 的枣香精趁热密封。

**6. 杀菌、冷却**

装瓶后的枣汁，立即进行巴氏杀菌 20 分钟。杀菌后采用喷淋冷却后迅速冷却至37℃以下。

（三）红枣可乐的研制

**1. 主要原料**

红枣、75%碳酸、白糖、苯甲酸钠、可乐香精、酒精、焦糖。

**2. 工艺流程**

选料→清洗→浸提→澄清→过滤→浓缩→糖浆配合→灌原液→灌碳酸水→压盖→检验→成品。

**3. 加工过程**

（1）选料、清洗、浸提、澄清和过滤的工序与红枣汁制法相同。

（2）糖浆配合。将50千克白糖、100克苯甲酸钠、75%磷酸350毫升、浓缩红枣汁8千克、可乐香精750毫升、焦糖色素浆液600克、精制食用酒精2千克，依次加入100升的无菌水中，加入顺序为：苯甲酸钠（25%）→酸溶液→浓缩红枣汁→香精→色素→食用酒精→无菌水100升。

（3）灌原浆。将配好的原浆送到灌浆机自动灌入消毒后的玻璃瓶中。加入的原浆体积为成品体积的1/5。

（4）灌碳酸水。根据玻璃瓶体积，调整好灌碳酸水量，直接灌入碳酸水。

（5）压盖、检验。灌好碳酸水的玻璃瓶，直接传送到压盖机进行压盖，检验合格后贴标签出厂销售。

红枣可乐是一种红枣碳酸饮料，它集清凉止渴与营养保健为一体，是一种很有发展前途的大众饮品。

（四）红枣口服液的研制

**1. 主要原料**

红枣、桂圆、米仁、银耳、蜂蜜、95%乙醇。

**2. 工艺流程**

选料→配料→提取→过滤→95%乙醇提取→过滤→浓缩→稀

释→调配→装封→杀菌→成品。

**3. 加工过程**

（1）选料。选择个体均匀、丰满、无病虫害的优质红枣做原料。

（2）配料、过滤、提取、浓缩。将红枣 3 千克、桂圆 1 千克、米仁 1 千克、银耳 1 千克放入不锈钢锅中，加水 8 千克微火煮沸 2 小时，过滤。滤渣加水 8 千克进行滤液混合，用真空机浓缩机将滤液浓缩 3 升。

（3）95%乙醇提取、过滤、浓缩。在浓缩液中加入 6 升 95%乙醇，搅匀放置 24 小时，过滤。用真空浓缩机将滤液浓缩成浸膏。

（4）稀释、调配。浸膏用 3 千克饮用水稀释、过滤。加入经过过滤的优质蜂蜜 3 千克，搅匀。再加入 10 升左右的饮用水在 3~5℃下冷藏 24 小时、过滤。

（5）装封灭菌。将过滤后的浆液装封在 10 毫升的瓶中，在 100℃温度下灭菌 30 分钟，冷却后装盒入库。

此红枣口服液具有很强的滋补作用，是婴幼儿和老年人的保健佳饮。

（五）枣茶饮料的加工技术

**1. 枣汁制备**

挑选无病虫害、无霉变的优质枣（最好用永和枣），清洗、去核后，加 5 倍于红枣重量的水预煮 15 分钟，打浆机打浆便于浸提，然后于夹层锅中 70~80℃条件下浸提 14 小时，得浸提液，再用 200 目筛网过滤后重复浸提一次，两次浸提液混合即得原枣汁。

**2. 调配**

通过正交试验设计研究，选出枣茶饮料的最佳配方：茶汁 40%、枣汁 10%、白砂糖 3.6%、维生素 C 0.3%、山梨酸、柠檬酸0.03%、海藻抽提物0.1%、加软化水至100%。

**3. 均质**

为了保证成品质量，需进行2～3次均质，压力为25兆帕，料液温度控制在65～70℃。

**4. 脱气**

料液在灌装前需进行脱气处理，以排除空气，防止成品在贮存期间氧化变质，脱气真空度为0.09～0.1兆帕。

**5. 杀菌、灌装**

采用超高温瞬时灭菌，温度为120℃，时间15～20秒，杀菌后冷却至60℃。用耐热玻璃瓶进行灌装，贴上标签，即为成品。

（六）枣珍加工工艺

大枣、枸杞均为滋补佳品。大枣对治疗肝炎、降血压、医毒疮、补血、健脑、抗癌和健脾强身有特殊效果；枸杞性平味甘，具有温肾肺、补肝明目，强健筋骨等功效。以大枣、枸杞为原料，经过低温浸提，萃取其有效成分，将萃取液在真空状态下浓缩后拌入蔗糖粉并辅以品质改良剂，造粒、干燥而成耐贮运，饮用方便的保健性固体饮料—枣珍。它为拓宽大枣深加工开避了新途径，为普通中小型食品工业加工生产固体饮料提供了新工艺。

**1. 材料**

大枣、枸杞、白砂糖、柠檬酸、香料、复合添加剂、食用色素等。

**2. 主要机械设备**

洗果机、预煮锅、浸提罐、离心机、粉碎机、搅拌机、真空浓缩锅、输送机、颗粒成型机、引风机、干燥机等。

**3. 操作技术要点**

（1）原料选择与处理。选用无病虫害、无霉烂变质、果体干爽的优质红枣、枸杞，清除杂质，用流动的清水在洗果机内清洗干净，分别置于夹层锅中加入为其干重3~5倍的水，在20千克/平方厘米的压力下加热至沸，在90℃左右下维持30分钟，停止加热，待自然降温至60℃左右，倒入不锈钢浸提罐中，浸泡5~6小时。浸提后将汁渣粗滤分开，把粗滤液送入调配罐中。枸杞渣要进行二次浸提，将二次汁送入调配罐内搅拌均匀，进行离心过滤，将离心过滤后的汁液泵入真空浓缩锅内。

（2）真空浓缩。在0.89千克/平方厘米的真空度，25~40℃的蒸发温度条件下，将混合果汁浓缩到为原来浓度的2倍为止。

（3）烘干与粉碎。将白砂糖和柠檬酸按配方称取后拌匀，置于烘箱内在60℃下烘干，用筛网为70目的粉碎机进行粉碎。

（4）混合。将糖酸粉，香料、色素和浓缩汁等投入到搅拌机内，充分搅拌、混合至湿而不粘，干而不散的程度。具体投料顺序是，先把浓缩汁投入搅拌机，然后将香料和食用色素投入，搅拌均匀后，将糖酸混合粉以少量多次的方式加入搅拌机内搅拌均匀。

（5）颗粒成型与烘干。将混合物料送入颗粒成型机内，制成直径为2~3毫米颗粒。将制成的颗粒摊在烤盘上，将烤盘放到输送机，送入干燥机，在40~45℃下烘8小时左右，使水分降至2.5%以下。

（6）筛分冷却与包装。将干燥颗粒应用直径3毫米的筛子筛去粘在一起的结块，再用直径为2毫米的筛子轻轻筛去碎渣，得到合格产品。将合格的枣珍冷却至室温后称取规定的重量，装入预先清洗干净并烘干的玻璃罐内，立即封口贴标签，防止放置时间过长吸湿变潮，入箱包装后即可入库。

采用低温处理原料，真空浓缩，低温干燥等先进工艺，有效地保留了该产品中的营养成分。产品经轻工总会食品质量监督检测中心郑州站检测其结果为：水分3.6克/千克，灰分21克/千克，酸1.3克/千克，蛋白质32克/千克，脂肪1.0克/千克，碳水化合物990.5克/千克，维生素$B_{10}$7毫克/千克，维生素$B_{22}$9毫克/千克，尼克酸395.2毫克/千克，钾108.5毫克/千克，钙15毫克/千克，钠10.6毫克/千克，镁2.0毫克/千克，铜7.9毫克/千克，铁19毫克/千克，锌11.8毫克/千克，锰194.6毫克/千克，磷61.5毫克/千克。可见该产品营养丰富，尤其是维生素及矿物质含量，明显的高于同类其他产品。

# 附　　录

## I　化学肥料成分、性质与施用表

| 种类 | 名称及主要成分 | 含量（%） | 性质 | 施用 |
| --- | --- | --- | --- | --- |
| 铵态氮肥 | 氨水 $NH_3 \cdot H_2O$ | （N）15～17 | 化学碱性，生理中性，极易挥发，有较强的腐蚀性和刺激性 | 适于作基肥，追肥，用量450～900千克/公顷。深施复土 |
| | 碳酸氢铵 $NH_4HCO_3$ | （N）17 | 化学弱碱性，生理中性，较易分解挥发 | 适于作基肥，追肥，用量450～900千克/公顷。深施复土 |
| | 硫酸铵 $(NH_4)_2SO_4$ | （N）20～21 | 化学微酸性，生理酸性，物理性状较好，是标准氮肥 | 适于作基肥，追肥，用量450～750千克/公顷。深施复土 |
| | 氯化铵 $NH_4Cl$ | （N）24～25 | 化学微酸性，生理酸性，有一定吸湿性 | 适于作基肥，追肥，用量375～600千克/公顷。对忌氯果树不宜多用 |
| 硝态氮肥 | 硝酸铵 $NH_4NO_3$ | （N）33～34 | 化学中性，生理中性，有一定吸湿性，助燃易爆 | 适于旱地作追肥，用量300～450千克/公顷 |
| | 硝酸钠 $NaNO_3$ | （N）15～16 | 化学中性，生理碱性，吸湿性强，助燃易爆 | 适于旱地作追肥，用量225～450千克/公顷 |
| | 硝酸钙 $Ca(NO_3)_2$ | （N）13～15 | 化学中性，生理碱性，吸湿性极强，助燃易爆 | 适于旱地作追肥，用量300～450千克/公顷 |

（续表）

| 种类 | 名称及主要成分 | 含量（%） | 性质 | 施用 |
|---|---|---|---|---|
| 酰胺态氮肥 | 尿素 $CO(NH_4)_2$ | （N）46 | 化学中性，生理中性，是有机态氮肥，有一定吸湿性，肥效较铵、硝态氮略迟 | 适于作基肥，追肥，用量300～600千克/公顷。最适于根外追肥，浓度0.5%～2%，用液量750～900千克/公顷 |
| | 石灰氮 $CaCN_2CaO$ | （N）18～23 | 化学碱性，有一定腐蚀性，肥效迟缓 | 适于酸性土壤作基肥，用量300～600千克/公顷。还可用作除草剂、杀虫剂、杀菌剂等 |
| 水溶性磷肥 | 过磷酸钙 $Ca(HPO_4)_2 \cdot H_2O + CaSO_4$ | （$P_2O_5$）12～20 | 化学酸性，有一定吸湿性和轻微腐蚀性。贮存过程中会发生磷酸退化作用，导致肥效降低。是标准磷肥 | 适于作基肥，追肥，用量600～900千克/公顷。宜相对集中施用，并与有机肥结合 |
| | 重过磷酸钙 $Ca(HPO_4)_2 \cdot H_2O$ | （$P_2O_5$）40～50 | 化学酸性，有一定吸湿性和腐蚀性。不易发生磷酸退化作用 | 适于作基肥，追肥，用量225～450千克/公顷。宜相对集中施用，并与有机肥结合 |

（续表）

| 种类 | 名称及主要成分 | 含量（%） | 性质 | 施用 |
|---|---|---|---|---|
| 枸溶性磷肥 | 钙镁磷肥 $Ca_3(PO_4)_2$ | $(P_2O_5)$ 14～20 | 化学碱性，物理性状较好，肥效略迟，弱酸溶性磷肥 | 适于中酸性土壤作基肥，早期追肥，用量450～750千克/公顷。宜与有机肥配合使用 |
| | 钢渣磷肥 $Ca_4P_2O_9$ $CaSiO_4$ | $(P_2O_5)$ 10～20 | 化学碱性，物理性状较好，肥效迟，弱酸溶性磷肥 | 适于酸性土壤作基肥，早期追肥，用量750～1 050千克/公顷。宜与有机肥配合使用 |
| | 偏磷酸钙 $Ca(PO_3)_2$ | $(P_2O_5)$ 60～70 | 化学中性，物理性状较好，需在土壤中水解转化成正磷酸盐供作物吸收，肥效迟缓而长久 | 适于作基肥，用量150～450千克/公顷 |
| | 沉淀磷肥 $CaHPO_4 \cdot 2H_2O$ | $(P_2O_5)$ 30～40 | 化学中性，物理性状较好，肥效略迟，弱酸溶性磷肥 | 适于作基肥或早期追肥，用量300～600千克/公顷。宜与有机肥配合施用 |
| | 脱氟磷肥 $Ca_3(PO_4)_2$ | $(P_2O_5)$ 14～20 | 化学微碱性，物理性状较好，肥效略迟，弱酸溶性磷肥 | 适于作基肥或早期追肥，用量600～900千克/公顷。宜与有机肥配合施用 |
| 难溶性磷肥 | 磷矿粉 $Ca_{18}(PO_4)_6 \cdot F_2$ | $(P_2O_5)$ 10～30 | 化学中性偏碱，物理性状较好，肥效迟缓而长久 | 适于酸性土壤作基肥撒施，用量750～1 500千克/公顷。宜与有机肥配合施用 |
| | 骨粉 $Ca_3(PO_4)_2$ | $(P_2O_5)$ 20～35 | 化学近中性，物理性状较好，肥效迟缓而长久 | 适于酸性土壤作基肥撒施，用量750千克/公顷。宜与有机肥混合堆腐后施用 |

（续表）

| 种类 | 名称及主要成分 | 含量（%） | 性质 | 施用 |
|---|---|---|---|---|
| 钾肥 | 硫酸钾 $K_2SO_4$ | （$K_2O$）50～52 | 化学中性，生理酸性，物理性状较好。适于各种作物施用 | 基肥、追肥，用量150～375千克/公顷，喷施浓度为1%～2%，用液量750～900千克/公顷 |
| | 氯化钾 $K_2O$ | （KCl）60 | 化学中性，生理酸性，有一定吸湿性。对喜钾忌氯作物慎用 | 适于作基肥、追肥，用量150～300千克/公顷 |
| | 窑灰钾肥 CaO、$K_2SO_4$、KCl | （$K_2O$）8～12 | 化学碱性，易吸湿结块 | 适于酸性土壤作基肥、追肥，用量600～900千克/公顷 |
| | 草木灰 $K_2CO_3$ $K_2SO_4$ | （$K_2O$）5～10 | 化学弱碱性，物理性状较好，含多种营养元素 | 基肥、追肥，用量750～1 500千克/公顷，根外追肥，可用1%的浸出液喷施 |
| 化成复合肥料 | 磷酸铵 $NH_4H_2PO_4$ $(NH_4)_2HPO_4$ | （N）16（$P_2O_5$）46 | 化学中性，物理性状较好，是水溶性氮磷复肥 | 适于作基肥、追肥，用量112.5～225千克/公顷 |
| | 硝酸磷肥 $NH_4H_2PO_4$ $NH_4NO_3$ $CaHPO_4$ | （N）10～20（$P_2O_5$）10～20 | 化学中性，吸湿性较强，含一部分弱碱性磷及硝态氮 | 适于旱地作基肥、追肥，用量225～375千克/公顷 |

（续表）

| 种类 | 名称及主要成分 | 含量（%） | 性质 | 施用 |
| --- | --- | --- | --- | --- |
| 化成复合肥料 | 磷酸二氢钾 $KH_2PO_4$ | （$P_2O_5$）50～52（$K_2O$）30～34 | 化学微酸性，易溶于水，物理性状较好 | 最适于根外追肥，浓度0.1%～0.3%，用液量750～900千克/公顷，喷2～3次 |
| | 硝酸钾 $KNO_3$ | （N）13（$K_2O$）45 | 化学中性，物理性状较好，氧化性较强，助燃易爆 | 最适于温室、大棚作基肥、追肥，用量150～300千克/公顷，根外追肥，浓度0.6%～1%，用液量750～900千克/公顷 |
| | 聚磷酸铵 $(NH_4)_4P_2O_7$ $(NH_4)_5P_3O_{10}$ $(NH_4)_6P_4O_{13}$ | （N）12～18（$P_2O_5$）58～61 | 化学中性，物理性状较好，已溶于水，是较好的微量元素载体 | 适于作基肥、追肥，用量150～300千克/公顷，根外追肥，浓度0.1%～0.3%，用液量750～900千克/公顷 |
| | 偏磷酸铵 $NH_4PO_3$ | （N）14（$P_2O_5$）73 | 化学中性反应，物理性状较好，部分溶于水，含约1/3的枸溶性磷，肥效迟缓而长久 | 适于作基肥、追肥，用量150～300千克/公顷 |

# Ⅱ 枣园常用农药一览表

| 类别 | 农药名称 | 剂型 | 防治对象 | 作用特点 | 使用方法 |
|---|---|---|---|---|---|
| 杀虫剂 | 对硫磷（1605） | 50%乳油<br>25%微胶囊剂 | 蚜虫、螨类、食心虫、卷叶蛾等桃小食心虫 | 广谱杀虫杀螨剂，触杀、胃毒作用强缓释杀冲剂 | 1 000～1 500倍液喷雾幼虫出土时，300倍液喷布树盘 |
| | 甲基对硫磷（甲基1605） | 50%乳油 | 同对硫磷 | 药效约为对硫磷2/3，残效较短 | 1 000～1 500倍液喷雾 |
| | 水胺硫磷 | 40%乳油 | 蚜虫、螨类、食心虫、卷叶蛾等 | 广谱杀虫杀螨剂，具触杀、胃毒及杀卵作用 | 1 500～2 000倍液喷雾 |
| | 乐果 | 40%乳油 | 对蚜虫、螨类、介壳虫等高效兼治多种害虫 | 广谱内吸杀虫杀螨剂，具触杀胃毒作用 | 1 000～1 500倍液喷雾 |
| | 氧化乐果 | 40%乳油 | 同上 | 同上。低温使用也对抗性蚜效果好 | 同上 |
| | 辛硫磷 | 50%乳油 | 对鳞翅目幼虫高效，兼治多种害虫 | 具胃毒。触杀作用，但易光解 | 1 500倍喷雾，宜阴天或傍晚施药 |
| | 杀螟硫磷（杀螟松） | 50%乳油 | 蚜虫、食心虫、卷叶蛾、刺蛾，介壳虫等 | 广谱高效低毒，具触杀、胃毒作用 | 1 000倍液喷雾 |
| | 马拉硫磷（马拉松） | 50%乳油 | 蚜虫、螨类、卷叶蛾等叶面害虫 | 高效低毒，具触杀、胃毒作用 | 1 000倍液喷雾 |
| | 乙酰甲胺磷 | 40%乳油 | 蚜虫、螨类、食心虫等 | 广谱高效低毒，具触杀，胃毒，内吸作用 | 1 000倍液喷雾 |
| | 甲基异柳磷 | 40%乳油 | 桃小食心虫 | 残效长、触杀、胃毒作用强 | 幼虫出土期，300倍液喷布树盘 |
| | 敌百虫 | 90%晶体 | 卷叶蛾、刺蛾、食心虫、毛虫等 | 高效低毒杀虫剂，胃毒作用强 | 800～1 500倍液喷雾 |
| | 敌敌畏 | 50%、80%乳油 | 蚜虫、螨类、介壳虫、卷叶蛾、潜叶蛾、星毛虫 | 广谱高效，速残、残效短。具胃毒、触杀和熏蒸作用 | 1 000～1 500倍液喷雾 |
| | 伏杀磷 | 25%乳油 | 蚜虫、螨类及多种鳞翅目幼虫 | 速效杀虫杀螨剂，触杀、胃毒作用强 | 1 500倍液喷雾 |

（续表）

| 类别 | 农药名称 | 剂型 | 防治对象 | 作用特点 | 使用方法 |
|---|---|---|---|---|---|
| 杀虫剂 | 杀螟腈 | 50%乳油 | 蚜虫、螨类、梨网蝽、卷叶蛾等 | 速效残效期长，具触杀、胃毒作用 | 1 000倍液喷雾 |
| | 吗啉硫磷（茂果磷） | 25%乳油 | 蚜虫、螨类、梨星毛虫等 | 高效低毒，具触杀，内吸作用 | 1 500～2 000倍液喷雾 |
| | 水杨硫磷（蔬果磷） | 25%乳油 | 螨类及多种害虫 | 速效广谱，触杀作用强 | 1 000～2 000倍液喷雾 |
| | 亚胺硫磷 | 25%乳油 | 蚜虫、螨类、介壳虫、卷叶蛾等 | 广谱低毒，残效短 | 800～1 000倍液喷雾 |
| | 二嗪农（地亚农） | 20%乳油<br>50%颗粒剂 | 蚜虫、食心虫、卷叶蛾等桃小食心虫 | 具胃毒、触杀和熏蒸作用，触杀为主 | 600～1 000倍液喷雾每亩0.5千克拌细土撒施混耙 |
| | 倍硫磷（百治屠） | 50%乳油 | 果树食心虫、介壳虫、梨网蝽等 | 触杀、胃毒作用强 | 1 000～2 000倍液喷雾 |
| | 巴丹 | 50%可溶粉剂 | 鳞翅目、半翅目等害虫 | 胃毒强，具触杀、拒食作用 | 1 000倍液喷雾 |
| | 速扑杀（杀扑磷） | 40%乳油 | 对蚧类特效、对咀嚼式口器害虫有效 | 广谱、高效、渗透性强 | 1 000倍液喷雾 |
| | 爱卡士 | 25% | 杀蚧杀螨 | 广谱、高效 | 1 000 倍液喷雾 |
| | 万灵（灭多威） | 24%水剂、90%粉剂 | 蚜虫、卷叶蛾、棉铃虫等 | 内吸、胃毒、触杀 | 1 000～1 500 倍液喷雾 |
| | 害扑威 | 20%乳油 | 螨类、介壳虫等 | 速效、残效短，触杀作用强 | 300～500 倍液喷雾 |
| | 三氟氯氰菊酯（功夫） | 2.5%乳油 | 食心虫、蚜虫等多种害虫，抑制螨类 | 广谱高效、速效 | 3 000 倍液喷雾 |
| | 甲氰菊酯（灭扫利） | 20%乳油 | 食心虫、蚜虫等多种害虫及螨类 | 广谱高效速效杀虫杀螨剂，触杀作用强 | 3 000 倍液喷雾 |
| | 溴氰菊酯（敌杀死） | 2.5%乳油 | 食心虫、蚜虫等多种害虫 | 广谱、高效速效杀虫剂，触杀作用强烈 | 3 000 倍液喷雾 |
| | 氰戊菊酯（杀灭菊酯）（速灭杀丁） | 20%乳油 | 食心虫、蚜虫等多种害虫 | 广谱高效杀虫剂，触杀作用较强 | 3 000 倍液喷雾 |
| | 顺式氰戊菊酯（来福灵） | 5%乳油 | 同上 | 同上，活性更高 | 3 000 倍液喷雾 |

（续表）

| 类别 | 农药名称 | 剂型 | 防治对象 | 作用特点 | 使用方法 |
|---|---|---|---|---|---|
| 杀虫剂 | 氯氰菊酯（灭百可） | 10%乳油 | 同上 | 广谱高效，具触杀、胃毒作用 | 4 000～6 000倍液喷雾 |
| | 顺式氯氰菊酯（高效氯氰菊酯） | 5%乳油 | 食心虫、蚜虫等多种害虫 | 广谱高效，具触杀、胃毒作用，对害虫毒力比氯氰菊酯高一倍 | 4 000～6 000倍液喷雾 |
| | 氟氯氰菊酯（百树得） | 10%乳油 | 食心虫、卷叶蛾、蚜虫等，兼治螨类 | 广谱，残效较长，触杀，胃毒作用强 | 2 000～3 000倍液喷雾 |
| | 联苯菊酯（天王星） | 10%乳油 | 食心虫等多种害虫及螨类 | 广谱高效杀虫杀螨，具触杀、胃毒作用 | 3 000倍液喷雾 |
| | 多来宝 | 10%乳剂 | 桃小、梨小食心虫 | 广谱、击倒快，具触杀和胃毒作用 | 1 200倍液喷雾 |
| | 灭幼脲1号（除虫脲） | 25%胶悬剂 | 食心虫、舞毒蛾、天幕毛虫等鳞翅目幼虫 | 对人、畜、天敌安全，具胃毒、触杀作用，见效较慢，但残效较长 | 每亩10克加水常规喷雾 |
| | 卡死克 | 5%乳油 | 食心虫及害螨 | 触杀、胃毒杀虫杀螨 | 1 000～2 000倍液喷雾 |
| | 青虫菌6号（苏云金杆菌） | 卷蛾、毛虫类、桃小食心虫 | 卷蛾、毛虫类、桃小食心虫 | 对人、畜毒性低 | 500～1 000倍液喷雾 |
| | 白僵菌 | 桃小、刺蛾，卷蛾等 | 桃小、刺蛾、卷蛾等 | 湿度大时效果好，致死速度慢 | 防治桃小幼虫出土和脱果时地面喷8克/平方米菌粉与对硫磷微胶囊剂0.3毫升/平方米混合液 |
| | 苦楝油 | 叶螨、介壳虫 | 叶螨、介壳虫 | 忌避、拒食及触杀、胃毒，对人、畜安全 | 37%乳油75倍液喷雾防治苹果螨类 |
| | 桃小食心虫性引诱剂 | 500微克诱芯 | 用于桃小食心虫成虫发生测报，指导地面和树上防治 | | 每亩3～5个诱捕器 |
| | 枣粘虫性引诱剂 | 150微克诱芯 | 测报成虫高峰期推算田间卵期指导防治；迷向防治 | | 每枣园设10个水碗诱捕器 |
| | 三氯杀螨醇 | 20%乳油 | 多种螨类，触杀成螨、若螨及螨卵 | 具速效性，持效期较长 | 800～1 000倍液喷雾 |
| | 三氯杀螨砜 | 20%可湿性粉剂 | 多种螨类，触杀若螨和卵 | 施药后10多天效果明显，持效期长 | 800～1 000倍液喷雾 |

（续表）

| 类别 | 农药名称 | 剂型 | 防治对象 | 作用特点 | 使用方法 |
|---|---|---|---|---|---|
| 杀虫剂 | 双甲脒（螨克） | 20%乳油 | 多种螨类，触杀成、若螨和卵 | 气温高，药效好 | 1 000～2 000倍液喷雾 |
| | 螨卵酯 | 20%可湿性粉剂 | 多种螨类，触杀幼螨和卵 | 施药后一周见效，持效期20～30天 | 1 000～1 500倍液喷雾 |
| | 溴螨酯（螨代治） | 50%乳油 | 多种害螨，触杀成、若螨及卵 | 持效期长，毒性低 | 开花前后1 000倍液喷雾 |
| | 三唑锡（倍乐霸） | 25%可湿性粉剂 | 多种螨类，对成螨、幼螨及夏卵有效 | 持效期长，对天敌安全 | 1 000～1 200倍液喷雾 |
| | 速螨酮（牵牛星） | 15%乳油、20%可湿粉剂 | 多种螨类，对成螨、若螨及卵有效 | 速效、残效长，受温度影响小 | 20%可湿粉剂1 000～2 000倍液 |
| | 克螨特 | 73%乳油 | 多种螨类，对成螨、若螨有效 | 高效低毒，具触杀和胃毒作用 | 2 000～4 000倍液喷雾 |
| | 阿波罗（螨死净） | 50%、20%悬浮剂 | 多种螨类，对卵、幼若螨有效 | 持效期长，对作物、天敌安全 | 3 000～5 000倍液喷雾 |
| | 螨克 | 20%乳油 | 多种螨类，对卵、幼若螨和成螨有效 | 高温效果好 | 1 000～1 500倍液 |
| | 尼索朗 | 5%乳油<br>5%可湿粉剂 | 多种螨类，对螨卵、若螨有效 | 对成螨所产卵也有效，持效期5周以上 | 叶螨发生初期1 500倍液喷雾 |
| | 农螨丹（NA80） | 7.5%乳油 | 多种螨类，食心虫、蚜虫等多种害虫 | 具尼索朗和灭扫利杀虫杀螨特点 | 1 000倍液喷雾 |
| | 霸螨灵 | 5%悬浮剂 | 多种螨类 | 速效、长效 | 叶螨发生初期2 000倍液喷雾 |
| | 洗衣粉 | | 多种螨类及蚜虫 | 对成螨、若螨有触杀作用 | 400～500倍液喷雾 |
| | 多菌灵 | 50%可湿性粉剂<br>40%悬浮剂 | 果树叶斑病、白粉病、轮纹病、黑星病、炭疽病、白腐病等 | 广谱内吸，高效低毒，具预防和治疗作用 | 发病初期，50%可湿粉剂800～1 000倍液喷雾，每10天1次共喷3～4次 |
| | 粉锈宁（三唑酮） | 15%、25%可湿性粉剂 | 对果树白粉病、锈病高效，兼治花腐病等多种病 | 广谱内吸杀菌剂 | 15%可湿性粉剂1 000倍液喷雾 |
| | 炭疽福美（锌双合剂） | 80%可湿性粉剂 | 对炭疽病效果良好 | 广谱保护性杀菌剂，药效 | 同上 |

（续表）

| 类别 | 农药名称 | 剂型 | 防治对象 | 作用特点 | 使用方法 |
|---|---|---|---|---|---|
| 杀虫剂 | 退菌特（砷、锌双合剂） | 50%可湿性粉剂 | 早期落叶病、轮纹病、炭疽病、白粉病 | 广谱保护性杀菌剂 | 发病初期，500～800倍液喷雾 |
| | 五氯硝基苯 | 70%可湿性粉剂 | 果树白纹羽病等根病 | 保护性杀菌剂。持效长 | 80倍细土撒施于果树根际 |
| | 石硫合剂（石灰硫黄水） | 1:2:(10～12) | 白粉病、锈病、螨类及介壳虫等 | 杀菌、杀螨、杀虫 | 芽前喷布3～5度，生长期0.2～0.5度，原液消毒伤口 |
| | 石硫合剂 | 45%晶体 | 同上 | 同上 | 芽前喷布21～30倍液，花前花后300倍液 |
| | 波尔多液（硫酸铜、石灰、水） | 倍量式(1:2:200)<br>半量式(1:0.5:200) | 早期落叶病、炭疽病、轮纹病、、锈病、黑星病、干腐病等 | 保护性杀菌剂 | 防治苹果、梨等病害用石灰倍量式1:2:200倍液；葡萄上用石灰半量式1:0.5:200倍液，隔15天喷1次 |
| | 链霉素 | 0.1%～8.5%粉剂 | 多种果树细菌病害 | 杀菌广谱，能渗植物体内传导 | 50～200毫克/升喷雾 |
| | 土霉素 | 2%可湿粉剂 | 多种果树细菌病、枣疯病等 | 抗生素，安全 | 防治枣疯病高压注射 |
| | 硫酸亚铁（黑矾） | 黑绿色结晶 | 果树黄化病 | 增强抗病力。促进生理生化 | 喷洒0.1%～0.2%水溶液多次，与10～20倍有机肥混施作基肥 |
| | 硫酸锌 | 白色粉末晶体 | 缺锌症 | 增强抗病、抗旱、抗寒能力 | 生长期喷洒0.2%～0.4%水溶液单株基施200～500克 |
| | 硼砂（四硼酸钠） | 白色单结晶 | 缩果病，枣座果率低 | 促进果实发育 | 开花前后喷0.1%～0.3%水溶液单株基施100～500克 |
| | 克芜踪（百草枯） | 20%水剂 | 大部分一年生杂草及多年生杂草低上部分 | 速效触杀、灭生性除草剂 | 每亩用药200～400毫升对水25～30千克茎叶喷洒 |
| | 草甘膦（镇草宁） | 10%水剂<br>50%可湿性粉剂 | 大部分一年生杂草及狗牙根白茅、香附子等多年生杂草 | 内吸传导广谱灭生性除草剂 | 对一年生杂草亩用有效成分40～70克，多年生杂草则100～300克，对水茎叶喷洒 |
| | 茅草枯 | 60%钠盐 | 禾本科杂草，如狗尾草、茅草、芦苇、香附子等 | 内吸传导型选择性除草剂 | 500～1 500克茎叶喷雾 |

（续表）

| 类别 | 农药名称 | 剂型 | 防治对象 | 作用特点 | 使用方法 |
|---|---|---|---|---|---|
| 杀虫剂 | 溴敌隆 | 0.5%水剂 | 果园北方田鼠等害鼠 | 第二代抗凝血杀鼠剂，适口性好 | 用0.05药液沾枝条塞入鼠洞 |
| | 磷化锌 | 90%原粉 | 果园北方田鼠等害鼠 | 胃毒杀鼠剂 | 用枝沾5%磷化锌毒糊，塞入鼠洞 |
| | 甘氟 | 94%水剂 | 果园北方田鼠等害鼠 | | 用枝条98%蘸2%甘氟原液，放入鼠洞 |
| | 多效唑（PP333） | 15%可湿粉剂、21.5%、2%水剂、25%乳油 | 抑制营养体生长，形成大量短枝、花芽与坐果增多 | 内吸性延缓调节剂 | 春季土施1～1.5克/平方米（有效成分）；落花后喷0.1%～0.2%多效唑1～3次；5%涂干 |
| | 防落素（保果灵） | 90%可湿粉、1%乳油 | 防止花果脱落 | 内吸、广谱、多功能调节剂 | 采果前3周喷20～30毫克/升液减少落果 |
| | 赤霉素（九二〇） | 85%晶粉、4%乳油 | 促进茎叶伸长扩大，果实早熟 | | 盛花期喷25毫克/升倍液，提高坐果 |
| | 萘乙酸（NNA） | 80%粉剂 | 诱致开花、疏花、防止落果 | 广谱类生长素 | 盛花后3～25天，喷2～10毫克/升可疏果 |
| | 乙烯利（一试灵） | 40%水剂 | 促进果实成熟及叶片、果实脱落 | | 采收前3～4周，喷400毫克/升，可早着色成熟 |

# 主要参考文献


李登科，牛西午，田建保.2013. 中国枣品种资源图鉴［M］. 北京：中国农业出版社.

李苏萍，陈秀龙，韩国柱.2006. 山东广翅蜡蝉生物学特性及防治措施［J］. 中国森林病虫，25（3）：36－38.

卢晓华，豆忠明，王孟.2010. 枣树枝干病害的发生规律及防治［J］. 植物保护（1）：26－27.

漆馨，陈恢彪.2011. 枣树枝条的识别［J］. 园艺特产（1）：44.

屈志成.2008. 无公害生态枣园病虫害综合防治技术［J］. 森林保护（10）：33－34.

宋建伟.2012. 枣树生产中存在的问题及对策［J］. 山西果树，145（1）：1－2.

王大州，王金华.2002. 红缘天牛的发生与防治技术［J］. 河北林业科技（8）：30.

王永蕙，彭士琪，周俊义.1990. 枣树规范化栽植技术［J］. 中国果树（1）：44－45.

王振亮，韩会智，刘孟军，等.2012. 枣园绿盲蝽生物学特性研究［J］. 中国森林病虫，31（1）：12－14.

武俊霞，付晓东，陈晓丽.2011. 枣树育苗方法及技术要点［J］. 新疆农业科技，5：1－2.

姚昕，涂勇.2012. 不同药剂处理对青枣白粉病的防治效果研究［J］. 中国园艺文摘（1）：1－2.

张凤舞，李桂良，孙淑梅.1981. 枣刺蛾生活习性的观察［J］. 医学昆虫学指南（1）：113－114.

张适平.2013. 枣树夏季栽植技术［J］. 宁夏农林科技，54（02）：39－40.

盐碱地枣结果状

新疆冬枣结果状

新疆灰枣结果状

灰枣结果状

木质化枣吊结果状

骏枣幼树结果状

二年生枣密植丰产园

重盐碱地建密植枣园

矮化密植丰产园

新疆矮化密植枣园

作者观察结果情况

新疆枣棉间作果园

新郑古枣树

新疆枣多主干栽培

新疆枣树直播建园机械